电子信息科学与工程类专业规划教材

现代通信网
（第2版）

穆维新　编著

电子工业出版社
Publishing House of Electronics Industry
北京·BEIJING

内 容 简 介

本书对现代通信网的组成结构、信令协议、关键技术等进行了全面的阐述。全书共分 15 章，主要以移动网的广域覆盖、高速传输无线数据和与因特网的融合为主线，从 2G 到 3G、4G；从 Internet 到电信管理网 TMN；从异步传送模式 ATM 到软交换、IP 媒体子系统 IMS；从公共信令 No.7 到网关协议 SIGTRAN、软件定义网络 SDN；从基于时分复用的同步数字系列传输网 SDH、波分复用 WDM、无源光网络 GPON 到基于分组的传输网 PTN；从通信网的常用计算到移动网络的规划优化，都进行了较为系统的讲述。此外，还对传统的固定电信网 PSTN、智能网 IN、综合业务数字网 ISDN、广播电视网 CATV、分组交换网 X.25、帧中继网 FR 和数字数据网 DDN 等也作了适当的介绍。

本书内容丰富，技术新颖，论述清晰，可作为高等院校通信、信息及电子等专业的教材或参考书，也可作为相关专业的培训教材或专业技术人员的自学参考用书。

未经许可，不得以任何方式复制或抄袭本书之部分或全部内容。
版权所有，侵权必究。

图书在版编目（CIP）数据

现代通信网/穆维新编著. —2 版. —北京：电子工业出版社，2017.6
电子信息科学与工程类专业规划教材
ISBN 978-7-121-31634-0

Ⅰ.①现… Ⅱ.①穆… Ⅲ.①通信网－高等学校－教材 Ⅳ.①TN915

中国版本图书馆 CIP 数据核字（2017）第 119315 号

策划编辑：凌　毅
责任编辑：凌　毅
印　　刷：北京七彩京通数码快印有限公司
装　　订：北京七彩京通数码快印有限公司
出版发行：电子工业出版社
　　　　　北京市海淀区万寿路 173 信箱　邮编　100036
开　　本：787×1 092　1/16　印张：16.75　字数：450 千字
版　　次：2010 年 8 月第 1 版
　　　　　2017 年 6 月第 2 版
印　　次：2022 年 6 月第 8 次印刷
定　　价：38.00 元

凡所购买电子工业出版社图书有缺损问题，请向购买书店调换。若书店售缺，请与本社发行部联系，联系及邮购电话：(010)88254888，88258888。
质量投诉请发邮件至 zlts@phei.com.cn，盗版侵权举报请发邮件至 dbqq@phei.com.cn。
本书咨询联系方式：(010)88254528，lingyi@phei.com.cn。

第 2 版前言

本书的中心是围绕移动互联网这条主线,从 2G 到 3G、4G;从互联网到电信管理网;从 ATM 到软交换、IMS;从公共信令到网关协议;从传统的传输网到分组传输网;从网络计算到网络规划、优化,都进行了较为系统的介绍。此外,还用有限的篇幅介绍了一些传统网络:固定电信网、智能网、综合业务数字网、广播电视网、分组交换网、帧中继网、数字数据网等。并注重跟踪网络技术发展动向,系统地将与网络有关的技术综合在一起,形成一个较为完整的现代通信网络体系。

本书的宗旨是使读者通过学习,能够理解现代通信网络的宽带化、数字化、数据化、智能化和综合化进程,并从不同的网络、不同的侧重内容学习中,弄清楚有关网络的概念和定义、结构和组成、交换和路由、信令和协议、传输和接入、架构和流程、业务和应用等专业知识,能将前期学到的有关专业基础课理论应用于专业课分析,为以后从事本专业工作奠定一个较好的基础。本书学习的重点是掌握移动及相关网络,并对其他传统通信网络也有一定的了解。

全书共分 15 章:第 1 章主要介绍目前通信网的有关技术和分类,以及网络的发展趋势;第 2 章和第 4 章,分别对传统固定电信网和移动网进行了介绍,主要内容涵盖 PSTN、IN、ISDN、PLMN、GSM 和 GPRS 等;第 3 章主要介绍支撑网,包括数字同步网、No.7 信令网、电信管理网,以及有关软交换协议、网关协议 SIGTRAN;第 5 章主要介绍基于时分复用的传输网,重点介绍 SDH、WDM 系统;第 6 章是接入网技术,主要介绍无源光网络(EPON、GPON);第 7 章是第三代移动通信网,从各自不同的侧重面介绍 WCDMA、TD-SCDMA 和 CDMA2000 网络技术;第 8 章对广播电视网进行适当的介绍;第 9 章介绍传统的数据网技术,包括分组交换数据网(X.25)、帧中继(FR)和数字数据网(DDN);第 10 章在概述计算机网络的基础上,又介绍了软交换技术;第 11 章介绍异步传送模式(ATM)及在 3G 和网络交换设备中的广泛应用;第 12 章介绍全 IP 化的第四代移动通信网,包含 LTE 总体结构、OFDMA 原理,以及 MIMO、VoLTE 等技术;第 13 章介绍分组传输网(PTN),它同传统的传输网络(即第 5 章)一起,形成一个较为完整的传输网络体系,同时也为 4G 搭起一座通信桥梁,构架出一个完整的基于分组传输的移动宽带互联网;第 14 章结合前面讲的 3G、4G 等网络技术,介绍常用网络计算、规划及优化;第 15 章介绍软件定义网络(SDN)。

本书的每个章节都相对有一定的独立性,是通信、信息及电子等专业课教材。由于书中内容较多,教师可结合本专业的特点和实际课时数,选择有关章节系统学习,**建议学时数 48 学时**。参加工作的读者,可以根据自身的实际情况和兴趣重点学习有关章节。

本书是在人民邮电出版社 2010 年 8 月出版的《现代通信网》基础上改编而成的，书中增加了近几年推出不久的 GPON、PTN、LTE 和 SDN 等一些新的通信网络技术内容，并对原书的内容进行了适当压缩和改编，以适应不断变化和推新的现代通信网络技术。

本书配有电子课件等教辅资源，读者可登录华信教育资源网（www.hxedu.com.cn）下载。

在本书的编写过程中，得到了作者所在单位郑州大学西亚斯国际学院师生的热情支持，参考并引用了有关作者的著作和文献、有关网络及设备厂家的技术资料等，在此一并表示感谢。

由于作者水平有限，书中难免有不足之处，敬请读者批评指正。

作者

2017 年 5 月

目　　录

第1章　概论 ·· 1
　1.1　现代通信网概述 ································· 1
　　　1.1.1　通信网及技术 ····························· 1
　　　1.1.2　通信网构成 ································ 3
　1.2　通信网发展趋势 ································· 5
　　　1.2.1　现代网络的发展 ························· 5
　　　1.2.2　未来网络的展望 ························· 9
　习题1 ·· 10

第2章　电话通信网 ·· 11
　2.1　PSTN ·· 11
　　　2.1.1　公用电话网结构及设置 ············· 11
　　　2.1.2　专用电话网 ······························· 14
　2.2　智能网（IN） ·································· 15
　　　2.2.1　智能网概述 ······························· 15
　　　2.2.2　智能网应用 ······························· 18
　2.3　ISDN ·· 19
　习题2 ·· 21

第3章　支撑网 ··· 22
　3.1　数字同步网 ·· 22
　3.2　公共信令网 ·· 24
　　　3.2.1　信令网概述 ······························· 24
　　　3.2.2　消息传递部分 ··························· 28
　　　3.2.3　高层协议 ·································· 32
　3.3　软交换信令网关协议 ························· 35
　　　3.3.1　软交换互通协议 ······················· 35
　　　3.3.2　信令网关协议 ··························· 37
　3.4　管理网 ·· 38
　　　3.4.1　TMN概述 ································ 38
　　　3.4.2　TMN系统实现 ························· 40
　习题3 ·· 44

第4章　公共陆地移动网 ································· 45
　4.1　PLMN概述 ······································· 45

　　　4.1.1　移动系统结构 ··························· 45
　　　4.1.2　移动系统编号 ··························· 47
　　　4.1.3　移动区域划分及接续分析 ·········· 48
　4.2　GSM ··· 51
　　　4.2.1　帧结构及系统参数 ···················· 51
　　　4.2.2　接口及信令 ······························· 53
　4.3　GPRS ·· 58
　　　4.3.1　网络结构 ·································· 58
　　　4.3.2　路由协议 ·································· 60
　　　4.3.3　网络容量规划 ··························· 61
　习题4 ·· 63

第5章　传输网 ··· 64
　5.1　SDH ·· 64
　　　5.1.1　传输网基础 ······························· 64
　　　5.1.2　SDH帧结构 ······························ 66
　　　5.1.3　复用技术 ·································· 68
　　　5.1.4　SDH组网 ································· 70
　5.2　WDM ·· 73
　　　5.2.1　WDM结构 ································ 73
　　　5.2.2　WDM系统 ································ 75
　5.3　其他传输系统 ···································· 77
　　　5.3.1　数字微波 ·································· 77
　　　5.3.2　卫星通信 ·································· 78
　　　5.3.3　ASON ······································ 80
　习题5 ·· 81

第6章　接入网 ··· 82
　6.1　接入网技术 ·· 82
　　　6.1.1　光纤接入 ·································· 82
　　　6.1.2　铜缆接入 ·································· 83
　　　6.1.3　混合接入网 ······························· 84
　　　6.1.4　电话接入网 ······························· 85
　　　6.1.5　无线接入 ·································· 85
　　　6.1.6　综合接入 ·································· 86

6.2　无源光网络 88
　　　　6.2.1　网络结构 88
　　　　6.2.2　EPON技术 91
　　习题6 96

第7章　第三代移动通信网 97
　　7.1　WCDMA 97
　　　　7.1.1　R99网络 97
　　　　7.1.2　R4网络结构 100
　　　　7.1.3　R5及IMS 100
　　　　7.1.4　WCDMA技术 102
　　7.2　TD-SCDMA 105
　　　　7.2.1　UTRAN及网络结构 105
　　　　7.2.2　TD-SCDMA技术 108
　　7.3　CDMA2000 110
　　　　7.3.1　IS-2000体系 110
　　　　7.3.2　CDMA2000网络构成 111
　　　　7.3.3　基站及组网 116
　　习题7 118

第8章　广播电视网 119
　　8.1　广播电视网概述 119
　　　　8.1.1　线缆调制解调 119
　　　　8.1.2　有线电视数字机顶盒 121
　　　　8.1.3　分配器和分支器 122
　　　　8.1.4　广电网的数字化 122
　　8.2　HFC网 123
　　　　8.2.1　HFC网络结构及频率分配 123
　　　　8.2.2　HFC组建宽带网 124
　　8.3　有线广电网的应用及发展 125
　　　　8.3.1　CATV-HFC应用 125
　　　　8.3.2　IPTV系统 125
　　　　8.3.3　有线电视网的发展 127
　　习题8 127

第9章　数据通信网 128
　　9.1　DDN 128
　　　　9.1.1　DDN网络 128
　　　　9.1.2　DDN业务及应用 130
　　9.2　分组交换网 131
　　　　9.2.1　数据通信系统 131
　　　　9.2.2　分组交换数据网结构 133
　　　　9.2.3　分组交换 134
　　　　9.2.4　X.25协议 137
　　　　9.2.5　分组交换网应用 139
　　9.3　帧中继网 141
　　　　9.3.1　帧中继特点及协议 141
　　　　9.3.2　帧中继网络 143
　　　　9.3.3　帧中继应用 145
　　习题9 147

第10章　计算机网络与软交换 148
　　10.1　计算机网络 148
　　　　10.1.1　网络组成 148
　　　　10.1.2　网络协议体系 151
　　　　10.1.3　互联网及域名管理系统 160
　　　　10.1.4　MPLS及宽带IP网 163
　　10.2　软交换 165
　　　　10.2.1　软交换系统 165
　　　　10.2.2　软交换应用 167
　　习题10 169

第11章　异步传送模式（ATM） 170
　　11.1　ATM技术 170
　　　　11.1.1　ATM信元 170
　　　　11.1.2　ATM协议模型 172
　　11.2　ATM交换 175
　　　　11.2.1　虚连接及交换过程 175
　　　　11.2.2　交换机及信令 177
　　11.3　ATM组网 178
　　　　11.3.1　ATM网络及接口 178
　　　　11.3.2　基于ATM的综合业务 178
　　　　11.3.3　基于ATM的IP 180
　　习题11 180

第12章　第四代移动通信网 181
　　12.1　LTE概述 181
　　　　12.1.1　LTE介绍 181
　　　　12.1.2　LTE双工方式 182
　　　　12.1.3　EPS系统架构 183
　　　　12.1.4　协议栈与物理信道 187
　　12.2　OFDMA技术 188

|　　12.2.1　OFDMA 原理 188
|　　12.2.2　OFDM 系统参数 192
12.3　LTE 技术 194
|　　12.3.1　技术释义 194
|　　12.3.2　LTE 帧结构 195
|　　12.3.3　HARQ 技术 198
|　　12.3.4　天线技术 201
12.4　LTE 组网 204
|　　12.4.1　VoLTE 架构 204
|　　12.4.2　LTE 混合组网 208
习题 12 210

第 13 章　分组传输网（PTN） 211

13.1　PTN 技术 211
|　　13.1.1　PTN 优势 211
|　　13.1.2　技术释义 212
|　　13.1.3　PTN 的网络分层 213
|　　13.1.4　PTN 网元分类 213
|　　13.1.5　PTN 网络分域 214
|　　13.1.6　PTN 业务传输模型 215
|　　13.1.7　PTN 业务处理模型 216
13.2　PTN 伪线仿真 217
|　　13.2.1　PWE3 技术 217
|　　13.2.2　PWE3 业务仿真 219
13.3　PTN 组网 221
|　　13.3.1　PTN 组网方案 221
|　　13.3.2　PTN 业务承载与流量规划 225
习题 13 227

第 14 章　移动网络规划与优化 228

14.1　通信网计算 228
|　　14.1.1　基础计算 228
|　　14.1.2　工程计算 233
14.2　3G 网络规划 234
|　　14.2.1　接口带宽规划 234
|　　14.2.2　接口数量配置 236
|　　14.2.3　链路预算 237
|　　14.2.4　组网规划 238
14.3　4G 网络规划 240
|　　14.3.1　无线网络规划 240
|　　14.3.2　承载能力规划 243
14.4　网络优化 247
|　　14.4.1　网络优化内容 247
|　　14.4.2　网络优化步骤 249
习题 14 249

第 15 章　软件定义网络（SDN） 250

15.1　SDN 概述 250
|　　15.1.1　IETF 定义 SDN 250
|　　15.1.2　SDN 架构与解决方案 252
15.2　基于 OpenFlow 实现 SDN 253
|　　15.2.1　SDN 交换机及应用领域 253
|　　15.2.2　SDN 应用举例 255
习题 15 257

参考文献 258

第1章 概 论

现代通信是当今社会的3大基础结构（能源、交通、通信）之一，它是由一系列设备、信道和规范（或信令）组成的有机整体，使与之相连的终端设备可以进行信息交流。现代通信网所传送的信息分为3大类，即音频、视频和数据，相对应的有电话通信网、广播电视网和计算机网。本章主要介绍通信网定义、分类、构成及发展趋势。

1.1 现代通信网概述

目前，随着数据业务量的快速增长，再加上移动通信的不断发展，现代通信网必将是以移动、数据通信为主体，以宽带分组网为基础的新型通信网。

1.1.1 通信网及技术

1. 通信网的定义

在信息社会里，除了各种自然资源、生产工具外，信息作为一种重要的资源和财富，影响着社会的运转，而发挥重要作用的是作为承载、交换、传输信息的现代通信网及系统。能够将各种语言、声音、图像、图表、文字、数据、视频等媒体变换成电信号，并且在任何两地间的任何两个人、两个通信终端设备、人和通信终端设备之间，按照预先约定的规则（或称协议）进行传输和交换的网络，就称为**通信网**。

通信网的特点：通信双方既可以进行文字的交流，也可以交换和共享数据信息；通信网络是社会的神经系统，已成为社会活动的主要机能之一，人们希望传递的信息安全、可靠；通信网络可以配有强大功能的智能终端，为用户提供更方便的服务，既可以进行真诚的语音交流，也可以进行富有感情色彩的多媒体数据交流，拉近人们之间的距离。

2. 网络分类

现代通信网从各个不同的角度出发，有各种不同的分类。常见的分类方法有以下几种。

① 按业务类型进行分类：电话网、广播电视网、数据网、传真网、综合业务网、多媒体网、智能网、信令网、同步网、管理网、计算机通信网（局域网、城域网和广域网）等。

② 按传输介质进行分类：有线网（电线、电缆、光缆等）、无线网（长波、中波、短波、超短波、微波、卫星等）。

③ 按通信范围进行分类：本地通信网、市话通信网、长话通信网、国际通信网，以及局域网、城域网和广域网等。

④ 按通信服务的对象进行分类：公用网、专用网。

⑤ 按通信传输处理信号的形式进行分类：模拟网、数字网、混合网。

⑥ 按通信的终端进行分类：固定网、移动网。

⑦ 按通信的性质进行分类：业务网、传输网、支撑网。

图 1.1 给出了现代通信网各主要网络的分类及相互关系，我们只有通过以后课程的学习，才能深入理解各网络的结构及它们之间的联系。以下是以目前三大网络的分类。

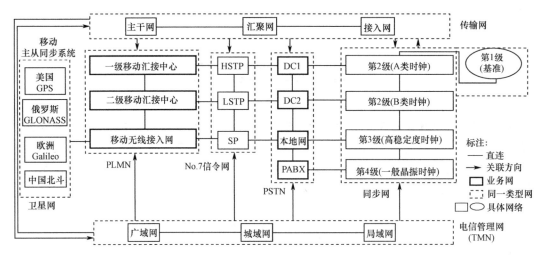

图 1.1 现代通信网的分类及相互关系

① 电话通信网。我国的电信网又分为业务网、传输网和支撑网。

业务网：公用电话交换网（PSTN）、公用分组交换数据网（PSPDN）、公用陆地移动通信网（PLMN）、窄带综合业务数字网（N-ISDN）、宽带综合业务数字网（B-ISDN）、智能网（IN）和多媒体通信网等。

传输网：接入网（AN）、同步数字系列传输网（SDH）和分组传输网（PTN）等。

支撑网：信令网（如 No.7 CCS）、数字同步网和电信管理网（TMN）。

② 广播电视网。包括无线电视网、无线广播网、有线广播电视网（CATV）等。

③ 计算机网，也称数据网。包含计算机互联网、数字数据网（DDN）、分组网和帧中继网等，以及按组网范畴分类的局域网（LAN）、城域网（MAN）和广域网（WAN）。

3．通信技术的进展与演变

（1）通信技术的进展

通信技术的进展大致经历了以下 3 个阶段。

第一阶段是语言和文字通信阶段。1837 年，莫尔斯发明电报机，并设计莫尔斯电报码。

第二阶段是电通信阶段。1876 年，贝尔发明电话机。这样，利用电磁波不仅可以传输文字，还可以传输语音。1895 年，马可尼发明无线电设备，从而开创了无线电通信发展的道路。

第三阶段是现代通信阶段，包含卫星通信、光纤通信、接入网、图像通信、多媒体通信、交换、电子商务、个人通信、通信供电、计算机通信等技术，而最有代表性的是移动通信。

我国从发展第一代移动通信（1G）开始，到第四代移动通信（4G），在不到 30 年的时间里，见证了移动通信网的发展历程，现在又进入了第五代移动移动通信（5G）的研发。

1987 年，我国广东第六届全运会上，正式启动了第一代移动通信系统。1G 最早在美国芝加哥诞生，采用模拟的 FM 调制，主要系统是由美国 AT&T 开发的 AMPS（Advanced Mobile Phone System，高级移动电话系统）。

1995 年，进入了数字调制的 2G 通信时代。主要系统为由欧洲开发的 GSM（Global System for Mobile Communication，全球移动通信系统）。

2009 年，我国进入了 3G 通信时代，主要系统分别是我国大唐的 TD-SCDMA，欧盟的 WCDMA 和美国高通的 CDMA2000。系统全部采用 CDMA（Code Division Multiple Access，码分多址）技术，也标志着移动网语音通信迈入了语音、数据共存的通信时代。

2013 年，我国进入了 4G 通信时代，以 OFDM（正交频分复用）和 MIMO（多入多出）为主要技术，4G 的 LTE（Long Term Evolution，长期演进）标准中，包括 FDD 和 TDD 两种模式，标志着移动网通信进入全 IP 的宽带数据通信时代。

现在，进入 5G 研发阶段，"新技术、新网络、新产业"作为其整体规划的重点。新技术包括无线侧的大规模天线、非正交多址、超密集组网等技术，以及网络侧的网络切片、移动边缘计算、控制承载分离、网络功能重构等；新网络就是要支持长期演进、灵活组网、弹性架构、边缘高效处理；新产业则是要构建生态合作，开拓新的应用，主要体现在车联网、物联网、工业互联网，以及 VR（Virtual Reality，虚拟现实）、AR（Augmented Reality，增强现实）、MR（Mix reality，混合现实）等产业。

（2）通信技术的演变过程

接续网络：从金属接点发展到数字开关（分立元件→集成元件→光开关）。

信息形式：从模拟发展到模拟/数字混合，再发展到全数字（电流→电脉冲→光脉冲等）。

信息内容：由文字（电报）到语音；再由图像、视频，发展到现在的 VoIP、大数据等。

调制解调：从模拟调制的 AM（调幅）、FM（调频）、PM（调相），到数字调制的 GMSK（高斯最小频移键控）、OQPSK（正交四相相移键控）、QAM（正交振幅调制）等。

纠错编码：从奇偶校错码、CRC（循环冗余校错），到卷积码、交织编码、Turbo 码等。

复用方式：从传统的空分、频分、时分复用，发展到统计时分、码分、正交频分复用，以及密集波分、粗波分、极化波复用等。

控制方式：从机电到电子，又到存储程序控制（SPC），再到现在的智能控制。

信令方式：从随路信令发展到公共信令，再到现在基于分组网的各种宽带信令和协议。

多址方式：有频分复用多址、时分复用多址、码分复用多址和正交频分复用多址等。

交换技术：从电路交换到分组交换、ATM 交换，再到软交换、IMS（IP 多媒体子系统）。

传输方式：由单路到载波，由微波到卫星，由 PDH（准同步数字系列）到 SDH（同步数字系列）、MSTP（多业务传输平台），再到现在的 PTN（分组传输网）。

传输带宽：无论是从有线到无线，还是从铜线到光纤，基本实现了窄带到宽带的变化。

1.1.2 通信网构成

通信网一般是由终端设备、传输系统和交换节点构成的，即为通信网的 3 个要素。从图 1.2 中可以看出，通信网具体由信源、变换器、信道、反变换器和信宿等部分组成。

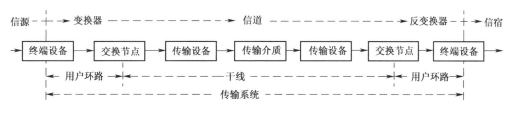

图 1.2 通信网的基本构成示意图

1. 终端设备

终端设备（Termination Equipment）是通信网中的源点和终点，它除对应于信源和信宿之外，还包括一部分变换器和反变换器。

（1）信源和信宿

信源（Information Source）：指发出信息的基本设施。

信宿（Information Sink）：信息传输的终点，也就是信息的接收者。

在有人参与的通信中，信源和信宿指的是直接发出和接收信息的人和终端设备，如手机。

（2）变换器和反变换器

变换器（Convertor）：将信源发出的信息按一定的要求进行变换，通过变换器的变换，信源发出的信息被变换成适合在信道上传输的信息。反变换器（Inverter）的工作过程是变换器的逆工作过程。它们可以通过终端设备（如调制解调器）或边缘交换节点来实现。

2. 传输系统

传输系统是指完成信息传输的介质和设备总称。从网络结构上看分为用户环路和干线两部分；从提供信息的通路来看分为电路和链路等部分；从传输方式上看分为面向连接和无连接。

用户环路（Subscriber Loop）：也称为本地环线或用户线，是一个节点和用户设备或用户分系统之间简单的固定连接。用户环路通过 UNI（用户至网络接口）连接。

干线：也称主干线，是主干网（Backbone）上的某个连接。一条干线可以由一条或多条串联的链路组成。两个交换中心或节点之间通过干线连接。干线连接通常以交换为基础，由许多用户复用或用户分系统复接的大容量电缆、光纤或无线电传输通路，在干线的两端提供适合节点工作的设备，如复用器/分路器。干线通过 NNI（网络至网络接口）连接。

电路（Circuit）：强调物理层（或节点设备接口）的连接能力，一条电路就是两个或多个节点之间的一个物理路径。如果在链路层提出电路的概念，应称为虚电路或逻辑电路。另外，通过交换机指定连接的电路，又分为永久电路（PC）、永久虚拟电路（PVC）等。

链路（Link）：应该强调的是与数据链路层有关的连接，由链路控制协议来建立的连接。链路通常是指两个相邻节点间或终端设备和节点之间具有特定特性的信道（或电路）段，链路也是特定的信源与特定的用户之间，所有信息传送中的状态与内容的名称，如无线接口的上行、下行链路。有的书中将物理层的电路，称为物理链路。有时，链路和电路也会被混淆，被统称为通道（Channels）、线路（Lines）、通路（Paths）等。

路由（Route）：是与网络层协议有关的行为和动作，是指把数据从一个网络传送到另一个网络，带有方向性的某个连接通路，通常在信令网、路由器中强调路由的概念。路由在数据通信网中，通常强调的是与网络层有关的连接。

面向连接（Connection）：两个节点在数据交换或传递之前必须先建立连接，通信结束后需要释放。在数据通信中通常指虚连接，ATM 就是一种面向虚连接的通信。

无连接（Connectionless）：两个节点之间的通信不需要先建立一个连接，靠每个报文携带的目的地址，经系统节点选定的路线传递。如互联网中的 IP 协议就是一种无连接通信。

3. 交换节点

交换节点（Switching Node）是指进行交换的设备，是用户环路和链路或链路之间的分配点，根据寻址信息和网络控制指令进行链路连接或信号导向，以使通信网中的多个用户建立信号通路。

电信网交换节点设备，以节点的形式与邻接的传输链路一起构成各种拓扑结构的通信网。目前常用的交换技术有电路交换、分组交换、帧交换和 ATM 交换，以及软交换、IMS 等。对应于各种传送模式（Transfer Mode）的交换方式，是交换节点用于交换功能所采用的互通技术，如电路交换属于电路传送模式（CTM）或同步传送模式（STM）；分组交换、帧交换、快速分组交换等属于分组传送模式（PTM）；ATM 交换是电路交换和分组交换的结合，称为异步传送模式（ATM），既支持局域网、城域网和广域网等固定网，又支持移动网、卫星网等无线网；软交换和 IMS 均是一个基于分组的、层次分明的、控制和承载分离的、开放的现代网络体系。软交换最初解决的是 PSTN 的 IP 化业务提供方式，IMS 重点解决 IP 多媒体综合业务，软交换作为部件融入统一的 IMS 架构中，可以形成一个解决并继承传统网络业务和 IP 媒体业务的核心网。

4．信道

信道（Channel）：是指在两点间的单向或双向通道，是信息传输介质和中间设备的总称。不同的信源形式所对应的变换处理方式不同，与之对应的信道形式也不同。通常情况下，信道的划分标准有：按传输介质的不同可分为无线信道和有线信道；按传输信号形式的不同可分为模拟信道和数字信道；按协议栈可分为逻辑信道、传输信道和物理信道。

逻辑信道是指携带信息的信道，它定义了传送信息的类型，通常产生于数据链路层。

传输信道是在对逻辑信道信息进行特定处理后，再加上传输格式等指示信息后的数据流，通常是指物理信道和逻辑信道之间的连接转换。

物理信道指的是承载传输信道业务的载频、码道、时隙等概念，通常产生于物理层。物理信道所提供的信道通常与传输介质有关，分为无线信道和有线信道。

（1）无线传输信道

无线传输信道中信息主要是通过自由空间进行传输的，但必须通过发射机系统、发射天线系统、接收天线系统和接收机系统才能使携带信息的信号正常传输，从而组成一条无线传输信道。

长波信道：所使用的频率在 300kHz 以下，波长在 1000m 以上。

中波信道：所使用的频段为 0.3～3MHz，波长为 100～1000m。

短波信道：所使用的频段为 3～30MHz，波长为 10～100m，也称为高频（HF，High Frequency）信道。

超短波信道：所使用的频率范围通常认为是 30～3000MHz。更细一些划分，其中 30～300MHz 称为甚高频（VHF，Very High Frequency），300～3000MHz 称为特高频（UHF，Ultra High Frequency）。

微波信道：所使用的频率在 3000MHz 以上，通常泛称为微波，它在现代通信网中占有重要地位。

卫星信道：卫星信道是指利用人造地球卫星作为中继站转发无线电信号，在多个地球站之间进行通信的信息传输信道。

散射信道：在现代通信网的微波通信方式中，还常用散射信道。散射信道利用对流层和电离层的不均匀性或流星余迹，对于一定仰角的电磁波射束在上层空间中，有一部分电磁波能量可回到地面而被接收到的散射现象，构成散射信道。

（2）有线传输信道

在有线传输信道中，电磁波是沿有形介质传播的，而且通常是构成直接信息流通的通路，适合于基带传输或频带传输。

平衡电缆：也称双绞线，每对信号传输线间的距离比明线小，而且包扎在绝缘体内。

同轴电缆：是容量较大的有线信道。常用的有两种：一种是外径为 4.4mm 的细同轴电缆；另一种是外径为 9.5mm 的粗同轴电缆。

光纤信道：是以光为载波，以光导纤维（光纤）为传输介质的一种通信信道。

1.2 通信网发展趋势

1.2.1 现代网络的发展

现代通信网正向智能化、个人化、数据化、数字化、宽带化、综合化等方向发展，下面将结合有关技术阐述其发展趋势。

1．网络业务数据化

过去，通信网的主要业务一直是基于电路交换的电话业务，因而通信网一般称为电话网。现代通信网是以语音、视频、音频、图像、数据等组成的综合业务，分布在不同的业务网络中实现。目前的 PSTN 用户随着时间的推移将逐步减少使用传统的固定电话，取而代之的是移动终端或 VoIP。基于分组网络的各种业务都称为数据业务。

现代通信网应用系统将向更深和更宽的数据业务方向发展，如远程会议、远程教学、远程医疗、远程购物及网络多媒体技术的应用等。数据化业务主要分以下 5 类：视频类业务（包括流媒体组播、点播电视、视频电话等）、高速上网业务、VoIP 业务、互动游戏等媒体游戏类应用、信息服务类应用。只有数据网络，才能适应云计算、物联网等领域的广泛推进。

2．网络传输宽带化

鉴于光纤的巨大带宽、低成本和易维护等一系列优点，特别是波分复用（WDM）技术的日益成熟，自动交换光网络（ASON）得到了一定的应用，以及基于 SDH 的多业务传送平台（MSTP）的应用领域也在不断拓宽，基于数据通信的分组传输网（PTN）异军突起，成为今后传输系统的主要设备。

传输技术主要体现在 SDH、MSTP、ASON、WDM、PTN 等，以提供更高的传送容量和更长的传输距离。

3．网络交换分组化

PSTN 以电路交换（CS）为主，是一种直接的交换方式，对传输信息没有差错控制，电路连通后提供给用户的是"透明通道"，处理开销少，要在通信用户间建立专用的物理连接通路，实时性好。电路交换技术尽管有其不可磨灭的历史功绩和内在的高质量、严管理优势，但由于采用了同步的时分复用方法，呼叫建立时间长，存在呼损，电路利用率低，属于窄带范畴，交换速率仅为 64kbit/s。

分组交换的通信网，具有传统电路交换通信网无法比拟的优势：信息的传输时延较小，而且变化不大，能较好地满足交互型通信的实时性要求；易于实现链路的统计时分复用，提高了链路的利用率；容易建立灵活的通信环境，便于在传输速率、信息格式、编码类型、同步方式以及通信规程等方面都不相同的数据终端之间实现互通；可靠性高，分组作为独立的传输实体，便于实现差错控制；经济性好，信息以"分组"为单位在交换机中进行存储和处理，节省了交换机的存储容量，提高了利用率，降低了通信的费用。但分组交换由于网络附加的信息较多，会影响到分组交换的传输效率。ATM、IP 等是分组网的典型代表。

ATM 最大的优势是与光纤连用，我国光纤的发展与 SDH 有关，现用的 ATM 均是基于光纤的。现阶段 ATM 最广泛的应用是利用其高速率、大容量和支持多业务的优势，作为传送数据业务平台，完成链路层功能。ATM 理论上可支持各种业务，但现在实际应用中仍面临许多问题，以后会与 IP 在桌面应用方面形成一定的竞争。

MPLS（多协议标记交换）既具有 ATM 的高速性能、QoS 性能、流量控制性能，又具有 IP 的灵活性和可扩充性。 MPLS 可以在同一网络中同时提供 ATM 和 IP 业务，利用 ATM 传送 IP 是目前公用骨干网上最适用的技术方案之一。它不仅能够解决网络中存在的可扩展性、带宽瓶颈问题，而且能够实现强大的网络功能和网络的集中控制管理，有利于网络层业务的扩展。因此，MPLS 成为业界普遍看好的下一代 IP 骨干网技术。

软交换，以及 IMS（IP 多媒体子系统），在 3G（R4 以上版本）、4G 得到广泛应用，主要完成呼叫控制、资源分配、协议处理等功能，可以提供包括现在电路交换机所提供的全部业务和其他新业务。以后通信设备中更多的是分组交换、ATM、软交换、IMS，而电路交换将会逐步减少。

4．网络接入多样化

网络接入就是指"最后一公里"，又大体分成有线和无线接入网两大类。以前，基本上是有线接入一统天下，只有在一些特殊的时期和地区才用到无线接入。

现在，网络接入向多样化的方向发展：光纤接入网（如 FTTH 等）、铜线接入网（如 ADSL 等）、混合光纤同轴接入网（如 HFC）及无线接入的电话接入网（如远端模块等）、无线局域网（WLAN）等，以后还会有更多、更好的接入方式出现。在基于 IEEE 802.16 的 WiMAX（全球微波接入互操作性）中，可实现高速移动宽带接入；FTTH 中将重点推广 EPON（以太无源光网络）和 GPON（吉比特无源光网络）技术；大力开发宽带接入的应用，如 IPTV 的接入等。

未来宽带接入网中，有线和无线共存，光纤接入是主流，移动无线接入也将流行。

5．网络融合快速化

通信网、计算机网和广播电视网的三网融合是人们所期待的，但涉及这个问题的除技术之外还有运营机制等环境因素。目前有的运营商已开始尝试，从社区的接入网下手，开始通过 FTTH 实现三网融合。现代网络技术的发展也促进了业务的相互融合，如 VoIP、IPTV 等技术的出现。当网络融合发展到了一定阶段后，电视业务、广播业务就不再是广电运营部门专营了，语音、数据、互联网等业务也不再是电信运营商专营了。

目前，因特网业务的蓬勃发展，加快了传统网与以 IP 网为代表的数据网络的互通和融合。电信网通过采用光纤、xDSL、以太网和 ATM，提供 IP 的高速接入和交互多媒体业务；有线电视网通过铺设光缆，更换同轴电缆，采用 HFC 技术进行双向化改造，以其丰富的带宽资源在不断向外延伸；经营 Internet 业务的网络公司也在围绕新技术不断升级网络，在同一个网上支持全业务；数据网以其低廉的价格、灵活的服务方式迅速扩张，改变了传统电信业务的格局。融合的特征主要体现在以下几个方面。

① 技术融合：语音通信、数据通信、移动通信、有线电视及计算机网络等技术相互融合，出现了大量的混合各种技术的产品，如路由器支持语音、交换机提供分组接口等技术的融合。

② 网络融合：传统独立的网络逐步形成一个统一的网络，如固定与移动、语音与数据、电话与电视等网络的融合。

③ 业务融合：未来电信是将语音、数据、图像这 3 种在传统意义上完全不同的业务模式的全面融合。语音、数据、视频融合的业务有 VoD、VoIP、IP 智能网、IPTV、Web 呼叫中心等。

④ 产业融合：网络和业务的融合必然导致传统制造业的融合，而制造业的融合又进一步促进了网络的融合。例如，设备制造商、电信网络运营商、互联网运营商等之间的相互融合。

6．网络管理综合化

ITU-T 提出电信管理网（TMN）就是要实现各种管理系统的平滑过渡。网络管理（Net Manager）是为了保证通信网络高效、可靠、安全运行，且成本较优化的管理系统，能够对不同地域的交换机等网络设备进行全面的、统一的网络管理。网络的集中管理与运营机制是相关的，对未来的网络综合管理来说，可以分成以下 4 类。

① 在网络规划和设计（包括网络配置）中，用在线分析、实时交互式专家系统可支持网络配置的动态修改和网络操作中的故障检测、故障诊断和路由选择。

② 诊断专家系统用于解释网络运行中出现的差错信息、诊断故障，并提供处理建议。

③ 有人工智能的支持，将能实现用户可剪裁的服务特性，可以重构服务配置。

④ 开发环境中的人工智能可以提高网络管理软件的质量。

7．网络信令协议优选化

目前，通信网上运行的信令、协议、规范非常之多，要实现互连互通，必须要经过大量的网关或网守、路由器协议转换设备等。随着传输平台智能化程度的提高（如全光网络等）、终端设备综合处理能力的提高、综合宽带 IP 网的普及、原来网络的进一步优化等，各种信令、协议也要优胜劣汰。在相当一段时间内，IPv6、No.7 BISUP（或 BICC）将占据信息网络的主导地位；目前的 VoIP 是基于 H.323 协议开发的，在 H.323 的基础上会出现全新的视频、音频通信协议；在 NGN 中 SIP（会话初始协议）的应用将逐步增大，它是软交换与软交换之间、软交换与应用服务之间、软交换与智能终端之间的呼叫控制协议，也是 3GPP IMS 呼叫控制服务器之间的多媒体控制协议。在 NGN 初级阶段，软交换与 IMS 共存，4G 以后软交换的会话控制功能转给 IMS，软交换退化为网关控制和应用服务器，而 LTE 就是构成了基于 IP 的全 IMS 架构。与 SDN（Software-Defined Networking，软件定义网络）相关的 OpenFlow 标准，取决于业界共识，其决定了未来的发展方向，也是各大网络设备厂商关注的焦点。

8．网络经营专业化

下一代网络架构中的一个重要思想就是业务与控制分离、控制与承载分离。未来的网络经营也可以参照这种分离模式，按专业化分工经营。

未来的网络及业务可能会出现专业化经营，如业务（电视、娱乐节目等）提供商、业务（如数据、语音等）经营商、传输系统主干网（如长途干线）经营商、城市线路（如管道线路）经营商、信息服务平台（存放信息、咨询信息等）提供商、接入网（最后一公里，统一的业务接入管理平台，实现综合接入）经营商、终端设备（专营终端设备）经销商、设备运营维护（网络设备维护）支持商等。这样，便不会出现线路到处架、楼宇乱打孔等现象，会像铁路警察一样各管一段，规范专业化经营。

专业化分工，在网络资源分配上将更趋于合理。运营公司的资源可以相互使用，实现互连互通，避免重复建设。各个运营公司在同一个区域内重复建设的现象将会减少。

9．网络接口标准化

网络接口要符合国际、国内的相关标准。标准化是网络相互融合、相互开放的前提。例如，V5 接口设备的出现，打破了接入网对异型设备无法兼容的禁区；管理网络相关标准及接口的有效实施，加速了向具有综合管理功能的 TMN 目标的实现；目前的接入网与业务节点分别有各自的接口，未来仅需一个统一的 SNI 接口。

特别是随着 MTN 的高质量建设，以及 SDN 的发展，应充分考虑是否具备国际标准接口及开放兼容能力。

10．网络通信个人化

所谓个人通信是指以个人为对象，通信到人而不是通信到终端设备，可解释为"在任何时间（Whenever）、任何地点（Wherever）、任何人（Whoever）可以与任何人（Whomever）进行任何业务（Whatever）的通信"的 5 个"W"。个人通信有终端移动和个人移动两种。终端移动指终端有时也能通信；个人移动指用户能在网中任何地理位置，根据其通信要求选择任一移动终端或固定终端进行通信。个人通信网的数据库通过智能控制随时跟踪并登记用户所在位置。个人通信可以先实现个人号码唯一化，如无论是移动手机还是固定电话，都是同一个号。发展初期可以通过加拨网号或字冠的方法区别于不同的运营商网络。

个人通信的特点：用户无约束的通信自由；个人通信具有安全、保密、确认等功能；可提供用户所预订的不同业务。

提高服务质量是个人通信的重要标志之一。例如，所有接入用户的业务一线化，只需一条光纤入户（FTTH）接到"家庭集线盒"即可接入所有业务，并能实现跟号服务，如用户更换运营公司后，仍能保持原来的号码不变；特服号码唯一化，如拨打"1××"，所有的紧急情况全部受理；热线服务号码唯一化，如政府、新闻、交通、气象等所有的热线都可以用一条热线号拨入。信息台应提供更加人性化的服务，回归到人工回答问题，提供信息服务，取消按键式的计算机语音菜单服务，除非是用户提出要听某个录音信息。根据用户不同的业务需求，用户可以自由、方便地选择自己喜欢的运营商。

1.2.2 未来网络的展望

目前，人们对未来网络的发展提出了诸多的概念，如网络虚拟化、网络可编程、网络智感、网络共享、网络融合，以及云架构、云计算集群等。以下我们只对作为未来网的 SDN 和第五代移动通信（5G）作一简单展望。

1. 软件定义网络（SDN）

基于 OpenFlow 的 SDN 技术，将是未来网络发展的趋势之一。SDN 技术，分离了网络的控制平面和数据平面，为网络新应用和未来互联网技术提供了一种新的解决方案。SDN 是控制转发分离架构的延续和深化，但基于 OpenFlow 的 SDN 技术仍处于发展阶段。OpenFlow 标准的推进和控制软件的开发，取决于未来的发展方向，随着主流网络设备厂商的加入，控制软件将会出现更多性能更好的版本，OpenFlow 并不是支撑 SDN 技术的唯一标准，但其相关规范已得到普遍认可。

基于 OpenFlow 实现 SDN，在网络中实现软硬件的分离以及底层硬件的虚拟化，打破了传统网络的封闭性，适应了目前降低网络复杂度、提高网络开放性和虚拟化的需求。

基于 OpenFlow 实现的网管和安全功能，主要集中在接入控制、流量转发和负载均衡等方面，而在安全性机制设计、异常检测和恶意攻击防护等方面，也在进行更为深入的研究。

基于 OpenFlow 的 SDN 控制转发分离技术，能满足数据中心密集型服务器需要，能够实现集中控制管理，增加了数据中心实际配置和操作的灵活性。在云计算集群服务器大规模部署的今天，它能够根据对数据中心的实际需求部署具有革命性的全新架构。

基于 OpenFlow 的 SDN 部署环境，初期主要面向校园网、企业网和数据中心，未来将会针对大规模网络进行部署。

基于 OpenFlow 的未来互联网测试平台，已经在世界各国逐渐建立起来。在面向未来互联网的实验平台下，通过基于 OpenFlow 的 SDN 控制转发分离架构，将有利于实现新型网络控制协议和相关的网络测量机制。

基于 OpenFlow 的 SDN 技术有可能发展成为面向未来互联网的新型设计标准。

2. 第五代移动通信（5G）

在未来的几年内，5G 通信将会成熟，国际电联（ITU）将 5G 应用场景划分为移动互联网和物联网两大类，各个国家均认为 5G 除了支持移动互联网的发展，还将解决机器海量无线通信需求，极大促进车联网、工业互联网、物联网等领域的发展。在未来的无线通信网络中，将会继续朝着网络多元化、宽带化的方向演进。随着数据流量井喷式的增长，5G 将是下一代移动网的发展趋势，并将会在以下技术领域有所突破。

① 高频段传输。3GHz 以上的可用频谱资源丰富，能够有效缓解频谱资源紧张的现状，可以实现极高速短距离通信，支持大容量和高速率的传输。

② 新型多天线传输。将 2D（二维）天线阵列拓展成 3D（三维）天线阵列，形成新颖的 3D-MIMO（多进多出）技术，从高阶 MIMO 到大规模阵列的发展，支持更多的用户空分多址（SDMA），有望实现频谱效率提升数十倍甚至更高，降低发射功率，提升覆盖能力。

③ 同时同频全双工。使频谱资源的使用更加灵活，通信的收发双方同时发射和接收信号，

与传统的 TDD 和 FDD 双工方式相比，从理论上讲，可使无线接口的频谱效率提高一倍。

④ D2D（Device-to-Device，设备到设备的通信）。随着无线多媒体业务的不断增多，传统的以基站为中心的方式已无法满足用户的业务需求。而 D2D 可能会包括广播、组播、单播等各种通信模式，或中继技术、多天线技术和联合编码技术等不同的应用场景，开发一种全新的基站组网方式。

⑤ 密集网络和新型网络架构。采用 C-RAN（Cloud Radio Access Network，云无线接入网）架构，是基于集中化处理、协作式无线电和实时云计算构架的绿色无线接入网构架。

习 题 1

1. 何为通信网？人们通常所说的"三网"指的是哪 3 种网络？
2. 通信网都由哪些部分组成？并说明各部分的作用。
3. 简述我国电信网目前的分类情况。
4. 结合本书的内容，发表自己对现代通信网发展趋势的观点。

第 2 章 电话通信网

公用交换电话网（PSTN）主要提供高质量、高可靠性的语音通信，随着用户对新业务需求的不断增长，就需要智能网（IN）来提供，而原有交换机只完成其最基本的交换和接续功能。为了实现用户终端之间的全数字连接以及适应数据通信的需求，ITU-T 提出了综合业务数字网（ISDN）。本章主要介绍 PSTN，IN 和 ISDN 网络技术。

2.1 PSTN

PSTN（Public Switched Telephone Network，公共交换电话网络），主要由终端设备、传输系统和交换设备组成，如图 2.1 所示。另外，再配上信令系统及相应的协议、标准规范，其中信令是实现网内通信的依据，协议、标准是构成网络系统的准则，这样才能使用户和用户之间、用户和交换设备之间、交换设备和交换设备之间有共同的语言和连接规范，使网络能够正常运行。

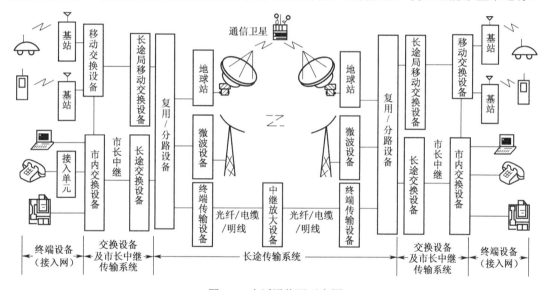

图 2.1 电话通信网示意图

终端设备是对应于各种电话业务的，如对应于语音业务的移动电话、无绳电话、磁卡电话、可视电话；还有对应于数据业务的计算机、智能用户电报、传真应用扫描设备、电子邮箱设置、会议电视、数据语音平台、网络电话（IP Phone）、电脑电话（CT）等；交换设备就是指完成通信双方的接续、选路的交换节点，有电路交换、分组交换、信元交换等交换设备，PSTN 以电路交换设备为主；传输设备包括信道、变换器、复用/分路设备等，如数字微波、SDH、卫星传输、光端设备等。

2.1.1 公用电话网结构及设置

1. 网络结构

以前我国电话网采用的是 5 级交换等级结构，如图 2.2 所示。

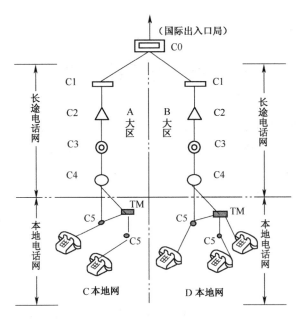

图 2.2　我国电话网的 5 级结构（1997 年以前）

第 1 级（C1）为大区中心，也称为省间中心局，是汇接一个大区内各省之间的电话通信中心，局间都设立直达电路，为完全互连方式的网状网结构；第 2 级（C2）为省中心局，是汇接省内各地区之间的电话通信中心；第 3 级（C3）为地区（市）中心局，是汇接本地区各县（区）的电话通信中心，要求地区中心局至本省中心局具有直达路由；第 4 级（C4）为市（县）级中心局，是汇接本市（县）的电话通信中心，是最终长途局，到达 C3 局有直达路由；最后接入的是端局 C5。

电话通信网按地域位置或功能通常又有以下几种分类。

本地电话网：指在同一个长途电话编号区内，由若干个本地电话端局或者若干个本地电话端局和本地汇接局及连接它们的局间中继线（包括各个本地电话端局和本地汇接局与设置在本长途电话编号区内的长途交换中心之间的中继线）和连接用户终端设备的用户线（或用户接入网）组成的电话网，简称本地网，是本地市话网和农话网的统称。

市话网：它将各个交换区市话局通过中继线互连起来，并将市话局连接至市话汇接局。

农话网：指郊县通信网。

区域长途电话通信网：长话汇接局通过区域中继干线互连，提供区域长途电话通信业务。

国内长途电话通信：区域汇接局和国内中心汇接局通过国内中继干线互连，提供全国范围内各地区之间的长途电话通信业务，形成国内长途电话通信网。

国际长途电话通信：连接国内汇接局和国际接口局，由国际接口局和国际线路组成国际长途电话网。

随着网络规模越来越大，多级交换结构就带来了接续慢、延时长、传输衰耗大等弊端，我国电信网结构就由多级向少级转变，现在长途电话网络结构将原来的 C1、C2 合并，C3、C4 合并，长途电话网的两级结构如图 2.3 所示。

经过多年的发展和演变，我国现在的电话网已经完全实现了综合数字网（IDN）的要求。

图 2.3 中 DC1 为一级交换中心，设在各省会、自治区首府和中央直辖市，其主要功能是汇接所在省（自治区、直辖市）的省际和省内的国际和国内长途来、去、转话话务和 DC1 所在本地网的长途终端（落地）话务；DC2 为二级交换中心，也是长途网的终端长途交换中心，设在各省

的地（市）本地网的中心城市，其主要功能是汇接所在地区的国际、国内长途来、去话话务和省内各地（市）本地网之间的长途转话话务以及 DC2 所在中心城市的终端长途话务。

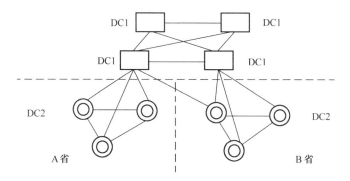

图 2.3　现阶段我国长途电话网的二级结构

本地网的结构为两级结构，即汇接局（Tm，Tandem）和端局（LE，Local Exchange）。汇接局之间由低呼损的基干电路群（路由）构成网状结构。我国长途电话网与本地电话网的关系如图 2.4 所示，DL 是本地网中的端局，PABX 是专用自动用户交换机。

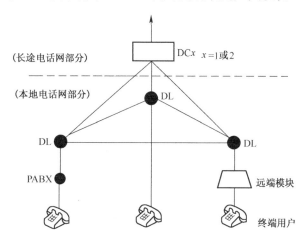

图 2.4　我国现阶段长途电话网与本地电话网的关系

2. 长途局设置

长途网以省级长途交换中心 DC1 为汇接局，在同一个长途汇接区内，可设置一个或多个与本汇接局级别相等的长途交换中心。其原则如下：

① 当一个 DCx 的忙时汇接话务量达到 6000～8000Erl（或交换机已满容量时），且以后两年内忙时汇接话务量将达到或超过 12000Erl 时，可以考虑筹建第二个 DCx。

② 当已设置的两个 DCx 所汇接的忙时话务量超过 20000Erl 时，可考虑建设多个 DCx。

③ 当 DCx 的数量超过 3 个时，只设置两个高等级的 DC，其他则设为较低等级的 DC 局。

一般来说，DC1 包含 DC2 的功能，但不能反之。长途局电路群设置及其路由如下：

● DC1 间个个相连成网状网，均设置低呼损路由；
● DC1 与其下属的 DC2 之间为星状网，均设置低呼损路由；
● 同一个汇接局的所有 DC2 之间，视话务关系的密切程度可设低呼损或高效直达路由；
● 不同汇接局的 DC1 与 DC2 之间、DC2 与 DC2 之间，视话务关系的密切程度可设低呼损或高效直达路由。

3．本地汇接局的设置

将本地网划分成若干个汇接区，每个汇接区内设置两个大容量的汇接局，每个汇接区内的每个端局至这两个汇接局均设立低呼损基干电路群；当汇接局均为端/汇合一局（用 DTm/DL）时，全网的所有汇接局间为个个相连的网状网，局间为低呼损基干电路群；当某一个汇接区内的两个汇接局均为纯汇接局时，这两个汇接局之间无须相连，如图 2.5 所示。

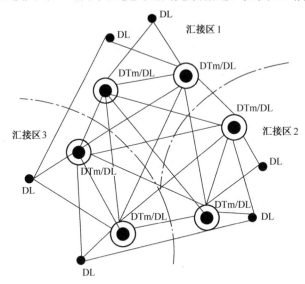

图 2.5 混合汇接局情况的分区双汇接局结构

在全网设置 2~3 个汇接局，对全网的端局全覆盖，汇接局一般设置在本地网的中心城市并且相互之间采用网状网结构。

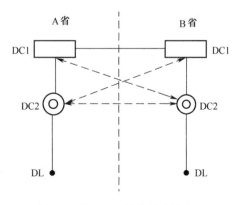

图 2.6 设置必要的高效直达路由

4．本地局中继电路的设置

在全国长途电话通信中，两端局间的最大串接电路段数为 5 段，串接交换中心数最多为 6 个。在长途网中，为了减少一次呼叫中的串接段数，除了在 DC1 间建立网状网连接外，根据话务关系的密切程度和经济上的可行性，可以建立省间的 DC1 与 DC2 之间的低呼损直达路由和省间的 DC2 之间的高效或低呼损直达路由，如图 2.6 中的虚线所示。在特大城市和大城市本地网中，为了减少一次呼叫中的串接段数，可以采用来话汇接、去话汇接、集中汇接、双汇接局等汇接方式。

2.1.2 专用电话网

专用通信网（也称私网）是相对公用通信网而言的，它是国防、军事和国民经济等领域的某一部门（如煤矿、石油、电力、森林等）自建或向运营部门租用中继电路，专门供本部门内部使用的通信网络。而目前有些不太关键部门的专用网已被虚拟专用网（CENTREX）所取代，给用户的使用带来了更大的便利。

1．专用交换机进入本地网的中继方式

专用网入公用网的方式很多，目前也有不少专用网作为局用交换机接入公网，这种方式要

占用公网的号码资源,每个用户都以双号码的形式存在;以前用得较多的是专用网以用户交换机的身份进入公网,它有不同的出/入中继方式和中继线的传输方向。

(1)半自动直拨中继方式

DOD2+BID 中继方式(中继线可以是单向/双向/部分双向传输)

其中,DOD2(Direct Outward Dialling-two)为听到二次拨号音后再拨出局用户号码;BID(Board Inward Dialling)为入局时通过话务台转接到专网分机用户。目前有人工话务员和电脑话务员两种。

(2)全自动直拨中继方式

DOD1+DID 中继方式(中继线是单向传输)

其中,DOD1(Direct Outward Dialling-one)为听到一次拨号音后就直接拨出局用户号码(往往要前面加拨一个"0"或"9");DID(Direct Inward Dialling)为全自动直拨呼入方式。

(3)混合中继方式

指在呼入时 DID 与 BID 混合使用(中继线可以是单向/双向/部分双向传输)。

为了说明问题,给出了图 2.7,为部分双向的混合中继方式。

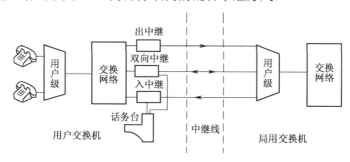

图 2.7 混合中继方式

2.专用网与公用网的连接

专用网与公用网的连接具体要求有以下几个方面。

基本原则:专用网进入公用网可以采取不同中继方式,由双方协调解决。

编号要求:一般采用"0"或"9",作为专用网出局;专用网也可以分配公用网号码。

信令配合要求:如为数字中继时,通常用 No.7;如为环路中继时,为用户信令。

同步要求:数字局接口采用主/从同步方式。

专用网进入公用网的组网方式:以汇接局方式进入本地网、以端局方式进入本地网、以支局方式进入本地网、以用户交换机方式(PBX 或 PABX)进入本地网。

2.2 智能网(IN)

智能网(IN,Intelligent Network)是在原有通信网的基础上为用户快速提供新业务而设置的附加网络结构。智能网概念的三要素是灵活性、开放性和可靠性。

2.2.1 智能网概述

1.智能网结构

智能网由业务交换点(SSP)、业务控制点(SCP)、信令转接点(STP)等部分组成,如图 2.8 所示。用户可以是 PSTN 的模拟用户/数字用户,也可以是 No.7 的 TUP/ISUP 用户。我国智能网的目标网结构如图 2.9 所示。

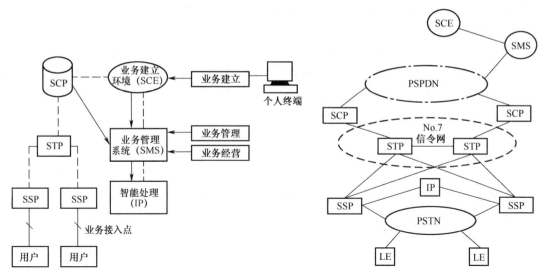

图 2.8　智能网结构示意图　　　　图 2.9　我国智能网的目标网结构示意图

业务交换点（SSP，Service Switching Point）：用于接收用户信息，识别是否是对 IN 的呼叫；与业务控制点（SCP）保持联系；与智能网周边的系统（如 IP）协同工作。

业务控制点（SCP，Service Control Point）：存储用户数据和服务逻辑，当收到 SSP 送来的查询信息后，要进行比较、验证、地址翻译、证实后再向 SSP 发出呼叫处理命令，它是智能网的核心功能部件。

信令转接点（STP，Signal Transfer Point）：沟通 SSP 与 SCP 之间的信号联络（分组交换）。实质上是 No.7 信令网的组成部分，在智能网节点中传输指令，以适应智能网提供各种新业务的要求。

智能外围（IP，Intelligent Peripheral）：提供各种电信能力的网络元件，允许新技术的引入。IN 装有与 IP 联系的标准接口，不需交换系统再做大量的工作。

业务管理系统（SMS，Service Management System）：是操作、维护、管理、监视系统，允许用户管理自己的数据、生成报表等，并对 SCP、IP、SSP 等进行管理。

业务建立环境（SCE，Service Creation Environment）：是根据用户的需求生成新的业务。用于建立各种 IN 的运行环境，个人终端用户通过 SCE 来完成自身业务的控制，包括增加/删除新业务等。

2．智能网的实现 3 种模式

（1）以已有的交换机为基础

以已有的交换机为基础就是在交换机中增加业务控制功能（SCF），按照业务要求修改某个交换机的软件。在该交换机所在的地区（可以是一个省等）内的智能业务均由该交换机处理，也就是说，该地区内的其他交换机只把接收到的智能业务呼叫转移到该交换机去完成。ITU-T 称这种控制节点为业务交换控制点（SSCP），由此构成的智能网称为以 SSCP 为基础的智能网（SSCP Based IN）。

（2）以计算机为基础

由计算机控制若干台分别承担不同业务处理任务的前置处理机，所有这些前置处理机称为业务电路，并全部连至一台也由控制计算机控制的专用交换机，以实现交换接续功能。

（3）以独立的 SCP 为核心

以 No.7 信令网为支撑的智能网，或称以 SCP 为基础的智能网（SCP Based IN）。SCP 与 SSP 之间用 No.7 信令（MTP、SCCP 和 TCAP）和智能网应用规程（INAP）连接，SCP 与业务管理系统（SMS）之间的联系可通过分组网实现。这种模式是初期智能网发展的主要模式。

3. 智能网模型

ITU-T 在 Q.1200 系列建议智能网的概念模型如图 2.10 所示，每个层面功能如下。

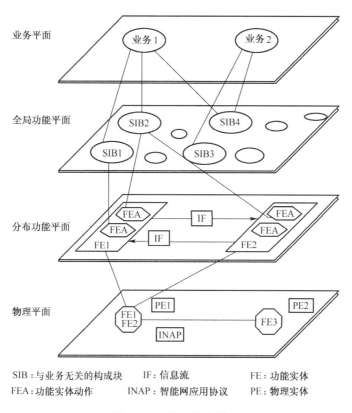

图 2.10　智能网概念模型

（1）业务平面（SP，Service Plane）

业务平面描述了一般用户业务的外观，只强调业务的性能，不管实现的途径，包含业务属性（SF，Service Feature）。业务属性是业务平面中最小的性能。一个业务是由一个或多个业务属性组合而成的。

国际电联先后发布了智能网能力集 1（CS-1）和智能网能力集 2（CS-2）。CS-1 规定了 25 种智能业务。CS-2 提供的 11 个主要电信业务是：网间集中付费业务（IFPH）、网间附加费率电话（IPR）、网间大众呼叫（IMAS）、网间投票电话（IVOT）、全球虚拟网业务（IVPIVS）、会议电话（CONF）、呼叫保持（HOLD）、呼叫转移（CT）、呼叫等待（CW）、热线（HOT）、消息存储和转发（MSF）。

（2）全局功能平面（GFP，Global Functional Plane）

在这个平面上把智能网看做一个整体，即将业务交换点、业务控制点、智能外设等合起来作为一个整体来考虑，其功能主要是面向业务设计者。SIB（Service Independent-building Block）称为"与业务无关的构成块"，ITU-T 在这个平面上定义了一些标准的可重复使用 SIB，这可以组合成不同的业务属性和构成不同的业务。

（3）分布功能平面（DFP，Distributed Functional Plane）

由于在全局功能平面下所定义的每个 SIB 都是完成某种独立的功能，这种功能具体是由哪部分智能网设备来实现并不复杂。

（4）物理平面（PP，Physical Plane）

物理平面是从网络实施者的角度考虑的，它表明了分布功能平面中的功能实体可以在哪些物理节点中实现。一个物理节点中可以包括一到多个功能实体，但是国际电联规定，一个功能实体只能位于一个物理节点中，而不能分散在两个以上物理节点中。这里的物理节点即是指前面所讲述的智能网功能部件（或称智能网节点）SSP、SCP、IP 等。

2.2.2 智能网应用

智能网是一个分布式系统。国际电联将智能网各功能实体之间的消息流用一种高层通信协议的形式加以规范定义，即为智能网应用协议（INAP，Intelligent Network Application Protocol）。使用标准的智能网接口协议和 No.7 信令系统的 TCAP（事务处理能力应用部分）协议。图 2.11 表示了一次智能呼叫所涉及的协议，这些协议将在第 3 章介绍。

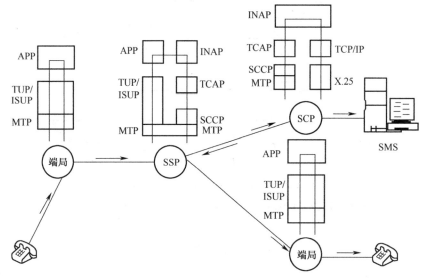

图 2.11 智能呼叫所涉及的协议

宽带智能网是 IN 与以 ATM 为骨干交换机的综合的体系结构，如图 2.12 所示。

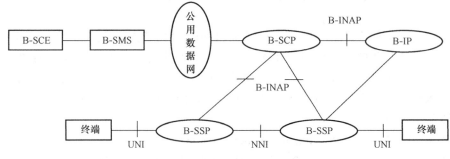

图 2.12 宽带智能网体系结构

（1）B-SSP

B-SSP 为宽带智能网提供相应特征以支持智能业务，是具有 IN 功能的 ATM 交换机。包括：检测点处理、会话管理，以及和 B-SCP 的通信。

（2）B-SCP

宽带智能网业务逻辑完全在 B-SCP 内执行。B-SCP 可通过监测 B-SSP 上报的呼叫事件对 B-SSP 控制，根据业务需要，B-SCP 能在网络中寻找合适的 B-IP 来提供特殊资源。

（3）B-IP

B-IP 是支持用户和业务逻辑之间通信的多媒体代理。B-IP 可引入新的业务。

B-INAP 协议建立在 No.7 信令之上，支持宽带网络中新增加的能力。

2.3 ISDN

1. ISDN 结构

ITU-T 对 ISDN 的定义是"ISDN 是以综合数字电话网（IDN）为基础发展演变而成的通信网，能够提供端到端的数字连接，用来支持包括语音和非语音在内的多种电信业务，用户能够通过有限的一组标准化的多用户—网络接口接入网内"（这里所指的 ISDN 是基于 64kbit/s 的窄带 ISDN，即 N-ISDN）。ISDN 的基本结构如图 2.13 所示，主要功能块如下。

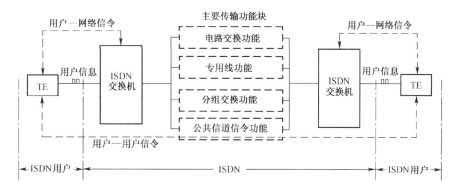

图 2.13 ISDN 的基本结构示意图

① 电路交换功能：指在主被叫间建立起一条信息通路，可提供 64kbit/s 或大于 64kbit/s 的电路交换连接，并以 64kbit/s 的速率在网络中进行交换。

② 专用线功能：也称无交换连接功能，指在终端和终端间建立永久或半永久连接。

③ 分组交换功能：将用户信息分成数据组在网络内传送。

④ 公共信道信令功能：用户—网络信令、网络内部信令和用户—用户信令。

2．ISDN 的系统模型

用户接入 ISDN 的系统模型如图 2.14 所示。用户功能组是在用户出入口上应具有的一些功能的组合。用户—网络接口是用户终端设备与 ISDN 之间的接口点。

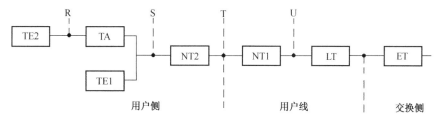

图 2.14 用户接入 ISDN 的系统模型

图 2.14 中，NT1（Network Terminal 1）为用户传输线路终端装置；NT2（Network Terminal 2）包含物理功能、高层业务功能；TE1（Terminal Equipment 1）是 ISDN 的标准终端；TE2（Terminal Equipment 2）是非 ISDN 的标准终端；TA（Terminal Adapter）是 TE2 接入 ISDN 的标准终端。

TE：ISDN 中可允许两类终端接入网络，TE1 是符合 ISDN 用户—网络接口要求的终端设备，如数字电话机、数据终端等；TE2 是不符合 ISDN 用户—网络接口要求的终端设备，如模拟电话机和满足 X.21、X.25 等 ITU-T 标准接口的设备等。

TA：其功能是使任何非 ISDN 终端能转接到 ISDN 中去，当 TE2 接入 ISDN 时，TA 主要进行速率适配和规约变换。

NT：在实际应用中，网络端设备可分为 NT1 和 NT2 两类。在 NT1 中实现线路传输、线路维护和性能监控、定时、馈电、复用及接口等功能，以达到用户线传输的要求；NT2 执行用户小交换机（PBX）、局域网（LAN）和终端控制设备的功能。

LT：是用户环路和交换局的接口设备，主要实现交换设备和线路传输端的接口功能。

ET：ISDN 交换机。

接入参考点是指用户访问网络的连接点，其作用是区分功能组。其中，T 为用户与网络的分界点；S 为单个 ISDN 终端入网的接口；R 提供所有非 ISDN 标准的终端入网接口；U 为二线全双工数字传输接口，符合 ANSI T1.601 等标准。

3. ISDN 接口

（1）接口通道

用户—网络接口是由信息通道和信令通道的不同组合来构成的。通道是用来传送用户信息和信令信息的通路。根据传输信息的类别和速率定义了以下 3 种基本类型的通道。

① B 通道：64kbit/s 信息通道，用于传递各种用户信息流，不传递 ISDN 电路交换的信令信息。

② D 通道：16kbit/s 或 64kbit/s 信令通道，用于传送电路交换用的控制信号，也可用来传送分组交换信息。D 通路可以有不同的比特率。

③ H 通道：信息通道，用于传输各种高速率用户信息流，如高速传真、电视影像、高质量音频或声音节目、高速数据、分组交换信息等，不传递 ISDN 电路交换的信令信息。根据传输速率又可分为 H_0（384kbit/s）、H_{11}（1536kbit/s）、H_{12}（1920kbit/s）等。

（2）接口结构

ITU-T 规定了两种用户—网络接口，即基本接口和基群接口。基本接口是指把现有电话网的普通用户线作为 ISDN 用户线而规定的接口，它是 ISDN 最基本的用户—网络接口；基群接口主要面向设有 PBX 或者具有召开电视会议的高速通道等需要很大的业务量的用户。

① 基本 B 通路接口结构：由 2 个 B 通路和 1 个 D 通路组成，即 2B+D。在本结构中，D 通路的传输速率为 16kbit/s。B 通路可以独立使用，也可同时使用于不同的连接中。

② 基群速率 B 通路接口结构：采用 A 率的 PCM 基群速率的 B 通路接口结构为 30B+D，此时，D 通路的传输速率为 64kbit/s；采用 μ 率的 PCM 基群速率的 B 通路接口结构为 23B+D，此时，D 通路的传输速率为 64kbit/s。

③ H_0 通路接口结构：采用 A 率的 PCM 基群速率的 H_0 通路接口结构为 $5H_0+D$，此时，D 通路的传输速率为 64kbit/s；采用 μ 率的 PCM 基群速率的 H_0 通路接口结构为 $4H_0+D$ 和 $3H_0+D$，此时，D 通路的传输速率为 64kbit/s。

④ H_1 通路接口结构：1536kbit/s（H_{11}）通路结构由一个 H_{11} 通路组成；1920kbit/s（H_{12}）通路结构由一个 H_{12} 通路和一个 D 通路组成。D 通路的传输速率为 64kbit/s。

（3）接口的物理层

ISDN 用户—网络接口的物理层是保证信息传递的物理手段，对用户来说是在图 2.14 中的参考点"S"和"T"处。物理层的基本功能：对被传送的信息进行编码，以便通过接口进行传输；提供 B、D 通路双向传输；完成通路复用功能，形成基本速率接入（BRA）或基群速率接入（PRA）的传输结构；完成物理层的激活和去激活功能；向用户终端供电；通过维护功能，对发生故障的终端进行隔离；D 通路的争抢判决，即冲突检测。

① 基本接口（2B+D）。2B+D 最常见的配置是将话机、传真机和数据终端接在一对用户线上，使用户可以同时利用一对线通话、发送或接收传真以及进行数据通信。

② 基群速率接口（30B+D）：30B+D 的物理层是以 PCM 一次群的规定为基础制定的，与基本接口的物理层协议有许多不同之处，与终端之间只能采用点到点的布线配置，因此不需要竞争控制规程。

习 题 2

1. 简述 PSTN 的网络发展情况，由原先的几级结构发展到现在的几级？何为本地局？
2. 何为长途局？说明长途局电路群设置及其路由计划。
3. 为什么要开通智能网？说明智能网的概念模型。
4. 简述 ISDN 的定义，为什么在 PSTN 的基础上只能实现窄带 ISDN？

第3章 支 撑 网

支撑网是指支撑电信业务正常运行的网络，在支撑网中传输的是对应于各种业务网的同步、控制、监控等信号。支撑网主要包含数字同步网、信令网和管理网，本章将围绕这3种网络进行讲解，而信令网除传统的No.7信令外，还介绍了支持VoIP的软交换协议及SIGTRAN协议栈。

3.1 数字同步网

在数字通信网中，传输链路和交换节点上流通和处理的都是数字信号的比特流，为实现它们之间的相互连接，并能协调地工作，就必须要求其所处理的信号都应具有相同的时钟频率。所以，数字网同步就是使数字网中各数字设备内的时钟源相互同步，也称为数字网的网同步，简称数字同步网。

通信中的"同步"是指"电信号"的发送方与接收方在频率、时间、相位上保持某种严格的、特定的关系，以保证正常的通信得以进行。因此，要求数字网中各种设备的时钟具有相同的频率，以相同的时标（时标，指一种将时间分配到事件的制度，用于实现时间同步。目前通信网采用的时标主要来自于以原子振动的频率作为依据的时钟源和基于GPS的时标系统）来处理比特流。而要使庞大的数字网中每个设备的时钟都具有相同的频率，实际上是不可能的，解决的办法是建立同步网。

在数字通信中还要求在传输和交换过程中保持帧的同步，即帧同步。所谓帧同步，就是在节点设备中准确地识别帧标志码，正确地划分比特流的信息段，以达到正确分路的目的。

1. 同步时钟

为了防止滑码，必须使两个交换系统使用某个共同的基准时钟速率，如8kHz。在图3.1所示的数字网中，每个交换局的数字交换机都以等间隔数字比特流将消息送入传输系统，经传输链路传入另一台数字交换机，经转接后再传送给被叫用户。在每台交换机中，数字信息流以其流入的比特率接收并存储在缓冲器中（即以流入信息流的比特率）作为缓冲器的写入时钟，而进入数字交换网络（DSN）的信息流的比特率又必须与本局的时钟速率一致，故缓冲器的读出时钟应是本局时钟。很明显，缓冲器的写入时钟速率和读出时钟速率必须相同，否则将会产生两种传输信息差错的情况：写入时钟速率大于读出时钟速率，将会造成存储器溢出，致使输入信息比特丢失；反之，可能会造成某些比特被读出多次，即重复读出。这样都会造成帧错位，这种帧错位的产生就会使接收的信息流出现滑动。

我国采用四级主从同步网结构，确定数字同步网中时钟等级的基本原则是该时钟所在电信局（站）数字通信网中的地位和在数字同步网中所处的等级。

第1级：是数字同步网中最高质量的时钟，是网内时钟的唯一基准，采用铯原子钟组。

第2级：具有保持功能的高稳定度时钟，可以是高稳定度晶体时钟。一级和二级长途交换中心（C1和C2）用二级A类时钟，三级和四级长途交换中心（C3和C4）采用二级B类时钟。二级B类时钟应受二级A类时钟的控制。

第3级：具有保持功能的高稳定度晶体时钟，设置在本地网中的汇接局（Tm）和端局（C5）。

第4级：一般晶体时钟，设置在远端模块局和用户交换机（PABX）。

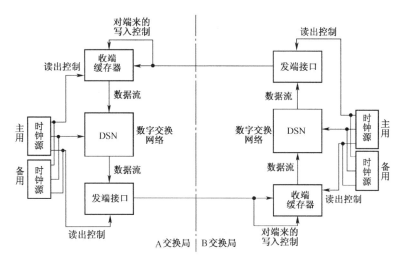

图 3.1 数字同步网

2. 同步方法

在数字网中的数字传输系统还要求各网元保持时钟速率的同步。SDH（同步数字系列）传输系统内各网元，如复用器、分插复用器、数字交叉连接设备等之间的频率差是靠调节指针值来修正的，也就是使用指针调节技术来解决节点之间时钟差异带来的问题。使数字通信网内的各个数字设备的时钟达到同步的方法有以下 3 种。

① 全同步：将各个数字设备中的时钟经数字链路连接成网，网内配备一个或多个高精度的原子钟及其相应的控制系统，使网内数字设备的时钟全都锁定并运行在相同的频率上。

② 全准同步：数字设备均采用高精度的时钟，独立运行，互不控制。相互之间的相对频差引起的滑动在指标限值内。

③ 混合同步：将数字通信网分成若干个子网，在各子网内部采用全同步，各子网间采用准同步。

3. 准同步方式

准同步方式工作时，各局都具有独立的时钟，且互不控制。为了使两个节点之间的滑动率低到可接受的程度，应要求各节点都采用高精度与高稳定度的原子钟。这种方法的优点是比较简单，也容易实现，对网络的增设与改动都较为灵活，一旦发生故障也不会影响全网；缺点是对时钟源性能要求高，价格昂贵。另外，准同步方式工作时由于没有时钟的相互控制，节点间的时钟总会有差异，故准同步方式工作时总会发生滑动。因此，应根据网中所传输业务的要求规定一定的滑动率。

4. 主从同步方式

主从同步方式是在数字网内某一主交换局设置时钟源一个设备，并以其作为主基准时钟的频率控制其他各局从时钟的频率，也就是数字网中的同步节点和数字传输设备的时钟都受控于主基准的同步信息。主从同步方式中的同步信息可以包含在传输信息业务的数字比特流中，用时钟提取的办法提取，也可以用指定的链路专门传输主基准时钟源的时钟信号。主从同步网主要由主时钟节点、从时钟节点及传送基时钟的链路组成。各从时钟节点内通过锁相环电路将本地时钟信号锁定于主时钟频率上，有以下两种同步方式。

（1）直接主从同步方式

各从时钟节点的基准时钟都由同一个主时钟源节点获取。这种方式一般都用于在同一通信楼内设备的主从同步方式。

（2）等级主从同步方式

基准时钟是通过树状时钟分配网络逐级向下传输的。在正常运行时，通过各级时钟的逐级控制就可以达到网内各节点时钟都锁定于基准时钟，从而达到全网时钟统一。

等级主从同步网的优点：各同步节点设备的时钟都直接受控于主时钟源的基准时钟，在正常情况下能保持全网的时钟统一，因而可以不产生滑动；除作为基准时钟的主时钟源的性能要求较高之外，其余的从时钟源与准同步方式的独立时钟相比，对性能要求都较低，故可以降低网络的建设费用。

考虑到等级主从同步方式的同步网的网络系统灵活、时钟费用低、时钟稳定性能好等一些优点，目前等级主从同步方式已被一些国家所采用。国内数字同步网就是采用等级主从同步方式。

3.2 公共信令网

信令是电话网中的一个专门术语，是电话网上的用户终端设备（电话机）与其接入的电话交换机之间以及网上各交换机（或交换局）之间互连互通的一种"语言"。信令又分为随路信令和公共信道信令。传送信令的网络称为信令网，信令网又通常指公共信令网。

3.2.1 信令网概述

随着交换机技术和设备的发展，信令技术也在不断地发展。随路信令已逐步退出公共通信网，公共信道信令系统（Common Channel Signaling System）也随着数字程控交换机的诞生和发展，在 No.6 公共信道信令系统基础上发展起来的 No.7 公共信道信令系统，能够支持 ISDN、IN、PLMN 等多种电信业务，被 ITU-T 确定为国际性的公共信令系统。

1. 信令流程

要在通信系统各终端与节点、节点与节点之间相互通信、相互交流设备状态监视和控制信息等，都是按一定的协议和规约进行的，这样就构成了通信网的信令系统。信令系统是通信网的重要组成部分，是通信网的神经系统。下面以市话网中两个用户通过两个端局进行通话为例说明信令的作用，图 3.2 为电话接续的基本信令流程。

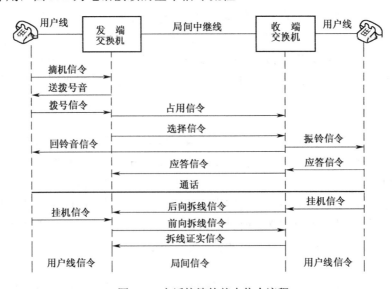

图 3.2 电话接续的基本信令流程

首先，主叫用户摘机，用户线直流环路接通，向发端交换机发摘机信令。发端交换机收到摘机信令后，向主叫用户送拨号音，主叫用户听到拨号音后，开始拨被叫用户号码。

发端交换机经过分析收到的被叫号码，选择一条到终端交换机（收端交换机）的空闲中继线，并向终端交换机发占用信令，证实后通过选择信令发送被叫号码。

终端交换机分析收到的被叫号码，如果被叫用户空闲，则建立连接，向被叫用户振铃，向主叫用户送回铃音。被叫用户摘机应答后，发应答信令给终端交换机，终端交换机再向发端交换机发被叫应答信令并启动计费，双方开始通话。

如果被叫先挂机，终端交换机发现被叫挂机后，向发端交换机发后向拆线信令；若主叫先挂机，发端交换机向终端交换机发前向拆线信令，终端交换机收到后释放话路，并向发端交换机发拆线证实信令，发端交换机收到后释放相关设备。

从以上过程可以看出，信令就是通信时用于网络中各设备协调动作的各种控制命令（不包括用户的语音或数据信息）。

2．信令分类

（1）用户线信令和局间信令

按工作区域不同，信令可分为用户线信令和局间信令。

用户线信令是通信终端和网络节点之间的信令，又称用户—网络接口（UNI）信令。网络节点包括交换系统、网管中心、服务中心、计费中心、数据库等，主要包括以下信令。

① 请求信令：由终端发出，反映用户通信终端由空闲转为工作状态，如电话通信中的主叫摘机信令。

② 地址信令：传送地址路由信息的信令。

③ 释放信令：由终端发出，反映用户通信终端由工作转为空闲状态，如用户话机的挂机信令。

④ 来话提示信令：网络节点发出，表示外来呼叫到达，如电话通信中的振铃信令。

⑤ 应答信令：作为对来话提示信令的响应，使终端转入工作状态，如电话通信中的被叫摘机信令。

⑥ 进程提示信令：网络节点在呼叫的各个阶段向终端发出的信令，表明呼叫处理的进展情况，如电话通信中的拨号音、回铃音、忙音等。

用户线信令有模拟和数字两种。一般采用模拟用户线信令，数字用户线信令主要有 N-ISDN 中的 DSS1 和 B-ISDN 中的 DSS2 信令。

局间信令是在网络节点之间传送的信令，也称网络接口（NNI）信令，它除了满足呼叫处理和通信接续的需要外，还要提供各种网管中心、服务中心、计费中心、数据库等之间与呼叫无关的信令传递，因此局间信令要比用户线信令复杂得多。

（2）随路信令和公共信道信令

按照信令传送通路与话路之间的关系来划分，又可分为随路信令和公共信道信令。

随路信令是用传送语音的通路来传送与该话路有关的信令，某一信令通路唯一对应于一条话路，如图 3.3（a）所示，中国 1 号数字型线路信令就是随路信令。

图 3.3（b）为公共信道信令方式示意图，两个网络间的信令通路和语音通路是分开的，即把各电话接续通路中的各种信令集中在一条双向的信令链路上传送。No. 7 信令即为公共信道数字型线路信令。公共信道信令系统的优点是传送速度快、信号容量大、可靠性高。

我国通信网的信令系统原则上在数字网使用 No. 7 公共信令方式，模拟网使用随路信令方式。No. 7 信令方式具有容量大、传递速度快等优点，一条 No. 7 信令链路可传送千条以上语音信道（以下简称话路）建立电路连接和释放电路连接所需的信令信息。当电信网采用 No. 7 信

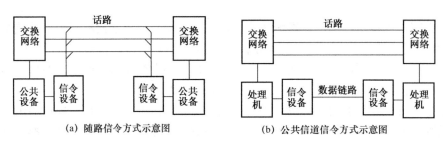

图 3.3 随路信令和公共信道信令

令方式后,除了原有的电信网外,还形成了一个 No.7 信令网。由于 No.7 信令系统采用了 OSI 的七层协议,功能强大,不仅支持电话网,而且支持电路交换的数据网、ISDN、IN、PLMN 等,还可以传送与电路无关的数据信息,实现网络的运行管理维护和开放各种补充业务。

(3) 线路信令、路由信令和管理信令

按照信令的功能来分,又可分为线路信令、路由信令和管理信令 3 大类。

线路信令又称监视信令,用来表示和监视中继线的呼叫状态和条件,以控制接续的进行。由于中继线的占用和释放等状态是随机发生的,因此在整个呼叫接续期间都要对线路信令进行处理。

路由信令又称选择信令或记发器信令,用来选择路由、选择被叫用户,如电话通信中主叫所拨的电话号码,路由信令仅在呼叫接通前传送。

管理信令是具有操作功能的信令,用于通信网的管理和维护,如检测和传送网络拥塞信息,提供呼叫计费信息,提供远距离维护信令等。

(4) 前向信令和后向信令

根据信令的传送方向,信令可分为前向信令和后向信令。前向信令指信令沿着从主叫到被叫的方向传送;后向信令指信令沿着从被叫到主叫的方向传送。

3. No.7 信令结构

我国目前已建成三级 No.7 信令网,包括全国长途信令网和本地二级信令网,并已广泛应用于我国的电话网、ISDN、智能网和移动网中。其系统的结构如图 3.4 所示。

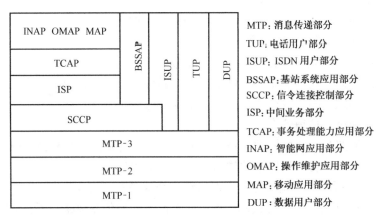

图 3.4 No.7 信令系统的结构示意图

消息传递部分(MTP-1~MTP-3)分别相当于 OSI 模型中的物理层、数据链路层和网络层。它的功能是保证用户消息的可靠传递,在系统故障或信令网故障时能提供信令网重新组合的能力,以恢复正常的业务信令。

电话用户部分（TUP）是 No.7 信令最基本的用户部分。TUP 规定了话务建立和释放的信令程序，以及实现这些程序的消息和消息编码，并能支持部分用户补充业务。

数据用户部分（DUP）用来传送采用电路交换方式的数据通信网的信令信息。

信令连接控制部分（SCCP）是 MTP 的一个用户部分，它与 MTP-3 一起共同完成 OSI 中网络层的功能。它是为了满足新的用户部分（如智能网应用和移动通信应用）对消息传递的进一步要求，SCCP 补充了 MTP-3 在网络层的功能。

中间业务部分（ISP）相当于 OSI 七层结构中的 4～6 层，只是形式上保留，在以后需要的时候再扩充。

事务处理能力应用部分（TCAP）为各种应用层和网络层业务之间提供接口公用协议，它本身属于应用层，但是与具体的应用无关。目前 TC 用户主要有智能网应用（INAP）、移动通信应用（MAP）和操作维护管理应用（OMAP）。

基站系统应用部分（BSSAP）是 SCCP 的一个子系统，BSSAP 用于基站和交换机之间的 A 接口上，传递基站和交换机之间与电路有关或无关的信令。

综合业务数字网用户部分（ISUP）是在 TUP 的基础上扩展而成的，当 ISUP 传送与电路相关的信息时，只需得到 MTP 的支持，而在传送端到端的信令时，则要依靠 SCCP 来支持。

4．信令网络

信令网按结构可分为无级信令网和分级信令网。无级信令网不采用信令转接点，信令点间采用直连方式；分级信令网则要引入信令转接点。组成信令网的三要素是信令点（SP，Signaling Point）、信令转接点（STP，Signaling Transform Point）和信令链路（SL，Signaling Link）。

No.7 信令网是一个重要的支撑网，与原电话网的关系如图 3.5（a）所示，电信网的 C1、C2 和 NTS（国际局）对应于 No.7 信令网的 HSTP，电信网的 C3、C4、C5 对应于 No.7 信令网的 LSTP。我国大中城市本地网电话常设汇接局和端局，采用两级信令（LSTP、SP），如图 3.5（b）所示。

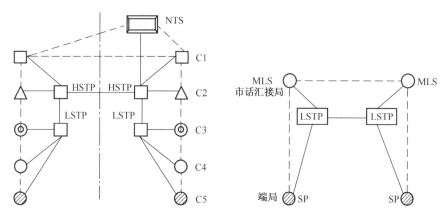

(a) No.7信令网和原电信网的对应关系　　(b) 汇接局和端局采用两级信令

图 3.5　No.7 信令与电信网的对应关系

No.7 信令网由高级信令转接点（HSTP）、低级信令转接点（LSTP）和信令点（SP）三级组成。如图 3.6 所示，第 1 级 HSTP 为 A、B 平面连接方式，平面内各个 HSTP 网状相连，在 A 和 B 平面内成对的 HSTP 相连；SP-LSTP、LSTP-HSTP 至少两条信令链路连接；每个 SP 至少和两个 STP（LSTP 或 HSTP）相连，同样每个 STP 至少和两个 HSTP 相连。LSTP 至 SP 及 HSTP 至 LSTP 为星状连接，HSTP 之间为网状连接。这样，任何两个 SP 最多经过 4 次转换即可互相传送信息。

信令转接点设备分为独立型和综合型两种。独立型具有消息传递部分（MTP）、信令连接控制部分（SCCP）、业务处理能力（TC）、信令网管需要的操作和维护部分（OMAP）、MTP路由证实测试（MRVT）、SCCP路由证实测试（SRVT）和电路有效测试（CVT）等功能。综合型除具有以上功能外，还有用户部分（TUP）、ISDN部分（ISUT）等功能。

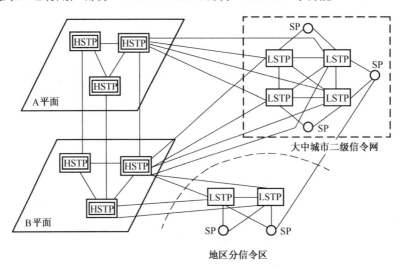

图 3.6　三级信令网结构示意图

图3.7给出的是No.7实际组网示意图。No.7信令系统的工作方式有直连方式、准直连方式和全分离方式。

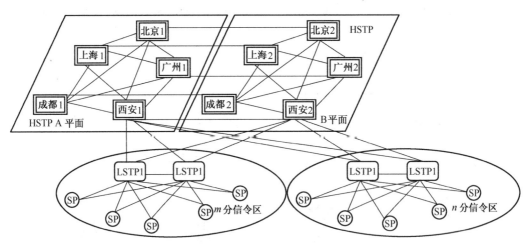

注：1. 省级以上城市应设置一对HSTP，图中只给出5个省级以上城市；
　　2. 每个主信令区应达到256个分信令区，图中只有两个。

图 3.7　No.7实际组网示意图

3.2.2　消息传递部分

1. 信令数据链路功能级（MTP-1）

MTP-1对应于OSI模型的物理层，它规定了一条信令数据链路的物理特性、电气特性以及接入方式。MTP-1采用全双工双向传输信道，采用数字传输时，每个方向的传输速率为64kbit/s，一般取自 PCM 一次群的 TS_{16} 或 PCM 二次群的 $TS_{67} \sim TS_{70}$，也可采用其他时隙。随着通信业务量的增加，64kbit/s 的传输速率已不能满足需要，有的网络已采用 2Mbit/s 的传输信道。

2．信令链路功能级（MTP-2）

MTP-2 对应于 OSI 模型的数据链路层，规定了在一条信令数据链路上以消息单元的格式传递，消息单元分为用户消息单元（MSU, Message Signal Unit）、信令链路状态消息单元（LSSU, Link Status Signal Unit）和填充消息单元（FISU, Fill-In Signal Unit）。No.7 信令的消息单元格式如图 3.8 所示。

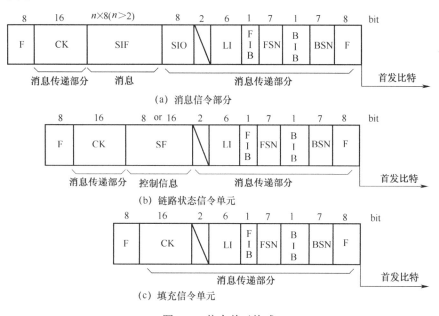

图 3.8 信令单元格式

MSU 用来传递用户部分的消息，是真正携带消息的信令单元，消息含在 SIF、SIO 字段中，如 TUP、ISUP、SCCP 消息。LSSU 在信令链路开始投入工作或发生故障与出现拥塞时使用，以使信令链路能正常工作，由 SF 字段提供链路状态。FISU 在信令链路上无 MSU 或 LSSU 传递时发送，以维持信令链路两端的同步。

3 种信令单元各字段的意义说明如下。

① F：定界标志，由码组 01111110 组成，信令单元的开始和结束标志，可以发多个。
② CK：检错码，采用循环冗余校验码（CRC），其信令单元中的长度为 16bit。
③ LI：长度指示码，表示 LI 字段之后和 CK 字段之前的 8 位位组的数目，由于不同类型的信令单元有不同的信息段长度，所以 LI 又可作为信令单元类型的指示。如：

LI=0　　　　为 FISU
LI=1 或 2　　为 LSSU
LI>2　　　　为 MSU

④ SIO：业务指示 8 位位组，指明是哪一种业务，如信令网管消息、信令网测试和维护消息、信令连接控制部分（SCCP）、电话用户部分（TUP）、ISDN 用户部分（ISUP）、数据用户部分（与呼叫和电路有关的消息）（DUP）、数据用户部分（性能登记或撤销消息）（DUP）等。它的高两位作为网络标识，说明该信令点是国际网络还是国内网络。

⑤ SIF：信令信息字段，该字段实际发送用户信息，由 2～272 个 8 位位组构成，消息来自信令网管理部分或用户部分，SIF 的格式可参考图 3.10 和图 3.14。

⑥ SF：状态字段，在 LSSU 中指示信令链路状态，包括链路初始定位、失去定位、正常定位、紧急定位、处理机故障、退出服务或者拥塞状态等。

⑦ 信令单元序号和重发指示位。

FSN（前向序号）：前向序号完成信令单元的顺序控制，是本消息的序号。

BSN（后向序号）：后向序号是证实的信令单元序号，完成证实功能。

FIB（前向重发）：FIB 位反转指示本端开始重发消息。

BIB（后向重发）：BIB 位反转指示对方从 BSN+1 号信息开始重发。

上述字段中，除 SIF 和 SIO 字段外，其他各字段均由第二功能级处理。

3．信令网功能级（MTP-3）

MTP-3 是 No.7 信令的第三功能级，主要提供信令消息处理和信令网管理功能。

（1）信令消息处理功能

信令消息处理功能包括消息路由、消息鉴别和消息分配 3 个功能过程，如图 3.9 所示。在信令消息处理过程中要检查消息信令单元的路由标记及有关信息字段，以此来决定消息的传递方向。

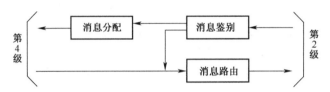

图 3.9　信令消息的处理功能结构

路由标记（Routing Label）位于 MSU 的 SIF 字段的开头，如图 3.10 所示，包括目的地信令点编码（DPC）、源点信令点编码（OPC）和信令链路选择码（SLS）。

图 3.10　路由标记结构

直接连接两个信令点的链路构成一个信号链路组。SLS 是用于负荷分担时选择信令链路的编码，长度为 4 位，有两种负荷分担方式。

第 1 种负荷分担方式是属于同一信令链路组的信令链路之间的负荷分担，由信令链路选择来完成，SLS=0000～1111；同一信令链路组中最多有 16 条信令链路负荷分担，一般工程上采用预定分配方式，即把若干话路或逻辑信令分配给一条指定的信令链路，并将与某一话路或逻辑信令有关的全部消息指定在同一条信令链路上传递。

不同信令链路组之间的负荷分担一般可采用前两个信令链路组负荷分担，或第 1 个信令链路组作为主用的信令链路组，后几个作为备份的信令链路组。

消息路由（MRT，Message Routing）包括消息来源、路由选择和路由表等。利用 DPC、SLS 为信令消息选择一条链路，以使其能到达目的地。

消息来源：信令消息可能来自从第 4 级发来的电话消息，或第 3 级信令消息处理中的消息鉴别的要转发的消息，由第 3 级产生的消息，或来自信令网管的包括信令路由管理消息、信令链路管理消息、信令业务管理消息和信令链路测试消息。

路由选择：对于要发送的消息，首先检查到达目的地的路由（DPC）是不是存在。如果不存在，将向信令网络管理中心信令路由管理发送"收到不可到达信令点的消息"，如果 DPC 路由存在，就按负荷分担方式选择信令链路，将待发消息传到第 2 级。

路由表：路由选择以对应的路由表为依据。

消息鉴别（MDC，Message Discrimination），接收来自第 2 级的消息，以确定消息的目的地是不是本信令点，如果不是，消息鉴别将消息发送给消息路由（MRT）。

消息分配（MDT，Message Distribution），将 MDC 发来的消息分配给相应的用户部分及管理信令部分，凡是到达 MDT 的消息肯定是本信令点接收的消息。

（2）信令网管理

信令网管理包括信令业务管理、信令链路管理和信令路由管理，信令网管理结构如图 3.11 所示。在消息信令单元（MSU）的业务指示 8 位位组中，业务指示位 SI=0000 时，为信令网管理消息，选路标记消息单元全都在信令消息字段（SIF）中。

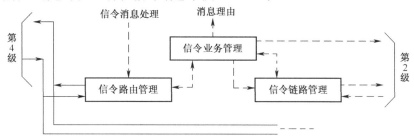

图 3.11　信令网管理结构示意图

信令业务管理（STM，Signaling Traffic Management）的功能是将信令业务从一条链路或路由转到另一条或多条不同的链路或路由后再启动一个信令点，或在信令拥塞的情况下暂时减慢信令业务。

信令路由管理（SRM，Signaling Route Management）用来分配关于信令网状态的信息，以阻断和消除信令路由。

信令链路管理（SLM，Signaling Link Management）用来恢复发生故障的信令链路，接通空闲（还未定位的）链路和断开已经定位的信令链路。

4．信令连接控制部分（SCCP）

为了满足新的用户部分（如移动通信应用和智能网应用等）对消息传递的进一步要求，增设了信令连接控制部分（SCCP）。SCCP 为消息传递部分（MTP）提供了附加功能，以便通过 No.7 信令网在电信网的交换局和专用中心之间建立无连接和面向连接的网络业务，传送电路相关和非电路相关的信令消息和其他类型消息（如维护和管理消息等）。它补充了 MTP 在网络层功能的不足，是 MTP 的一个用户部分，与 MTP-3 一起共同完成 OSI 中网络层的功能，等于开放系统互连，实现透明传输。

SCCP 消息包含在 MSU 信令字段（SIF）中，通过业务消息 8 位位组（SIO）中的业务支持位 SI 来识别，若 SI=0011 就是 SCCP 的消息。

对于面向连接业务，被叫方地址是目的信令点（DPC）和子系统号（SSN）；对于无连接业务，被叫方地址可能是目的信令点和子系统号，也可能是被叫方的全局码（GT）。

5．信令点编码

（1）网络标识

我国 No.7 信令网的信令区划分与信令网的三级结构是对应的，即 HSTP 对应的是主信令区，

LSTP 对应的是分信令区，SP 对应的是信令点。在我国，为了能够全面支持各类电信网的应用和发展，同时又要保证各信令点在信令网中编码的唯一性，1993 年原邮电部颁布实施的《中国 No.7 信令网技术体制》中规定采用 24 位（二进制数）的信令点编码，其中主信令区、分信令区、信令点各占 8 位。大部分交换机 No.7 信令系统可以支持 4 种网络并存，在说明信号点编码数据的同时，必须给出它的网络标识，用于区别是何种网络中的信令点（其中的一个特例是 24/14 位并存）。网络标识在 SIO 字段中给出：

00 国际网络（24 位）
01 国际备用（14 位）
10 国内网络（24 位）
11 国内备用（14 位）

（2）源信令点编码

源信令点编码是与网络标识对应使用的，选择不同的网络标识，信令点编码可以分为 24 位或 14 位。中国国内 No.7 公共信道信令网采用 24 位统一的编码方式，其编码格式如图 3.12 所示。

图 3.12 24 位编码格式

信令点编码在数据库的数据输入时分为 3 个值域输入，而且使用十进制数输入。例如，一个 SP（24 位）信令点编码是 OD2032H，它的主信令区编码 00001101（二进制数），分信令区编码为 00100000（二进制数），信令点编码为 00110010，则输入的数据为：

信令点编码： 50
分信令区编码： 32
主信令区编码： 13

3.2.3 高层协议

1. 事务处理部分（TCAP）

事务处理能力（TC，Transaction Capabilities）指的是 TC 用户和网络层业务之间提供的接口公用协议。它为大量分散在电信网中的交换机和专用中心（业务控制点、网管中心等）的各种业务处理，提供所需的信息转移控制功能和协议，与电路交换的连接控制无直接关系。

TC 用户包括：移动业务的应用（如漫游用户定位）；涉及专门的设备单元（如负责电话转移，信用卡业务）补充业务重记等；和电路控制无关的信息交换；被叫集中交费（800 号业务）；操作维护等。目标是提供节点之间传递信息的手段以及对相关独立的各种应用提供通用业务。应用有一个共同的特点，就是交换机需要与网络中心的数据库联系，TC 为它们提供信息要求及响应的对话能力。MTP、SCCP 是 TC 的网络层业务的支持者，SCCP 支持 TC 有两种方法，即无连接型和面向连接型。当传送的信息量大、没有实时要求时，采用面向连接；当传送的信息量小，但是实时性要求较高时才用无连接的方式。

No.7 信令系统中的 TC 与 OSI 七层结构的对应关系如图 3.13 所示，TC 包括 TCAP 和 ISP 两部分，目前 ISP 还未开发，TC 实际上就是对应 TCAP。TCAP 由事务处理部分、对话部分和成分部分组成。

成分子层（CSL）的基本功能是处理成分，即传送远端操作及响应的协议数据单元和作为任选的对话部分信息单元。成分是 TCAP 消息的基本构件，一个成分对应于一个操作请求或响应。

事务处理子层（TSL）处理 TC 用户之间包含成分及任选对话信息部分在内的消息交换。

No.7 信令的 MTP 加上 SCCP，就是 TC 的网络层业务的支持者，而 TC 的一个重要设计思想就是与 OSI 参考模型趋于一致，如果 TC 支持的应用要求能被满足，则任何标准的开放系统互连网络层都可以代替 MTP+SCCP，如 SCCP 用户适配层（SUA）等协议。

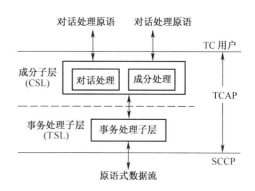

图 3.13 TC 的两个子层及流程

2．电话应用部分（TUP）

电话应用部分（TUP）规定了有关呼叫的建立和释放所需的功能和程序，以及实现这些程序的消息和消息编码，并能支持部分补充业务。电话用户消息以信令单元的形式在信令链路上传送，如图 3.14 所示。当业务信息 8 位位组 SIO 的业务支持位为 0100 时，为用户电话部分（TUP）。

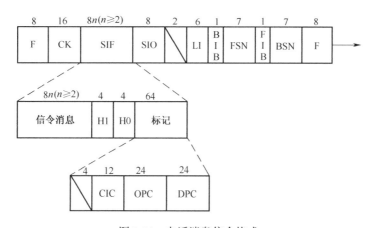

图 3.14 电话消息信令格式

全部的电话信令都是通过电话消息单元来传送的，只有信令信息字段（SIF）与电话用户部分的电话控制信令有关，必须由电话用户部分来处理。SIF 字段的长度是可以变化的，由标记、标题码和一个或多个信令和指示语构成，标记提供 MTP-3 的消息功能识别，是本地消息还是经过消息，其中，DPC 为消息的目的地信号点编码；OPC 为源信号点编码；CIC 为消息的源信号点到目的地信号点之间相连的电路编码。

标题码用来指明消息的类型，标题码由消息组编码 H0 和消息编码 H1 组成。H0 码用以识别某种消息组，在 ITU-T 规定的消息中，可以归纳为 5 种电话信令。

① 前向建立电话信令：FAM、FSM（地址信令，地址性质指示语，去话回声抑制器指示语，主叫鉴别）。

② 后向建立电话信令：BSM（传送呼叫是不是成功），SBM、UBM（请求主叫用户类别、主叫用户线识别）。

③ 呼叫监视信号：CSM（接续状态，包括应答、挂机、拆线、释放、监护等）。

④ 电路和电路群监视信令：CCM、GRM（传送电路群闲、解除等）。
⑤ 电话拥塞控制信令：BLO、UBL（闭塞、解除闭塞等）。

TUP 一般呼叫接续流程如图 3.15 所示，由读者自己分析。

图 3.15　TUP 呼叫接续流程图

3. 综合业务数字网部分（ISUP）

应用部分有智能网应用部分（INAP）、移动网应用部分（MAP）、电话网用户部分（TUP）、综合业务数字网应用部分（ISUP）等，这里介绍的 ISUP，是在 TUP 的基础上发展而来的，并且在网上得到了大量的使用。

综合业务数字网（ISDN）能提供端到端的数字连接，用以支持包括语音业务和非语音业务在内的一系列广泛的业务，为用户进网提供一组标准的多用途的用户—网络接口。ISDN 本身包含电话业务，可满足多种业务要求，ISUP 是在 TUP 的基础上增添了非语音承载业务的控制协议，适用于数模混合网以及电话网和电路交换的数据网。ISUP 所能支持的业务主要有以下几种。

① 承载业务：不受限的 64kbit/s 电路交换、语音、3.1kHz 音频等。
② 用户终端业务：电话、智能用户电报、混合方式、可视图文和可视电话等。
③ 补充业务：主叫线识别提供/限制（CLIP/CLIR）、被接线识别提供/限制（COLP/COLR）、直接拨入（DDI）、闭合用户群（CUG）、用户—用户信令（UUS）、呼叫转移（CF）、子地址寻址（SUB）、多用户号码（MSN）、终端可移动性（TP）等。

ISUP 的信号消息除了 No.7 信令方式中 TUP 的消息和信号以外，还增加了一些与非语音业务以及补充业务有关的消息。部分消息类型的编码如表 3.1 所示。

表 3.1　消息类型编码

消息类型	消息符号	编码（十六进制）	消息类型	消息符号	编码（十六进制）
地址全	ACM	06	性能拒绝	FRJ	21
应答	ANM	19	性能请求	FAR	1F
闭塞	BLO	13	前向转移	FOT	08
电路群闭塞证实	CGA	1A	信息请求	INR	03
电路群询问	CQM	2A	初始地址	IAM	01
电路群解除	CGUA	1B	释放	REL	0C
计费信息	CRG	31	释放完成	RLC	10
连接	CON	07	恢复	RES	0E

3.3 软交换信令网关协议

在分组网,也就是互联网,逐步走向统治地位的今天,No.7 信令已不能独善其身,必须与其他协议结合才能完成一个通信过程。SIGTRAN 为信令网关的传送协议,用于解决 IP 网络承载 No.7 信令的问题,它允许 No.7 信令穿过 IP 网络到达目的地。软交换是一个开放的实体,在 3G 以后的移动互联网上得到广泛应用,可通过信令网关和 No.7 信令实现互通。

3.3.1 软交换互通协议

软交换包含非对等和对等两类协议。非对等协议主要指媒体网关控制协议 H.248/Megaco;对等协议包括 SIP、H.323、BICC 等。H.248/Megaco 与其他协议配合可完成各种 NGN 业务;SIP、H.323 则存在竞争关系。由于 SIP 具有简单、通用、易于扩展等特性,逐渐发展成为主流协议。图 3.16 所示为软交换协议之间的关系,下面介绍一些相关的协议。

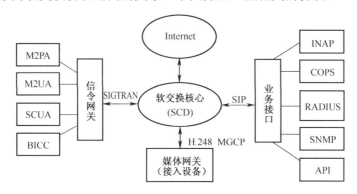

图 3.16 软交换协议之间的关系

(1) MGCP

MGCP(RFC 2705 定义)称为媒体网关控制协议,是 IETF(国际互联网工程任务组)较早定义的媒体网关控制协议,主要从功能的角度定义媒体网关控制器和媒体网关之间的行为。MGCP 命令分成连接处理和端点处理两类,共 9 条命令,分别是端点配置(Endpoint Configuration)、通报请求(Notification Request)、通报(Notify)、创建连接(Create Connection)、通报连接(Notify Connection)、删除连接(Delete Connection)、审核端点(Audit Endpoint)、审核连接(Audit Connection)、重启进程(Restart Progress)。

(2) H.248/Megaco

H.248/Megaco 是在 MGCP 协议的基础上,结合其他媒体网关控制协议特点发展而成的一种协议,它提供控制媒体的建立、修改和释放机制,同时也可携带某些随路呼叫信令,支持传统网络终端的呼叫。该协议应用在媒体网关和软交换之间、软交换与 H.248/Megaco 终端之间,在构建开放和多网融合的 NGN 中发挥着重要作用。

H.248/Megaco 因其功能灵活、支持业务能力强而受到重视,而且不断有新的附件补充其能力,是目前媒体网关和软交换之间的主流协议。目前国内通信标准推荐软交换和媒体网关之间应用 H.248 协议,共 8 条命令:添加(Add)、减去(Subtract)、移动(Move)、修改(Modify)、审核值(Audit Value)、审核能力(Audit Capabilities)、通知(Notify)、业务改变(Service Change)。

(3) SIP

SIP(会话初始协议)是 IETF 制定的多媒体通信系统框架协议之一,它是一个基于文本的应用层控制协议，独立于底层协议，用于建立、修改和终止 IP 网上的双方或多方多媒体会话。SIP 借鉴了 HTTP、SMTP 等协议，支持代理、重定向、登记定位用户等功能，支持用户移动，与 RTP/RTCP、SDP、RTSP、DNS 等协议配合，支持音频、视频、数据、E-mail、聊天、游戏等。

（4）SIP-T 协议

SIP-T 补充定义了如何利用 SIP 协议传送电话网络信令，特别是 ISUP 信令的机制。其用途是支持 PSTN/ISDN 与 IP 网络的互通，在软交换系统之间的网络接口中使用。目前 IP 电话网络的主要应用环境是 PSTN-IP-PSTN，即 IP 中继应用。SIP-T 采用的方法是将 ISUP 消息完整地封装在 SIP 消息体中。当边缘软交换系统通过信令网关收到 ISUP 消息时，经过消息分析将相关参数映射为 SIP 消息的对应头部域，同时将整个消息封装到 SIP 消息体中，到达对端边缘软交换系统后，再将其拆封转送至被叫侧 ISDN。虽然 SIP-T 只对 IP 中继应用有意义，但是由于发送端软交换系统并不知道接收方是 ISDN 还是 IP 终端，因此即使对于电话至 PC 类型通信，也有必要采用 SIP-T 协议。

（5）BICC 协议

随着数据网络和语音网络的集成，融合的业务越来越多，64kbit/s（PSTN）、$N \times 64$kbit/s 的承载能力局限性太大，分组承载网络除 IP 网络外还有 ATM 网络，但 IP 分组网不具备运营级质量。为了在扩展的承载网络上实现 PSTN、ISDN 业务，就制定了 BICC（Bearer Independent Call Control，与承载无关的呼叫控制）协议。

BICC 协议解决了呼叫控制和承载控制分离的问题，使呼叫控制信令可在各种网络上承载，包括 MTP-SS7 网络、ATM 网络、IP 网络。BICC 协议由 ISUP 演变而来，是传统电信网络向综合多业务网络演进的重要支撑工具。

BICC 协议提供支持独立于承载技术和信令传送技术的窄带 ISDN 业务。BICC 协议属于应用层控制协议，可用于建立、修改、终接呼叫。BICC 协议基于 N-ISUP 信令，沿用 ISUP 中的相关消息，因此可以承载全方位的 PSTN/ISDN 业务。呼叫与承载的分离，使得异种承载的网络之间的业务互通变得十分简单，只需要完成承载级的互通，业务不用进行任何修改。软交换设备之间可以采用 BICC 来实现协议互通。

BICC 是直接用 ISUP 作为 IP 网络中的呼叫控制消息，在其中透明传送承载控制信息；而 SIP-T 仍然是用 SIP 作为呼叫和承载控制协议，在其中透明传送 ISUP 消息。显然，BICC 并不是用于 SIP 体系的，它只可能与 H.323 网络配用，因此 IP 终端或网关和网守之间采用 H.225.0 协议，网守之间采用 BICC 协议。ISDN 用户—网络接口采用 Q.931 信令，交换机间的网络接口采用 ISUP 信令。

（6）H.323 协议

H.323 是一套在分组网上提供实时音频、视频和数据通信的标准，是 ITU-T 制定的在各种网络上提供多媒体通信的系列协议 H.32x 的一部分。H.323 也是多媒体通信协议，它比 SIP、H.248/Megaco 协议的发展历史更长，升级和扩展性不是很好，SIP+H.248/Megaco 协议可取代 H.323 协议。

在软交换之间互通协议方面，目前固网中应用较多的是 SIP-T，移动应用的是 BICC；在软交换与媒体网关之间的控制协议方面，MGCP 较成熟，但 H.248 继承了 MGCP 的所有优点，最终取代 MGCP；无论软交换与终端之间的控制协议方面，还是软交换与应用服务器之间，SIP 是主流。

SIP 是多媒体通信协议，用于软交换、SIP 服务器和 SIP 终端之间的通信控制和信息交互，扩展的 SIP-T 可使 SIP 消息携带 ISUP 信令；在需要媒体转换的地方可设置媒体网关，H.248/Megaco 为媒体网关控制器（MGC）的协议，用于控制媒体网关，完成媒体转换功能，它并不负责呼叫控制功能；BICC 可使 ISUP 协议在不同承载网络（ATM、IP）上传送。

3.3.2 信令网关协议

SIGTRAN 是 IETF 的一个工作组，其任务是建立一套在 IP 网络上传送 PSTN 信令的协议。SIGTRAN 是实现用 IP 网络传送电路交换网信令消息的协议栈，它利用标准的 IP 传送协议作为底层传输，通过增加自身功能来满足信令传送的要求。SIGTRAN 协议栈的组成如图 3.17 所示，包括 3 部分：信令适配层、信令传输层和 IP 协议层。信令适配层用于支持特定的原语和通用的信令传输协议，包括针对 No.7 信令的 M3UA、M2UA、M2PA、SUA 和 IUA 等协议，还包括针对 V5 协议的 V5UA 等。信令传输层支持信令传送所需的一组通用的可靠传送功能，主要指 SCTP 协议。IP 协议层实现标准的 IP 传送协议。

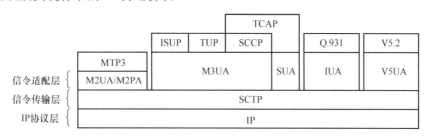

图 3.17　SIGTRAN 协议栈组成示意图

通过 SIGTRAN，可在信令网关单元和媒体网关控制器单元之间（SG-MGC）、在媒体网关单元和媒体网关控制器单元之间（MG-MGC）、在分布式媒体网关控制单元之间（MGC-MGC）以及在电路交换网的信令点或信令转接点所连接的两个信令网关之间（SG-SG）传送电路交换网的信令（主要指 No.7 信令）。

SIGTRAN 的主要功能是完成 No.7 信令在 IP 网络层的封装，支持的应用包括用于连接控制的 No.7 信令应用（如用于 VoIP 的应用业务）和用于无连接控制的 No.7 信令应用，解决 No.7 信令网与 IP 网实体相互跨界访问的需要。

在 IP 网的基础上，SIGTRAN 提供透明的信令消息传送功能，在一个 SIGTRAN 的上层支持多个电路交换网协议，避免在另一个控制流出现传送错误时中断当前控制流的传送。SIGTRAN 支持的主要协议如下。

（1）SCTP

SCTP 是流控制传送协议，用于在 IP 网络上可靠地传输 PSTN 信令，可替代 TCP、UDP 协议；SCTP 在实时性和信息传输方面更可靠、更安全；TCP 为单向流，且不提供多个 IP 连接，安全方面也受到限制；UDP 不可靠，不提供顺序控制和连接确认；一个关联的两个 SCTP 端点都向对方提供一个 SCTP 端口号和一个 IP 地址表，这样，每个关联都由两个 SCTP 端口号和两个 IP 地址表来识别。

（2）M2UA

在 IP 网中，端点保留 No.7 的 MTP-3/MTP-2 间的接口，M2UA（MTP-2 用户适配层协议）可用来向用户提供与 MTP-2 向 MTP-3 所提供业务相同的业务集。

M2UA 支持对 MTP-2/MTP-3 接口边界的数据传送、链路建立、链路释放、链路状态管理和数据恢复，从而为高层提供业务。

M2UA 的功能包括映射功能、流量/拥塞控制、SCTP 流管理、无缝的 No.7 信令网络管理互通和管理/解除阻断。

（3）M2PA

M2PA（MTP-2层用户对等适配层协议）是把No.7的MTP-3层适配到SCTP层的协议，它描述的传输机制可使任何两个No.7节点通过IP网上的通信完成MTP-3消息处理和信令网管理功能，因此能够在IP网连接上提供与MTP-3协议的无缝操作。

（4）M3UA

M3UA（MTP-3层用户适配层协议）是把No.7的MTP-3层用户信令适配到SCTP层的协议。它描述的传输机制支持全部MTP-3用户消息（TUP、ISUP、SCCP）的传送、MTP-3用户协议对等层的无缝操作、SCTP传送和话务的管理、多个软交换之间的故障倒换和负荷分担以及状态改变的异步报告。它可以通过SG直接调用M3UA传送用户信令，也可以通过SG调用M3UA进行SCCP信令传输。M3UA可提供多种业务，如支持传递MTP-3用户消息、与MTP-3网络管理功能互通以及支持到多个SG连接的管理等。

（5）SUA

SUA（SCCP用户适配层协议）定义了如何在两个信令端点间通过IP传送SCCP用户消息，支持SCCP用户互通，相当于TCAP over IP。

SUA的功能主要包括支持对SCCP用户部分的消息传输，支持SCCP无连接业务，支持SCCP面向连接的业务，支持SCCP用户协议对等层之间的无缝操作，支持分布式基于IP的信令节点以及支持异步地向管理发送状态变化报告等。

3.4 管理网

目前，管理网已从单纯考虑设备网管，全面延伸到设备和网管维护/运营并重的时期，涵盖传输、交换、无线、数据等的统一网管系统。

3.4.1 TMN概述

1. TMN概念

ITU-T提出电信管理网（TMN）的概念，TMN并不抛弃原来已建的管理系统，而是实现各种管理系统的平滑过渡。

TMN的概念就是利用一个具备一系列标准接口（包括协议和消息规定）的统一体系结构，提供一种有组织的结构，使各种不同类型的操作系统与电信设备互连，从而通过所提供的各种管理功能，实现对电信网的自动化和标准化的管理。

TMN的基本目标：为电信管理提供一种框架。当引入通用网管模型之后，便可利用通用信息模型和标准接口来实现对多种不同设备的统一管理。

TMN和电信网的一般关系如图3.18所示。我国电信网络的组成按专业分为传输网、固定电话交换网、移动电话交换网、数字数据网（DDN）、分组交换数据网、数字同步网、No.7信令网及电信管理网等，这些不同的专业网络也都有各自的网络管理系统，而TMN就是要对其进行有效整合，并对各专业网的运行和业务服务都起着一定的管理和监控作用。TMN在概念上是一个独立的网络，它与电信网有若干不同的接口，可以接收来自电信网的信息并控制电信网的运行。但实际上TMN常利用电信网的部分设施来进行数据传输，因而两者存在有部分重叠。

2. TMN的功能体系结构

TMN功能体系结构从逻辑上描述TMN内部的功能分布，使得任意复杂的TMN通过各种

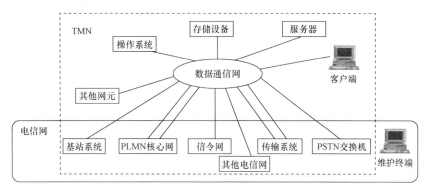

图 3.18 TMN 和电信网的一般关系

功能块的有机组合,实现其管理目标。TMN 的体系结构如图 3.19 所示,包括操作系统功能(OSF)、中介功能(MF)、网络单元功能(NEF)、适配功能(QAF),以及工作站功能(WSF)等功能模块。

TMN 中的参考点是功能块的分界点,通过这些参考点来识别在这些功能块之间交换信息的类型。TMN 共有 4 种接口:Qx、Q3、X 和 F,对应的参考点为 qx、q3、qx 和 f。

Q3 接口是跨越了整个 OSI 七层模型的协议的集合。从第 1 层到第 3 层的 Q3 接口协议标准是 Q.811,称之为低层协议栈;从第 4 层到第 7 层的 Q3 接口协议标准是 Q.812,称之为高层协议。目前标准化主要集中在 Q3 接口上。

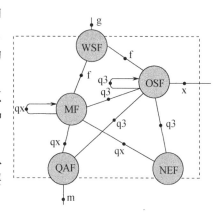

图 3.19 TMN 功能体系结构

Qx 接口取舍了 Q3 中的某些部分,很多产品采用 Qx 接口作为向 Q3 接口的过渡。Qx 是不完善的 Q3 接口,Qx 与 Q3 的不同之处是:一是参考点不同,Qx 在 qx 参考点处,代表中介功能与管理功能之间的交互需求;再就是所承载的信息不同,Qx 上的信息模型是 MD 和 NE 之间的共享信息,Q3 上的信息模型是 OS(操作系统)与其他 TMN 实体之间的共享信息。

F 接口处于工作站(WS)与具有 OSF、MF 功能的物理构件之间,它将 TMN 的管理功能呈现给人或管理系统,解决相关人机接口的支持能力。

X 接口在 TMN 的 qx 参考点处实现,提供 TMN 与 TMN 之间,或 TMN 与具有 TMN 接口的其他管理网络之间的连接。相对 Q 接口而言,X 接口上需要更强的安全管理能力,要对 TMN 外部实体访问信息模型设置更多的限制。

为提高电信网络的管理水平,适应于向 TMN 发展和过渡,主管部门制定了一系列的技术标准体系和规范,关键的问题是要充分考虑 TMN 的相关标准及接口,以便向具有综合管理功能的 TMN 目标过渡。目前,有关厂商已设计了系列的统一网管框架,如:T 系列,表示传输网管;M 系列,表示移动网管;N 系列,表示网络和数据网管;U 系列,表示未来统一网管等。

3. TMN 管理模型

图 3.20 给出了 TMN 的模型,包含 3 个面:管理功能、管理业务和管理层。

(1)管理功能

TMN 根据 OSI 系统功能定义了 5 个管理功能:性能管理、故障管理、配置管理、计费管理、安全管理。

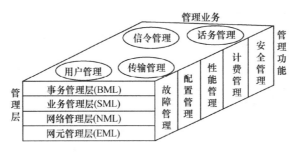

图 3.20　TMN 管理模型

① 性能管理是提供对电信设备的性能和网络，或网络单元的有效性进行评价，并提出评价报告的一组功能。网络单元由电信设备和支持网络单元功能的支持设备组成。网络单元有交换设备、传输设备、复用器及信令终端等。

② 故障管理是对电信网的运行情况异常和设备安装环境异常进行监测、隔离和校正的一组功能。

③ 配置管理功能包括提供状态和控制及安装功能。即对网络单元的配置、业务的投入、开/停业务等进行管理，对网络的状态进行管理。

④ 计费管理功能，是 TMN 的操作系统能从网络单元收集用户的资费数据，以便形成用户账单。可以测量网络中各种业务的使用情况和使用的费用，并对电信业务的收费过程提供支持。

⑤ 安全管理功能主要提供对网络及网络设备进行安全保护的能力。主要有接入及用户权限的管理、安全审查及安全告警处理。

（2）管理业务

TMN 定义多种管理业务，包括：用户管理、用户接入管理、交换网管理、传输网管理、信令网管理等。

（3）管理层

TMN 采用分层管理的概念，将电信网络的管理应用功能划分为 4 个管理层次：事务（商务）管理层、业务（服务）管理层、网络管理层、网元管理层，其主要功能如下。

① 事务（商务）管理：负责全局性网络管理事务，涉及经济事务、网络运营者之间的协议和设定目标任务，但不从事管理服务，该层活动需要管理人员的介入。

② 业务（服务）管理负责对下层所提供的管理信息通过 Q3 接口与事务管理层实现互通。

③ 网络管理提供网上的管理功能，如网络话务监视与控制，网络保护路由的调度，中继路由质量的监测，对多个网元故障的综合分析、协调等。

④ 网元管理，指对网元层的管理，而网元层是由一系列的 SDH 等网元构成，其功能是负责网元本身的基本管理。包括操作一个或多个网元的功能，由交换机、复用器等进行远端操作维护，设备软件、硬件的管理等。光传输网络经过多年发展，设备类型的快速变化，异类设备 SDH/WDM/MSTP/ASON/OTN/PTN 之间的混合组网，对网管系统提出了更高的要求。

3.4.2　TMN 系统实现

1. 通过 MSTP/PTN/CHINADDN 实现 TMN

图 3.21 是通过 MSTP/PTN/CHINADDN 等作为 DCN（数据通信网），实现 TMN。下面简要介绍 TMN 功能单元及其基本功能。

① 网络单元（NE）：简称网元，由受监控的电信设备（或其中一部分）和支持设备组成，为电信网用户提供相应的网络服务，如交换设备、复用/分路设备、交叉连接设备等。

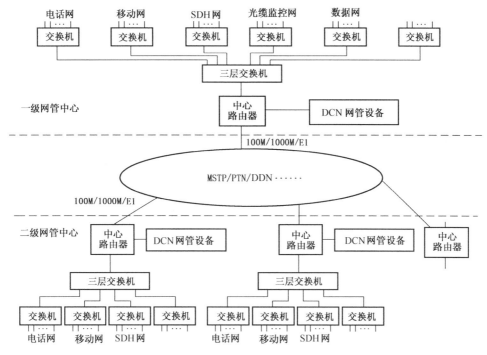

图 3.21 通过 DDN 实现 DCN

② 操作系统（OS）：属于 TMN 构件，一般由小型机或工作站组成，用来操作和监控各种管理信息，如性能检测、故障检测、配置管理等功能模块都可以驻留在该系统上。

③ 中介设备（MD）：是 TMN 构件，是一种专用的连接转换设备，主要完成 OS 与 NE 间的中介协调功能，用于不同类型设备接口之间管理信息的转换。

④ 工作站（WS）：是 TMN 构件，其功能包括安全接入和登录、识别和确认输入、格式化和确认输出、接入 TMN、维护数据库、用户输入编辑等。为管理操作人员进行各种业务操作提供进入 TMN 的入口，如命令输入、数据输入、监视操作信息等。

⑤ 数据通信网（DCN）：是 TMN 构件，为其他 TMN 部件提供通信手段，主要实现 OSI 参考模型的低三层功能，可由不同类型的子网（如 X.25、DDN 等）互连而成。

2. No.7 信令网的维护监控系统

我国 No.7 信令网的维护监控系统分为两级，即全国中心一级、省中心一级，具体的物理配置如图 3.22 所示。其目的就是对全国 No.7 信令网进行故障管理、配置管理、性能管理及安全管理等。

No.7 信令是采用集中与分散相结合的方式来实现的。依据 ITU-T 对 No.7 信令的分层结构，应用层 TUP、ISUP、INAP、MAP 等可分布到各业务交换模块来完成；传输层的功能，包括 TCAP、SCCP 及 MTP-3、MTP-2、MTP-1 则由集中的 No.7 信令部件来完成。这里所说的 No.7 信令维护监控系统就是针对 No.7 信令部件系统的操作，完成七号

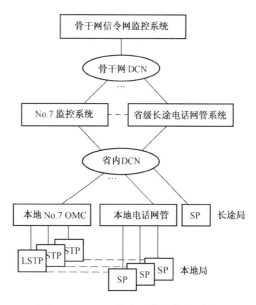

图 3.22 No.7 信令网维护监控系统

TCAP、SCCP 及 MTP-3、MTP-2、MTP-1 的软件和硬件的维护和整个 No.7 信令网络的监控。涉及 TUP、ISUP、INAP 及 MAP 等的软件及硬件的维护，由各交换机原有的维护系统完成。

3. 移动 OMC 组网方式

OMC（Operation Maintenance Maintenance Center，操作维护中心）系统的三层组网结构示意如图 3.23 所示，由网元 OMM（Operation Maintenance Module，操作维护模块）、LOMC（Local Operation Maintenance Center，地区级网管中心）、POMC（Province Operation Maintenance Center，省级网管中心）构成。在 LOMC 和 POMC 处可以是基站系统和交换系统的网管集中点，即 OMC_R（无线侧 OMC）和 OMC_S（交换侧 OMC）可以合一，也可以单独存在。LOMC 可管理多个网元，其中一个网元对应一个 OMM，而一个 POMC 可管理 40 个以上的 LOMC 网元。

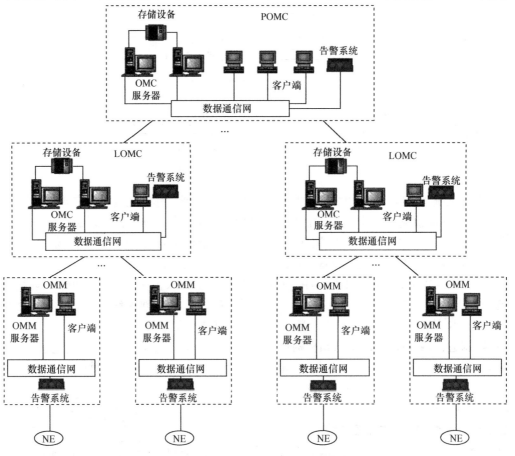

图 3.23　OMC 网管系统三层组网结构示意

OMC 系统主要包括：客户端/服务器（Client/Server）、存储器（Storage）、报警（Alarm）装置，以及宽带数据通信网络（Network Communications，网络通信）。系统提供：包括路由器、交换机、防火墙、服务器，实现全网络管理；提供告警管理、拓扑管理、性能管理、配置管理、安全管理、日志管理、跟踪管理等功能。

当网元数目较少时，构建省级网管中心（POMC），可以采用两层组网结构。如图 3.24 所示，省略地区级网管中心（LOMC），由网元操作维护 OMM 开始，直接组建省级网管中心 POMC。

4. T3 管理系统

设备制造商给出了较多的 TMN 系列系统，而 T3 是基于分布式、插件化设计的一个系列化的管理系统，系统组网结构如图 3.25 所示。

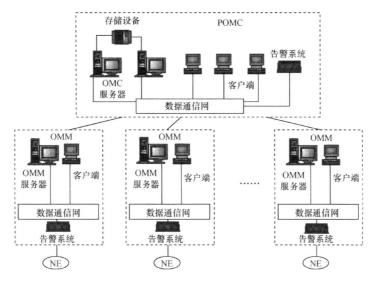

图 3.24 OMC 网管系统二层组网结构示意

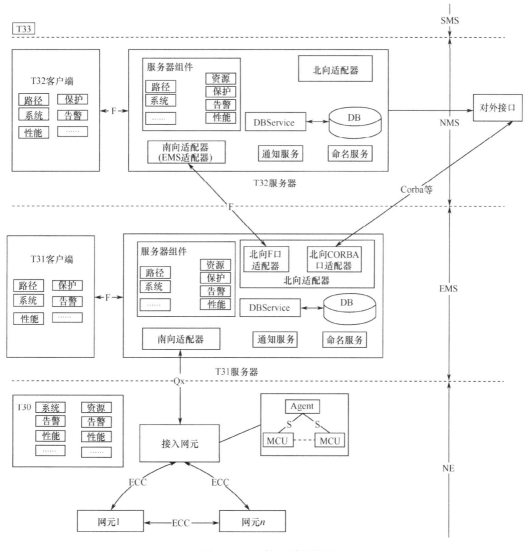

图 3.25 T3 管理系统构图

T30：本地维护终端（LCT）。

T31：单元管理层系统（EMS），网元级接口，面向设备的管理。

T32：网络管理层系统（NMS），网络级接口，面向业务、面向网络的管理。

T33：业务管理层系统（SMS），面向客户的业务层网管。

T30、T31、T32 分别提供单网元、网元级、网络级管理功能。

CORBA（Common Object Request Broker，公共对象请求代理结构体系）和 SNMP（Simple Network Management Protocol，简单网络管理协议）相比，最大的区别在于：CORBA 是基于 TCP 的，而 SNMP 是基于 UDP 的。F 接口是 TMN 接口中比较标准的 SDH 网络管理接口，采用 SNMP 作为上层应用协议。DBService 是 SQLiteOpenHelper 的子类，主要负责创建、更新数据库，以及对数据库中的记录进行修改等。

习 题 3

1. 目前电信网为什么要采用同步网？一个本地网长途局应采用几级时钟源？
2. 随路信令和公共信道信令有何不同？哪些信令最适合于数字通信网？
3. 画出 No.7 信令系统的结构，并简述各层的功能。
4. 如何判断 MSU、LSSU 和 FISU？并说明 SIF、SIO 和 SF 字段的意思。
5. SP（24 位）信令点编码是 052430H、568A9BH，分别写出它们的信令点编码、分信令区编码和主信令区编码。
6. 软交换网络及网关涉及的基本协议有哪些？它们都有哪些功能？
7. 参考有关资料，设计一种针对 No.7 的电信管理网结构图，并说明作用。

第4章 公共陆地移动网

公共陆地移动网（PLMN）是目前世界上发展最快、应用最广和技术最前沿的通信网络之一。近几十年来，移动通信发展迅猛，从第一代（1G）飞速发展到了第四代（4G）。本章主要通过代表 2G 的 GSM、GPRS，介绍 PLMN 的组成、接续及信令协议等，3G、4G 则放在后面介绍。

4.1 PLMN 概述

第二代移动通信技术指数字蜂窝移动通信技术，具有代表性的技术有欧洲的 GSM（Global System for Mobile Communication）和美国的 CDMA（Code-Division Multiple Access）两种，这也是我国使用的两种移动通信设备。

4.1.1 移动系统结构

1. GSM 系统

GSM 数字移动通信系统是在蜂窝系统的基础上发展而成的，采用时分复用多址（TDMA）技术，系统主要由交换网络子系统（NSS）、无线基站子系统（BSS）和移动台（MS）3 大部分组成，系统框图如图 4.1 所示。其中 NSS 与 BSS 之间的接口为"A"接口，BSS 与 MS 之间的接口为"Um"接口。A 接口往右属于 NSS，包括移动业务交换中心（MSC）、拜访位置寄存器（VLR）、归属位置寄存器（HLR）、鉴权中心（AUC）和移动设备识别寄存器（EIR）；A 接口往左属于 BSS，包括基站控制器（BSC）和基站收发信台（BTS）。Um 接口往左是移动台部分，其中包括移动终端（MS）和客户识别卡（SIM）。

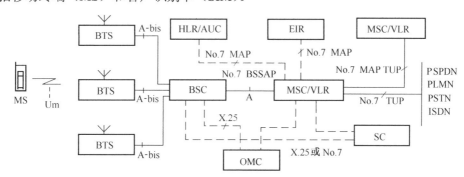

MS：移动台　BTS：基站收发台　BSC：基站控制器　OMC：操作维护中心
MSC：移动业务交换中心　HLR：归属位置寄存器　SC：短消息中心
AUC：鉴权中心　VLR：拜访位置寄存器　EIR：设备识别寄存器

图 4.1 GSM 系统框图

在 GSM 上还配有短信息业务中心（SC），既可开放点对点的短信息业务，又可开放广播式公共信息业务。另外配有语音信箱，可开放语音留言业务等。

（1）交换网络子系统

交换网络子系统（NSS）主要完成交换功能和客户数据与移动性管理、安全性管理所需的数据库功能。NSS 由一系列功能实体所构成，下面介绍各功能实体。

MSC：是 GSM 系统的移动交换控制中心，是移动台进行控制和完成话路交换的功能实体，也是移动通信系统与其他通信网之间的接口。它可完成网络接口、公共信道信令系统和计费等功能，还可完成 BSS、MSC 之间的切换和辅助性的无线资源管理、移动性管理等。另外，为了建立至移动台的呼叫路由，针对每个 MS 还应能完成关口 MSC（GMSC）的功能，即查询位置信息的功能。

VLR：拜访位置寄存器，是存储 MSC 为了处理所管辖区域中 MS（统称拜访客户）的来话、去话呼叫所需检索的信息，如客户的号码、所处位置区域的识别、向客户提供的服务等参数。

HLR：归属位置寄存器，是一个数据库，用于存储管理部门管理移动客户的数据。每个移动客户都应在其 HLR 注册登记，主要存储两类信息：一是有关客户的参数；二是有关客户目前所处位置的信息，以便建立至移动台的呼叫路由，如 MSC、VLR 地址等。

AUC：鉴权中心，用于产生为确定移动客户的身份和对呼叫保密所需鉴权、加密的三参数（随机号码 RAND、符号响应 SRES、密钥 Kc）的功能实体。

EIR：设备识别寄存器，是一个数据库，存储有关移动台设备的参数，主要完成对移动设备的识别、监视、闭锁等功能，以防止非法移动台的使用。

（2）无线基站子系统

无线基站子系统（BSS）是在一定的无线覆盖区中由 MSC 控制，与 MS 进行通信的系统设备，主要负责完成无线发送接收和无线资源管理等功能。功能实体可分为基站控制器（BSC）和基站收发机（BTS）。

BSC：具有对一个或多个 BTS 进行控制的功能，主要负责无线网络资源的管理、小区配置数据管理、功率控制、定位和切换等，是一个很强的业务控制点。

BTS：具有无线接口收/发设备，完全由 BSC 控制，主要负责无线传输，完成无线与有线的转换、无线分集、无线信道加密、跳频等功能。

（3）移动台

移动台就是移动客户设备部分，由两部分组成，即移动终端（MS）和客户识别卡（SIM）。MS 就是"手机"，它可完成语音编码、信道编码、信息加密、信息的调制和解调、信息发射和接收。SIM 卡就是"身份卡"，它类似于人们现在所用的 IC 卡，因此也称作智能卡，存有认证客户身份所需的所有信息，并能执行一些与安全保密有关的重要信息，以防止非法客户进入网络。

（4）操作维护子系统

GSM 系统还有操作维护子系统（OMC），它主要是对整个 GSM 网络进行管理和监控。通过它实现对 GSM 网内各种部件功能的监视、状态报告、故障诊断等。

2. CDMA 系统

CDMA 技术在 3G 中得到了最广泛的应用，2G 中的 CDMA 产品主要采用 IS-95 标准。CDMA 系统给每一用户分配一个唯一的码序列（扩频码），并用它对承载信息的信号进行编码。通知该码序列用户的接收机对收到的信号进行解码，并恢复出原始数据。CDMA 按照其采用的扩频调制方式的不同，可以分为直接序列（DS）扩频、跳频（FH）扩频、跳时（TH）扩频和复合式扩频。CDMA 网络参考模型定义了网中的功能实体和相互间的接口，如图 4.2 所示。从图中可以看出，CDMA 网络系统结构参考模型与 GSM 网络系统结构极为相似。

有关 CDMA 技术的重点将在第 7 章介绍，下面只对其关键技术做简单概述。

（1）功率控制技术

CDMA 系统是一个自扰系统，所有移动用户都占用相同带宽和频率，"远近效应"问题特别突出。CDMA 功率控制的目的就是克服"远近效应"，使系统既能维持高质量通信，又不对

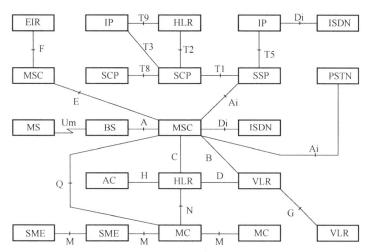

MSC：移动交换中心　HLR：归属位置寄存器　VLR：拜访位置寄存器　AC：鉴权中心
MC：短消息中心　SME：短消息实体　PSTN：公用交换电话网　MS：移动台　EIR：设备识别寄存器
BS：基站系统　OMC：操作维护中心

图 4.2　CDMA 网络参考模型

其他用户产生干扰。功率控制分为前向功率控制和反向功率控制，反向功率控制又可分为仅由移动台参与的开环功率控制和移动台、基站同时参与的闭环功率控制。

（2）PN 码技术

PN 码的选择直接影响到 CDMA 系统的容量、抗干扰能力、接入和切换速度等性能。CDMA 信道的区分是靠 PN 码来进行的，因而要求 PN 码自相关性要好，互相关性要弱，实现和编码方案简单等。

（3）Rake 接收技术

移动通信信道是一种多径衰落信道，Rake 接收技术就是分别接收每一路的信号进行解调，然后叠加输出达到增强接收效果的目的，这里多径信号不仅不是一个不利因素，而且在 CDMA 系统中变成了一个可供利用的有利因素。

（4）软切换技术

先连接，再断开称之为软切换。CDMA 系统工作在相同的频率和带宽上，因而软切换技术实现起来比 TDMA 系统（先断开，后连接）要更优越一些。

（5）语音编码技术

CDMA 系统的语音编码主要有两种：码激励线性预测编码（CELP）8kbit/s 和 13kbit/s。8kbit/s 的语音编码能达到 GSM 系统 13kbit/s 的语音水平甚至更好。

4.1.2　移动系统编号

由于移动用户的特殊性，若要对其进行识别、跟踪和管理，必须要有以下编号。

（1）移动台号簿号码

移动台号簿号码（MSDN），也称移动用户的 ISDN 号码，在全球具有唯一性。其结构由两部分组成：国家号码＋国内有效移动用户电话号码。我国的国家号码为 86，国内有效电话号码为一个 11 位数字的等长号码，其结构为

$$N1N2N3＋H0H1H2H3＋ABCD$$

其中，N1N2N3 为数字蜂窝移动业务接入号，如最初中国移动 GSM 移动通信网的业务接入号为

135～139，中国联通 GSM 移动通信网的业务接入号为 130～132。H0H1H2H3 是 HLR 识别码，H0H1H2 全国统一分配，H3 省内分配。ABCD 为每个 HLR 中移动用户的号码。

（2）国际移动台标识号

国际移动台标识号（IMSI）是不同国家、不同网络唯一能够识别的一个国际通用号码，IMSI 的总长度为 15 位；IMSI 编号计划国际统一，不受各国的 MSDN 影响，其结构为

$$MCC+MNC+MSIN$$

其中，MCC 为国家号码，长度为 3 位，统一分配，用于唯一识别移动用户所属的国家；MNC 为移动网号，识别移动用户所归属的 PLMN；MSIN 为网内移动台号，用于唯一识别某一 PLMN 中的移动用户；国家移动识别码（NMSI）由 MNC+MSIN 组成。我国的 MCC 为 460，中国移动 900/1800MHz（TDMA）的 MNC 为 00，中国联通 900/1800MHz（TDMA）的 MNC 为 01。NMSI 是一个 11 位的等长号码，由各运营商自行确定编号原则。

IMSI 由运营部门写入移动台卡存储芯片，在用户开户时启用。当主叫拨 MSDN 呼叫某一被叫用户时，终端的 MSC 将请求相关的 HLR 或 VLR 将其翻译成对应的 IMSI，最后在无线信道上寻找该 IMSI 所在的移动台。

（3）国际移动台设备标识号

国际移动台设备标识号（IMEI）是由移动台制造商在设备出厂时置入的永久性号码，用于防止非法移动台的呼入。设备号的最大长度为 15 位，其中设备型号为 6 位，厂商号为 2 位，设备序号为 6 位，其余 1 位备用。

根据需要，MSC 向主叫索要 IMEI，验证 IMEI 是否与 IMSI 相匹配，以便确定移动台的合法性。

（4）移动台漫游号

移动台漫游号（MSRN）是移动系统为漫游用户指定的一个临时号码，在 CDMA 系统中又称为 TLDN（临时本地号簿号码），以供移动交换机选择路由时使用。

当移动台进入一个新的地区接收来话呼叫时，该地区依据自己的编号计划分配给该移动台一个 MSRN，再由 HLR 告知 MSC，MSC 根据 MSRN 建立通往该移动台的路由。MSRN 的结构为 1SSM0M1M2M3ABC。其中，1SS 是由被访地区的 VLR 动态分配的，M0M1M2M3 的数值与 H0H1H2H3 相同；ABC 为各移动局中临时分配给移动用户的号码；SS 为 00～99。

（5）临时移动识别码

临时移动识别码（TMSI）用于防止非法个人或团体通过监听无线路径上的信令交换而窃得移动客户的真实的客户识别码（IMSI）或跟踪移动客户的位置。

（6）基站识别码

基站识别码（BSIC）供移动台识别使用相同载频的相邻基站的收、发信台，其结构为

$$NCC+BCC$$

其中，NCC（3bit）为网络色码，用于识别 GSM 网；BCC（3bit）为基站色码，用于识别基站组（即使用不同频率的基站的组合）。我国 NCC 表示为 XY1Y2，X 表示运营者（中国移动为 1，中国联通为 0）；Y1Y2 的分配由各运营商自行确定。

除之，还有 No.7 信令消息识别码、位置区更新识别码、全球小区识别码等。

4.1.3 移动区域划分及接续分析

1. PLMN 区域划分

PLMN（Public Land Mobile-communication Network）的区域划分如图 4.3 所示，由以下几

个区域组成。

① 小区：也称蜂窝区，其覆盖半径为一至几十千米，每个小区分配一组信道。理想形状是正六边形，基站可位于正六边形中心。如果使用全向天线，称为中心激励，一个基站区仅含一小区；如果使用 120°或 60°定向天线，称为顶点激励，一个基站区可包含数个小区。每个基站包含若干套收、发信机，其有效覆盖范围决定于发射功率、天线高度等因素。

② 基站区：通常指一个基站收发器所辖的区域，也可指一个基站控制器所控制若干个小区的区域。

③ 位置区：每一个 MSC 业务区分成若干位置区，位置区由若干基站区组成，它与一个或若干个基站控制器有关。在位置区内移动台移动时，不需要进行位置更新。当寻呼移动用户时，位置区内全部基站可以同时发寻呼信号。在系统中，位置区域以位置区识别码（LAI）来区分 MSC 业务区的不同位置区。

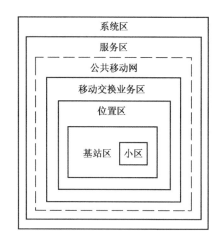

图 4.3　PLMN 网络区域划分

④ 移动交换业务区：由一个移动交换中心管辖，一个公共移动网包含多个业务区。

⑤ 服务区：由若干个相互连网的 PLMN 覆盖区组成，在此区内可以漫游。

⑥ 系统区：指同一制式的移动通信覆盖区，在此区域中它所采用的无线接口技术完全相同。

2．PLMN 接续分析

我国 GSM 移动电话网是按大区设立一级汇接中心、省内设立二级汇接中心、移动业务本地网设立端局构成三级网络结构，采用独立网号方式来组网的。

【例 4.1】　移动台呼叫固定台（MS→PSTN），如图 4.4 所示，试说明其具体的接续过程。

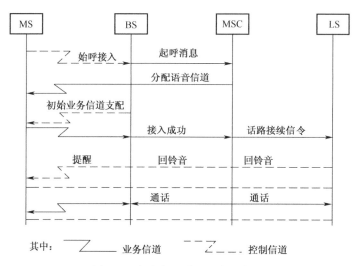

图 4.4　移动台呼叫固定台示意图

【解】　接续过程分析如下：

① 移动台发号，向基站发出"初试接入"。

② 基站将移动台试呼叫消息转送给移动交换机。

③ 移动交换机根据 IMSI 检索用户数据，判断是否有权进行此类呼叫。

④ 若有权，分配空闲业务信道。

⑤ 基站开启该波道射频发射机，并向移动台发送"初始业务信道指配"消息。
⑥ 移动台收到此消息后，即调谐到指定波道，并按要求调整发射电平。
⑦ 基站确认业务信道建立成功后，将此消息通知移动交换机。
⑧ 移动交换机分析被叫号码，选定路由，建立与PSTN交换局的中继连接。
⑨ 若被叫空闲，终局回送指示消息（如ACM），同时经话路返送回铃音。
⑩ 被叫摘机后与移动用户通话。

【例4.2】 如果固定电话呼叫移动台（PSTN→MS），如图4.5所示，试分析其接续过程。

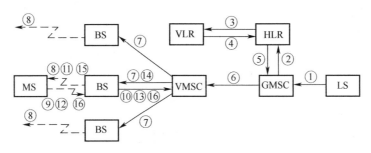

图4.5 固定台呼叫移动台示意图

【解】 接续过程分析如下：
① PSTN交换机通过号码分析判断为移动用户，将接至GMSC（网关MSC）。
② GMSC根据MSDN确定被叫所属的HLR，并向HLR询问被叫当前位置信息。
③ HLR检索用户数据库，若该用户已漫游到其他地区，则向所在的VLR请求漫游号MSRN。
④ VLR动态分配MSRN后回送HLR。
⑤ HLR将MSRN转送给GMSC。
⑥ GMSC根据MSRN选路，将呼叫连接到被叫VMSC（拜访MSC）。
⑦ VMSC查询数据库，向被叫所在位置区的所有小区基站发送寻呼命令。
⑧ 各基站通过寻呼信道发送寻呼消息，消息的主要参数为被叫的IMSI号。
⑨ 被叫收到寻呼消息后，若发现IMSI与自己相符，即回送寻呼响应消息。
⑩ 基站将寻呼响应转发给VMSC。
⑪ VMSC或基站控制器为被叫分配一条空闲业务信道，并向被叫移动台发送业务信道支配消息。
⑫ 被叫移动台回送响应消息。
⑬ 基站通知VMSC业务信道已接通。
⑭ VMSC发出振铃指令。
⑮ 被叫移动台收到消息后，向被叫用户振铃。
⑯ 被叫取机，通知基站、VMSC，开始通话。

【例4.3】 移动台要完成由不同MSC控制的小区间切换，如图4.6所示，试完成其切换接续过程。

【解】 接续过程分析如下：
① BSC-A根据MS的测量报告，将切换目标小区标志和切换请求通过BTS-A发至MSC-A。
② MSC-A向切换目标小区的MSC-B发送"无线信道请求"消息。
③ MSC-B指示BSC-B，分配一个业务信道（TCH），给MS切换使用。

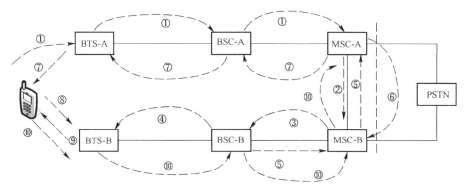

图 4.6 由不同 MSC 控制的小区间切换示意图

④ BSC-B 向 BTS-B 发送一个 TCH（业务信道）。
⑤ MSC-B 收到 BSC-B 发送的"无线信道证实"后，告知 MSC-A 已分配的信道号。
⑥ 一个新的连接在 MSC-A，MSC-B 间建立（建立过程有可能要通过 PSTN）。
⑦ MSC-A 通过 BSC-A 向 MS 发送切换命令，其中包括频率、时隙和发射功率等。
⑧ MS 切换到新的业务信道上，在新频率上通过 FACCH（快速随路控制信道），发送信息告知 BTS-B。
⑨ BTS-B 收到相关信息后，送时间提前量（TA）信息（通过 FACCH）。
⑩ MS 通过 BSC-B 和 MSC-B 向 MSC-A 发送切换成功信息后，MSC 就会通知 BSC-A 释放原来的业务信道，但 MSC-A 不会撤出控制，新的连接仍然要经过 MSC-A。

4.2 GSM

4.2.1 帧结构及系统参数

我国有 GSM900、DCS1800 和 PCS1900，以下频段参数主要针对的是 GSM900 系统。

1. **GSM 帧结构**

GSM 帧结构如图 4.7 所示。也就是 TDMA 帧（1 个帧＝8 个时隙），帧长为 4.615ms，每个时隙时长为 576.9μs，每个时隙含有 156.25bit。1 个业务复帧＝26 个帧，帧长为 120ms；1 个控制复帧＝51 个帧，帧长为 212.4ms，1 个超帧＝51 个业务复帧＝26 个控制复帧，帧长为 51×26×4.615＝6.12s；1 个超高帧＝2048 个超帧＝2 715 648 个帧。

2. **GSM 系统参数**

① 工作频段：移动台发送频段（上行）为 890～915MHz；基站发送频段（下行）为 935～960MHz。频段具体分配情况如图 4.8 所示。

蜂窝式移动通信通常都是指双工无线信道，基站发往移动台为下行方向，其信道为前向信道；反之为后向信道。GSM 的双工间隔为 935-890＝45MHz。考虑到双工工作方式，实际工作频段为（915-890）×2＝50MHz。对于两个频率的间隔称为双工间隔，相邻两频道间隔为 200kHz，每个频道采用 TDMA 方式，分为 8 个时隙。

② 频道配置（采用等间隔配置方法），900MHz 频段的频道序号（n＝1～124）和频道标称中心频率的关系为：

$$f_l(n)=890.200\text{MHz}+(n-1)\times 0.200\text{MHz} \quad \text{（移动台发）}$$
$$f_h(n)=f_l(n)+45.000\text{MHz} \quad \text{（基站发）}$$

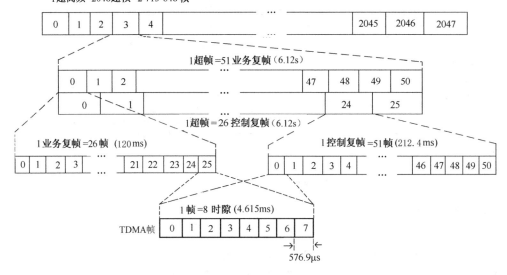

图 4.7　GSM 帧结构

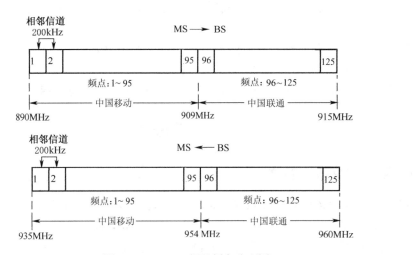

图 4.8　900MHz 频段频率分配图

中国移动：上行，890～909MHz；下行，935～954MHz。频点，1～95。

中国联通：上行，909～915MHz；下行，954～960MHz。频点，96～125。

③ 调制方式：采用高斯滤波的最小频移键控（GMSK）方式。

④ 发射功率：对于基站，每载波为 500W，其中每时隙平均功率为 62.5（500/8）W；实际上，对于每载波（峰值）发射功率，GSM 基站的发射功率在 42W 左右，移动台的发射功率在 2W 左右。表 4.1 给出了不同频段 MS 最大发射功率的典型值。

表 4.1　不同频段 MS 最大发射功率的典型值

CLASS	GSM900	DCS1800	PCS1900
1	-	1W（30dBm）	1W（30dBm）
2	8W（39dBm）	0.25W（24dBm）	0.25W（24dBm）
3	5W（37dBm）	4W（36dBm）	4W（36dBm）
4	2W（33dBm）		
5	0.8W（29dBm）		

⑤ 小区半径：通常对于农村，最大半径为 35km；城市，最小半径为 500m。

⑥ 时间提前量（TA）：是根据对移动台传输时延的测量而设定的，其作用是使远离基站的移动台提前发送其指定的时隙信息，以补偿传输时延，并保证在区内不同位置的移动台在不同时隙发出的信号抵达基站时不会发生交叠和冲撞。TA＝0～23μs，该值直接影响到小区的无线覆盖，GSM 小区的无线覆盖半径最大为 35km，这是由 GSM 时间提前量的编码在 0～63 之间决定的，基站最大覆盖半径为

$$3.7\mu s/bit \times 10^{-4} \times 63bit \times (3 \times 10^8)m/s \div 2 = 35km$$

其中，3.7μs/bit 为每个 bit 的时长；63bit 为时间调整的最大比特数；3×10^8m/s 为光速。如果采用扩展小区技术，基站的最大覆盖半径为

$$3.7\mu s/bit \times 10^{-4} \times (63+156.25)bit \times (3 \times 10^8)m/s \div 2 = 120km$$

GSM 的每帧含 8 个时隙，每个时隙 576.9μs，包含 156.25bit，所以每个比特位的时长为 3.7μs/bit。

综上所述，1bit 对应的最大距离是 554m，精确度为 25%（即 138.5m），这时的 TA 取 0。表 4.2 给出了 TA 值所对应的距离和精确度。由于多经传播和同步精确的影响，两个在同一位置接收同一小区信号的移动台对 TA 测量的差异，可能会达到 3bit 左右（1.6km）。

表 4.2 TA 值所对应的距离和精确度

TA	距离（m）	精确度（推荐值）
0	0～554	25%
1	554～1108	12.5%
……	……	……
63	34 902～35 456	0.4%

4.2.2 接口及信令

1. 无线接口

无线接口信令分为物理层、数据链路层和信令层，协议分层如图 4.9 所示。

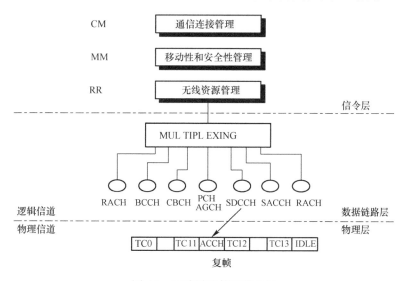

图 4.9 无线链路接口的分层

（1）物理层

无线信道的分类如图4.10所示，从功能上分为业务信道（TCH）和控制信道（CCH）。其中，TCH用于传送语音信号和数据业务；CCH用于传送信令消息，共4类信道，即广播信道（BCH）、公共控制信道（CCCH）、专用控制信道（DCCH）和随路控制信道（ACCH）。

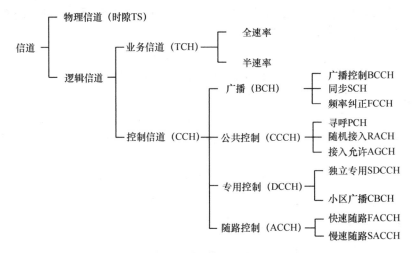

图4.10 无线信道的分类

表4.3列出了GSM无线信道的传输方向，为了节省无线资源，常常将表中的某几个信道进行合并，共占一个物理信道。常用的3种组合方式：TCH＋FACCH＋SACCH、BCH＋CCCH和SDCCH＋SACCH。表4.4列出了不同速率的语音和数据业务信道。

表4.3 GSM无线信道

信 道 名	缩 写	方 向	信 道 名	缩 写	方 向
业务信道	TCH	MS↔BS	随路接入信道	RACH	MS→BS
快速随路控制信道	FACCH	MS↔BS	寻呼信道	PCH	MS←BS
广播控制信道	BCCH	MS←BS	接入准许信道	AGCH	MS←BS
频率校正信道	FCCH	MS←BS	独立专用控制信道	SDCCH	MS↔BS
同步信道	SCH	MS←BS	慢速随路控制信道	SACCH	MS↔BS

表4.4 业务信道

信道名称	语音业务/数据业务	速率（kbit/s）
TCH/FS	全速率语音信道	13
TCH/HS	半速率语音信道	5.6
TCH/F9.6	全速率数据信道	9.6
TCH/F4.8	全速率数据信道	4.8
TCH/H4.8	半速率数据信道	4.8
TCH/H2.4	半速率数据信道	≤2.4
TCH/F2.4	全速率数据信道	≤2.4

（2）数据链路层

数据链路层是第二层，表4.5给出了MS至MSC/VLR所有链路层所采用的协议。

表 4.5 MS 至 MSC/VLR 所有链路层所采用的协议

接　口	链路层协议
MS-BTS	LAPDm（GSM 特有）
BTS-BSC	LAPD（由 ISDN 修改）
BSC-MSC	MTP，第 2 层（SS7 协议）
MSC/VLR（HLR-SS7）	MTP，第 2 层（SS7 协议）

（3）信令层

信令层（第三层）是收发和处理信令消息的实体，包含以下 3 个子层。

① RR（无线资源管理）：对无线信道进行分配、释放、切换、监视和控制等 8 个指令过程。

② MM（移动性管理）：包括移动用户的位置更新、定期更新、鉴权、开机接入、关机退出、TMSI 重新分配和设备识别共 7 个过程。

③ CM（连接管理）：包括 3 大部分，分别是 CC（呼叫控制业务）、SS（补充业务）和 SMS（短消息业务）。其控制机理继承 ISDN，包括去话建立、来话建立、呼叫中改变传输模式、MM 连接中断后呼叫重建和 DTMF 传送共 5 个信令过程。

【例 4.4】 根据图 4.11 所示，说明去话呼叫信令的建立过程。

【解】 MS 通过 RACH 向网络侧发"信道请求"消息，申请一个信令通道。这时，基站经 AGCH 回送一个"立即分配"消息，指配一个专用信令通道 SDCCH。移动台通过 SDCCH 发送"CM 服务请求"消息，要求 CM 实体提供服务。CM 连接是在 RR 和 MM 连接的基础上完成的，所以接下来必须提供 MM、RR 过程。执行用户鉴权（MM 过程），再执行加密模式设定（RR 过程），若不加密，则网络侧发出"加密模式命令"消息，指示"不加密"。MS 发出"呼叫建立"消息，指明业务类型、被叫号码等。网络启动选路进程，同时发回"呼叫进行中"消息。这时，网络分配一个业务信道供以后传送用户数据。此 RR 过程包含两个消息，即"分配命令"和"分配完成"。"分配完成"消息已在新指配的 TCH/FACCH 信道上发送，其后的信令消息转入经由

图 4.11 去话呼叫建立信令的过程

FACCH 发送，原先分配的 SDCCH 释放，因为开始通话前占用一下 TCH 是可以的。当被叫空闲且振铃时，网络向 MS 送被叫"振铃"消息，MS 可听回铃音。被叫应答后，网络发送"连接"消息，MS 回送"连接证实"消息。此时，FACCH 完成任务，将信道回归 TCH，进入正常通话状态。

2. A 接口

A 接口承载有 BSC 至 MSC 之间的消息，以及 MS 至 MSC 之间的消息类型，如提到过的 CC 或 MM 消息。这两种信息流合称为 BSSAP（BSS 应用部分），具体地说，可分别称为 BSSMAP（BSS 管理单元）和 DTAP（直接传送应用单元）。

① BSSOMAP（BSS 操作维护应用部分）：用于 MSC 及网管中心（OMC）交换维护消息管理，与 OMC 间的消息传送也可采用 X.25 协议。

② DTAP（直接传输应用部分）：用于透明传送 MSC 和 MS 间的消息，主要是 CM 和 MM 协议消息。

③ BSSMAP（BSS 管理应用部分）：用于对 BSS 的资源使用、调配及负荷进行控制和监视。消息的始、终点分别为 BSS 和 MSC，均和 RR 相关。

通过以上对无线接口信令、基站接入信令的叙述，可以将它们各自对应的接口（即 Um 接口、A-bis 接口和 A 接口）从用户侧 MS 到移动交换中心 MSC 连接在一起进行分析，如图 4.12 所示。图中虚线表示协议对等层之间的逻辑连接。

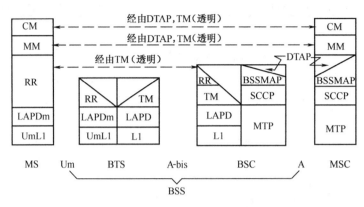

图 4.12 GSM 信令协议模型

从 MS 侧看，有 3 个应用实体：RR、MM 和 CM。其中，RR 的对应实体主要位于 BSC 中，消息通过 A-bis 接口业务管理实体（TM）的透明消息程序转接完成；极少量的 RR 对应实体位于 BTS 中，由 Um 接口直接传送。CM 和 MM 对应实体位于 MSC 中，它们之间的消息通过 A 接口的 DTAP 和 A-bis 接口的 TM 两次透明转接（低层协议转换）完成。其中，BSC 与 BTS 之间的接口称为 A-bis，走的是内部信令。

3．网络接口

MSC 与 MSC 之间，以及 MSC 与 PSTN 之间关于话路接续的信令，采用 No.7 信令的 TUP/ISUP 协议。网络接口 B~G 的协议就是 No.7 信令的 MAP。而在 MSC 和 HLR、VLR、EIR 等网络数据库之间频繁地交换数据和指令，也非常适合 No.7 信令方式传送。

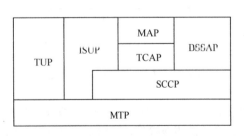

图 4.13 GSM 系统的 No.7 协议层

GSM 系统的 No.7 协议层如图 4.13 所示。MTP 的功能是在节点与节点之间为通信用户提供可靠的信令消息传输能力。例如，TUP、ISUP 是具有特定功能的应用模块，用于 MSC 与 PSTN 之间的通信，就是 MTP 的用户。

SCCP 加在 MTP-3 上，共同形成了第三层。SCCP 主要用于传送电路交换控制以外的信令和数据，在 ISDN 交换局之间，以及交换局和各种业务中心建立与电路无关的信令连接。

SCCP 支持两种方式的信令通信，分别为无连接模式和面向连接模式。

在无连接模式时，每个信令帧组都包含地址，用此地址可选择到达目的地的路径。然而所有的信令组帧不会都选择同样的路径，也不会总是按顺序到达，但它们都有一个序列码，所以在目的地能按序列号恢复其初始的顺序。这种方法也被称为数据报交换。

在面向连接模式时，消息源点发送一个引导帧组，通过信令网络到达目的地。在此引导帧经过之处，都留有标志，这样其他的信令帧可沿着同样的路径穿过网络。这种方式也被称为虚电路连接。

MSC 之间互连互通的信令流程如图 4.14（a）所示，为被叫先挂机。主叫 MSC 在接收到 BSC 送来的信道分配完成的消息后，发送 IAI（带附加起始地址信息）消息至被叫 MSC，被叫 BSC 回送 ACM（地址全信息）消息至主叫 MSC，在被叫用户接通后，被叫 MSC 发送 ANC（应答信号、计费信息）消息至主叫 MSC，被叫拆线时，被叫 MSC 发送 CBK（后向拆线信号，挂机信号）至主叫 MSC，主叫 MSC 回送 CLF（前向拆线信号）至被叫 MSC，最后被叫 MSC 发送 RLG（释放监控信号）。主叫先挂机则信令流程减去了 CBK（后向拆线信号、挂机信号）流程，如图 4.14（b）所示，其他流程与被叫先挂机流程相同。

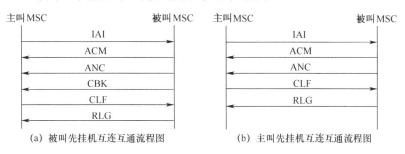

图 4.14　MSC 互连互通流程图

4．信令网编码

省内各移动本地网构成全省 PLMN 网，全省设若干个移动业务二级汇接中心，构成一个网状网，每个移动业务本地网的 SP 点至少与两个二级汇接中心（LSTP）相连。全国的 PLMN 网在各大区设立一级移动业务汇接中心，该中心为单独设置，仅做汇接用。

（1）编码方案原则

GSM 信令网的信令点的编码采用中国 24 位编码方式编码。但由于 MSC-BSC 之间仅是点对点信令传递，因此 BSC 仍维持 14 位信令点编码方式。

① 信令网中的每一个 STP 和 SP 点均分配一个信令点编码。

② 信令点编码方案同时编制 14 位和 24 位编码分配方案。考虑到有些厂家提供不了 24 位的设备，故 MSC/VLR、HLR/AUG、EIR 等设备均同时分配了 14 位和 24 位编码。

③ 24 位编码的分配方案要求 MSC 与固定网之间采用 24 位编码，即移动网的 24 位编码和固定网的 24 位编码相互独立。

（2）编码方案

24bit、14bit 信令点编码方案如表 4.6 所示。

表 4.6　信令点编码格式

24bit 信令点编码			14bit 信令点编码		
8bit	8bit	8bit	5bit	5bit	4bit
主信令区	分信令区	信令点	主信令区	分信令区	信令点

24bit 信令点编码：主信令区为各省公用网分配的编码，编码容量为 256；分信令区是从 No.7 信令网分信令区编码启用的 FF 和 FE，FF 为主用，FE 为备用；信令点是按高 5 低 3 比特位的使用原则，如表 4.7 和表 4.8 所示。

在 GSM 信令网的 SP 和 STP 之间传递 MAP 消息时必须有 SCCP 的支持。SCCP 的地址由 GT（全局码）、DPC 和 SSN（子系统编号）组成。GT 是一种地址，类似客户拨号，它没有包

表 4.7　信令点编码高 5 比特的使用原则

SP 高 5 比特	分　类	容　量
00000	一级汇接局	每省 8 个
00001～00010	二级汇接局	每省 16 个
00011～111111	直辖市的汇接局、省、自治区的地区或市	每省 29×8 个

表 4.8　信令点编码低 3 比特的使用原则

SP 低 3 比特	分　类	容　量
000	HLR/AUG	1（地区，市）
001～110	MSC/VLR	6（地区，市）
111	EIR	1（地区，市）

表 4.9　GSM 网内各子系统编号

子系统	编　号
HLR	00000110
VLR	00000111
MSC	00000100
EIR	00001001
AUG	00001010

含在信令网中直接选择路由的信息，需要一种翻译功能把 GT 翻译成使 SCCP 和 MTP 能够直接选路由的 DPC＋SSN 的形式。这种翻译功能可分散提供，也可集中提供。使用 GT 寻址可以访问任何客户。GSM 信令网国际间采用 GT 方式，省内采用 24 位的 DPC 和 SSN 寻址。GT 为移动客户的移动台号簿号码（MSDN），翻译节点被规定在每条 SCCP 消息收端的 LSTP 上。GSM 网内各 SSN 如表 4.9 所示。

4.3　GPRS

GPRS（General Packet Radio Service，通用分组无线业务）的产生满足了移动数据业务的需求。GPRS 是在现有 GSM 网络上开通的一种分组数据传输业务，在有 GPRS 承载业务支持的标准化网络协议的基础上，GPRS 可以提供一系列交互式业务。

4.3.1　网络结构

支持 GPRS，需要在现有的 GSM 网络基础上增加必要的硬件设备和软件升级。在网络结构上，与电路交换连接的语音通信需经由 MSC，与原先 GSM 类似；与分组交换连接需经过 GPRS 业务支持节点（SGSN）和 GPRS 网关支持节点（GGSN）；与其他网络连接的数据通信需经过相应的网关设备，其结构组成如图 4.15 所示。新的网络结构主要有 PCU、SGSN、GGSN、BG、CG、DNS、HLR、计费系统等，以下将分别介绍。

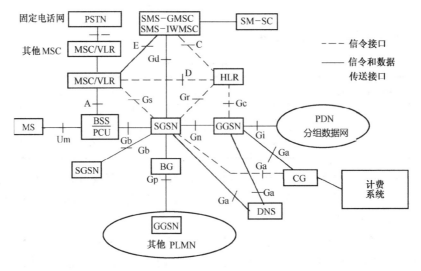

图 4.15　GPRS 网络基本组成

(1) PCU

PCU 是分组控制单元，主要完成 RLC/MAC 功能和 Gb 接口的转换。PCU 在物理实现上有两种方式。方式 A：PCU 内置于 BSC 内部，一个 PCU 只连接一个 BSC。方式 B：PCU 是单独的物理实体，一个 PCU 可以连接多个 BSC。

(2) SGSN（Serving GPRS Support Node）

SGSN 是 GPRS 业务支持节点，主要作用就是记录移动台的当前位置信息，并且在移动台和 SGSN 之间完成移动分组数据的发送和接收。SGSN 的主要功能有：用于 IP 协议与 BSS 和 MS 所用协议之间的转换；编译码和压缩；鉴权和移动管理；当有连接外部网络的需求时，设置到 GGSN 的路由；同一网络中的两个 MS 之间的所有 GPRS 分组数据必须经由 SGSN 传输；与 MSC/VLR 和 HLR 连接；收集付费和传输统计信息；SGSN 可以通过 Gs 接口向 MSC/VLR 发送定位信息，并可以经 Gs 接口接收来自 MSC/VLR 的寻呼请求。

(3) GGSN（Gateway GPRS Support Node）

GGSN 是 GPRS 网关支持节点，主要起网关作用，可以和多种不同的数据网络（如 ISDN、PSPDN 和 LAN 等）相连。GGSN 可以把 GSM 网中的 GPRS 分组数据包进行协议转换，从而把这些分组数据包传送到远端的 TCP/IP 或 X.25 网络。GGSN 的主要功能是：为来自外部网络到 SGSN 的分组数据设置路由；为来自移动台到正确的外部网络的分组数据设置路由；与外部 IP 网连接；收集付费和传输统计信息；自己或经 DHCP 服务器帮助分配动态或固定 IP 地址给移动台。

(4) DNS（Domain Name System）

DNS，即域名服务器，负责提供 GPRS 网络内部的 SGSN、GGSN 等节点域名的解析及 APN（Access Point Name，接入点名称）的解析。

(5) PDN（Packet switching Data Network）

PDN 为分组交换数据网络，用于提供分组数据业务的外部网络，如 IP、X.25/X.75 网等。MS 通过 GPRS 接入不同的 PDN 时，采用不同的分组数据协议地址，如接入 IP 网时采用 IP 地址，接入 X.25/X.75 网时采用 X.121 地址。

(6) HLR

在 HLR 中有 GPRS 用户数据和路由信息。从 SGSN 经 Gr 接口或从 GGSN 经 Gc 接口均可访问 HLR，对于漫游的 MS 来说，HLR 可能位于另一个不同的 PLMN 中，而不是当前的 PLMN 中。

(7) SMS-GMSC 和 SMS-IWMSC

SMS-GMSC 和 SMS-IWMSC 分别指短消息业务网关移动交换中心和短消息业务互通移动交换中心，它们以 Gd 接口连接到 SGSN 上，这样就能让 GPRS MS 通过无线信道收发短消息（SM）。

(8) MSC/VLR

当需要 GPRS 与其他 GSM 业务进行配合时，选用 Gs 接口，如利用 GPRS 实现电路交换业务的寻呼，GPRS 与 GSM 联合进行位置更新等。这时，MSC/VLR 除了存储 MS 的国际移动用户识别码（IMSI）外，还需同时存储附属在 GPRS 和 GSM 电路业务上的 MS 的 SGSN 编号。

(9) GPRS 移动台

TM（或称 GPRS MS）有 3 种运行模式，其操作模式的选定由 MS 所申请的服务决定。

(10) BG（Border Gateway）

边界网关，在 PLMN 内部为不同的 GPRS 用户连接提供一个直接 GPRS 通道。

(11) CG（Charging Gateway）

计费网关，GPRS 收费是由网络内部所有的 SGSN 和 GGSN 产生的数据。CG 把所有的数据信息收集在一起，然后送往计费中心。

（12）GPRS 接口

① Um：移动台与 BSS 之间的无线接口，负责连接移动台与 GPRS 网络的连接。物理层包括射频层和链路控制层。其中，射频层主要规定了载波特性、信道结构、调制方式及无线射频指标。链路控制层的主要功能包括时间提前量的确定、无线链路信号质量、小区选择及重选、功率控制等。

② Gb：BSS 和 SGSN 之间的接口，用于交换信令信息和用户数据，Gb 接口的信令和用户数据是在相同的物理信道上传送的，它的物理连接可以是点到点的专线或帧中继网络等，如专用分组网、专用 E1 PCM 链路、通过 DACS（时隙交换复用器）复用到 E1 PCM 链路。

③ Gn/Gp：是 SGSN 与 GGSN 间的接口，支持两者间信令和数据信息的传输。其中 Gp 是 SGSN 与其他 PLMN 的 GGSN 的接口。

④ Gf：SGSN 和 EIR 之间的接口，向 SGSN 提供设备信息。

⑤ Gr：SGSN 和 HLR 之间的接口，它把 HLR 中的用户信息送给 SGSN。

⑥ Ga：同一 PLMN 中分组域和 CG、DNS 之间的接口，传送数据和信令。

⑦ Gs：SGSN 和 MSC 之间的接口，SGSN 可以发送位置信息给 MSC 或从 MSC 接收寻呼请求。

4.3.2 路由协议

1. GPRS 协议结构

GPRS 协议结构如图 4.16 所示。其中，网络层主要是 IP/X.25 协议，这些协议对 BSS 是透明的，网络层将 N-PDU（网络层分组数据）传到 SNDC 层。

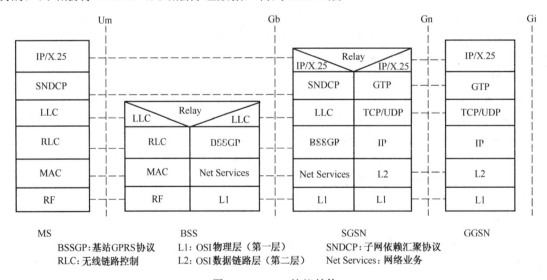

图 4.16 GPRS 协议结构

SNDC（Subnetwork Dependent Convergence，子网依赖结合层）：数据的分组、打包，确定 TCP/IP 地址和加密方式，将 N-PDU 处理成段送至 LLC 层。该层运作的协议为 SNDCP。

LLC（Logical Link Control）子层：基于 HDLC（High-level Data Link Control）将传来的信息加上 FH（帧头）和 FCS（帧校验序列）形成帧后送至 MAC 层。

RLC（Radio Link Control）子层：提供与无线传输相关的指示控制。

MAC（Medium Access Control）子层：定义和分配空中接口的 GPRS 逻辑信道，使得这些信道能被不同的移动台共享，将帧分段，加上 BH（块头）和 BCS（块校验序列），形成数据块送往物理层。

物理链路层：对数据块进行信道编码，形成无线块（Radio Block），加在物理信道（时隙）上调制后经 FR 发送。

2．GPRS 路由

（1）寻址和建立连接过程

GPRS 工作时是通过路由管理来进行寻址和建立数据连接的，以下介绍其路由管理。

① 移动台发送数据的路由建立。当移动台产生了一个 PDU（分组数据单元），这个 PDU 经过 SNDC 层处理，称为 SNDC 数据单元。然后经过 LLC 层处理为 LLC 帧，通过空中接口送到 GSM 网络中移动台所属的 SGSN。SGSN 把数据送到 GGSN。GGSN 把收到的消息进行解封装处理，转换为可在公用数据网中传送的格式（如 PSPDN 的 PDU），最终送给公用数据网的用户。

② 移动台接收数据路由的建立。一个公用数据网用户传送数据到移动台时，首先通过数据网的标准协议建立数据网和 GGSN 之间的路由。数据网用户发出的数据单元（如 PSPDN 中的 PDU），通过建立好的路由把数据单元 PDU 送给 GGSN。而 GGSN 再把 PDU 送给移动台所在的 SGSN 上，SGSN 把 PDU 封装成 SNDC 数据单元，再经过 LLC 层处理为 LLC 帧单元，最终通过空中接口送给移动台。

③ 移动台处于漫游时数据路由的建立。一个数据网用户传送数据给一个正在漫游的移动用户。这种情况下的数据传送必须要经过归属地的 GGSN，然后送到移动用户。

（2）分组数据传输过程

用户的分组数据被放到"容器"中，然后再在 GPRS 骨干网中传输。当一个来自外部网络的数据分组到达 GGSN 时，被放到一个"容器"中，然后送往 SGSN。这些"容器"在 GPRS 骨干网中是透明传输的。对于用户来说，就好像是用户通过一个路由器（GGSN）直接与外部网络相连。在数据通信中这种类型的数据流被称为"通道"。

在 GPRS 中执行通道的协议是 GTP（GPRS Tunnelling Protocol），即 GGSN 和 SGSN 之间传送的是 GTP 分组。

在 GPRS 骨干网中 IP 分组被用来传送 GTP 分组。这样 GTP 分组含有用户分组，或者说用户分组被嵌入到 GTP 分组，即在"容器"中传输，如图 4.17 所示。

GTP 分组头包括通道 ID，它将告诉接收网关用户类别。通道 ID 包括用户 IMSI。通道 ID 告诉 SGSN 和 GGSN 哪些分组位于"容器"中。从用户或者外部网络的角度来看，GTP 分组的传送可以使用任何一种技术，如 ATM、X.25 等，GPRS 骨干网所选择的技术是 IP。

图 4.17 GPRS 通道示意图

所有的网络成分（如网关）连接到 GPRS 骨干网上必须拥有一个 IP 地址。对于移动台和外部网络来说，这个 IP 地址是不可见的。这就是所谓的私人 IP 地址。

4.3.3 网络容量规划

GPRS 无线网络规划的一般流程如图 4.18 所示，规划过程可以分为覆盖规划和容量规划。其最终结果是输出满足语音和 GPRS 业务的 BTS 和 TRX（收发器）的数量。

GPRS 的无线容量规划一般都是先把数据业务折合成话务量（Erl）后，再计算 PDCH（分组数据信道）的数量，PDCH 由多种信道组合而成。IP 层的用户数据在经由 PDCH 无线信道传输之前需要分别由 SNDCP、LLC、RLC/MAC 封装打包，最终在 PDCH 信道上传输的实际每包数据量通常要大于 200B（字节）。GPRS 的无线容量规划过程如下。

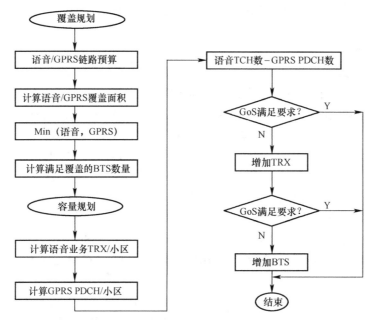

图 4.18　GPRS 网络规划的流程

① 假设包含开销在内的忙时每用户数据吞吐量为 200bit/s，忙时每用户数据信令流程的数据流量为 368B。由于信令与用户数据均需要在 PDCH 信道上传输，因此忙时平均每个用户所需 IP 吞吐量应为：200＋368×8/3600＝200.8bit/s。

② IP 层承载速率也随着编码速率的变化而变化。采用 CS1 和 CS2 编码速率，使用比例为 2∶8，则每个 PDCH 的平均 IP 层承载速率为：5.85×0.2＋8.31×0.8＝7.76kbit/s。

③ 预测 GPRS 用户数。假设 GPRS 用户占 GSM/GPRS 用户的 10%，则根据每个小区的容量（载频）配置可以折算出 GPRS 的用户数。具体方法是：先根据载频数计算出 TCH 信道数量；再根据语音业务的 GoS，查爱尔兰-B 表（参见表 14.1）得出语音业务的话务量；最后根据语音业务的每用户话务量，计算出用户数。

1 个 TRX 有 8 个信道，如果考虑半速率，就有 12 个信道可用。再结合爱尔兰-B 表，查找相应呼损下的话务量，假设呼损为 2%，查爱尔兰-B 表（参见表 14.1）得话务量为 6.615Erl，每用户平均忙时话务量为 0.025Erl，就可算出单载频它能够容纳的用户数量是 265 户，若 GPRS 占将近 40%，则 GPRS 的用户数为 100 户。另外，也可以通过公式 $A＝C×T_0$ 计算话务量，其中 C 表示每小时的平均呼叫次数，T_0 表示每次呼叫平均占用信道的时间。

GSM/GPRS 容量也可以用以下方法估算：载频数乘 8 后，减去 BCCH、SDCCH、EDGE（增强型数据速率 GSM 演进技术）、其他预留时隙数等，再乘以目标设备利用率，便可得到可用 TCH 时隙数量，再除以单用户忙时业务模型，便得到小区承载用户数量。

④ 每个小区 IP 吞吐量。假设某小区有 100 个 GPRS 用户，则该小区内忙时所有 GPRS 用户为

平均 IP 吞吐量＝GPRS 用户数×忙时平均每用户 IP 吞吐量
＝100×200＝20000bit/s＝20kbit/s

⑤ 每小区所需 PDCH 信道数量。

一个小区内所需 PDCH 信道数量＝小区 IP 吞吐量/每个 PDCH 的 IP 承载速率
$$=20/7.76=2.58$$

因此，有 100 个 GPRS 用户的小区，需要配置 3 个 PDCH 信道。这样，规划时就需要考虑语音业务信道转换成 PDCH 后，所剩余的 TCH 信道是否仍能满足语音业务的 GoS 要求。

⑥ TRX 的最大数目。规划的最终结果是输出满足语音和 GPRS 业务的 BTS 和 TRX 的数量。表 4.10 给出了 1～8 个小区载频（TRX 数）与 GPRS 用户的对应关系。

表 4.10　GPRS 用户估算

TRX 数	可用 TCH 信道数	语音业务话务量（Erl）GoS=2%	GSM 用户数 0.03Erl/用户	GPRS 用户数
1	7	2.9	96	9.6
2	14	8.2	273	27.3
3	22	14.85	495	49.5
4	30	21.9	730	73
5	38	29.15	971	97.1
6	46	36.5	1216	121.6
7	54	43.95	1465	146.5
8	62	51.5	1716	171.6

在 GSM 中，通常在全向 BTS 中，TRX 的最大数目为 10；而在定向 BTS 中，每个扇形小区的 TRX 最大数目为 4。对于一个已经运行的 GSM/GPRS 网络，可以根据一段时间内的最大附着用户数和平均附着用户数（SGSN 性能报表提供）来估算 GPRS 用户数量。

习　题　4

1. PLMN 区域都划分为哪几部分？简单说明各个区域管辖范围。
2. 简述 GSM 的系统组成及有关 GSM 系统的设备参数。
3. 移动通信网络都用到 No.7 信令的哪些应用部分？试画出一个系统框图，并标出在哪些地方用到 No.7 信令的哪些应用部分，同时要求标出 Um、A-bis、A 接口数据链路层用到的相关协议。
4. MSC 属于电路交换还是分组交换？简述不同 MSC 之间的切换处理过程。
5. 为什么说 GPRS 如果传送的是语音信号就走电路域、如果传送的是数据信号就走分组域？
6. 固定电话呼叫移动台的主要过程有哪些？
7. 简述 GPRS 网络规划流程。

第5章 传 输 网

传输网的目标是建成一个大容量、高生存能力、高灵活性、高传输质量、有智能功能、可集中管理的通信传输网络，它相对独立于各种业务网，是能满足各种业务和信号传输的统一平台，能够有效地支持现有各种业务网、支撑网和未来的综合网。未来的传输仍是以光纤通信为基本传输网，其他介质的传输网络也会有较大的发展。本章主要阐述 SDH、波分复用、数字微波等基于时分复用的有关技术及系统组成，而基于分组的传输网（PTN）则放在第 13 章单独介绍。

5.1 SDH

5.1.1 传输网基础

传输网的定义：以光或电为载体传送信息，实现信息的可靠发送、整合、收敛、转发等功能，由各种节点和物理电路组成的网络。传输网的高速、大容量、长距离是光纤通信系统的特征，基于光通信的传输网络也是当今传输网的主流。

1. PCM 帧结构

PCM 技术是根据香农定理，对模拟信号进行抽样、量化、编码，变换成 64kbit/s 的数字信号，再复接成 2048kbit/s 的基群信号，就形成了时分复用的 30/32 路 PCM 系统，如图 5.1 所示。

具体来讲，在通信中对语音的抽样频率为 8kHz，也就是说每隔 125μs 抽样一次，对每个话路来说，每次抽样值经过量化后可编成 8 位的 PCM 码组，这就是"时隙"。帧是指这样一组相邻的数字时隙，其中各数字时隙的位置可根据帧定位信号来识别。有时根据需要，由几个帧构成一个复帧，或者把一个帧分成几个子帧。一帧内主要包含以下内容。

① 帧定位信号及服务比特，帧定位信号即帧同步信号，是用来保证获得并保持帧同步的特征信号。服务比特是指保障设备正常工作并能提供各种方便的一些数字信号，如告警信号及其他指示或控制信号。

② 信息位是帧中传递的主要内容，占用一帧中的时隙数也最多。

③ 信令位。信令是指在通信网络中与接续的建立和控制以及网络管理有关的信息位。信令总是和话路配合使用的，在基群设备中占有规定的时隙。

从时间上讲，1 个复帧为 2ms；1 帧占 125μs；而一个时隙占 3.9μs。每时隙 8 位比特码，即每比特位占 488ns。

从码率上讲，抽样频率为 8000Hz，也就是每秒传送 8000 帧，每帧有 32×8=256bit，因此总码率为 256 比特/帧×8000 帧/秒=2048kbit/s。对于每个话路来说，每秒 8000 个时隙，每时隙 8bit，所以可得 8×8000=64kbit/s。

2. PDH

上述的 PCM 基群（或称一次群）显然不能满足要求，因此出现了 PCM 高次群系统。但在复接成二次群以上时却采用了正码速调整的异步复接，而且为了复接的方便，规定了各支路时钟之间允许的偏差标称值范围，即称为准同步数字系列（PDH，Presynchronous Digital Hierarchy）。

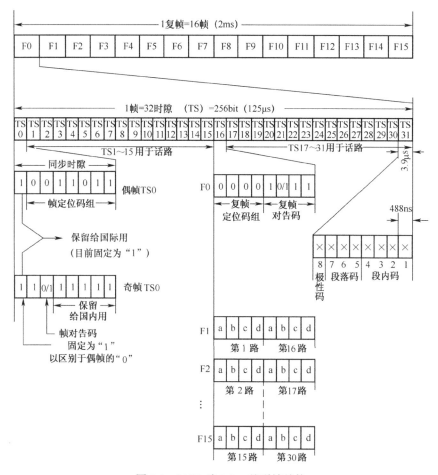

图 5.1 30/32 路 PCM 基群帧结构

ITU-T 推荐了两类准同步数字复接系列。北美和日本等国采用 24 路系统，即以 1.544Mbit/s 作为一次群（基群）的数字速率系列；欧洲和中国等国家采用 30/32 路系统，即以 2.048Mbit/s 作为一次群的数字速率系列。所以，形成了世界上的两大互不兼容的 PDH 体系。我国原邮电部也对 PCM 高次群做了规定，采用 A 率，并只规定了一次群至四次群，没有规定五次群。图 5.2 是各个高次群的速率，因我国采用 PDH 各次群的码速属欧洲体系，又称为 E 标准。由于 PDH 存在较多技术上的缺陷，现已逐步被 SDH 技术所取代。

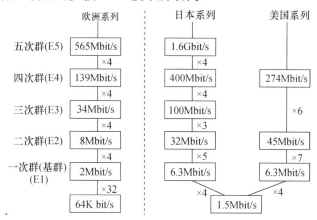

图 5.2 高次群的速率

在时分复用系统中，高次群是由若干个低次群通过数字复用设备汇总而成的。对于32路PCM系统来说，其基群的速率为2.048kbit/s。其二次群则由4个基群汇总而成，速率为8448kbit/s。对于速率更高、路数更多的三次群以上的系统，尚无统一的建议标准。

3. 光纤通信基本模型

图5.3所示为数字光纤通信基本模型（单向），包括两个光端机和若干个光中继器，以及由光纤构成的光缆线路。以下简要说明其各个组成部分的作用。

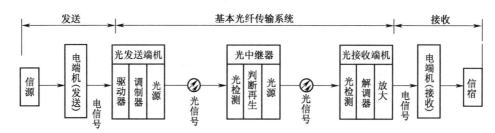

图5.3 数字光纤通信基本模型（单向）

光发送端机：是将电端机输入的电信号转换为光信号，并将光信号最大限度地注入耦合到光纤或光缆中传输，是完成电/光转换的光端机。它主要由光源、驱动器和调制器组成。

光接收端机：是将光纤或光缆传输来的光信号，经光检测器转变为电信号，然后再将电信号经放大到足够的电平，送入接收电端机，是完成光/电转换的光端机。它主要由光检测器、解调器和放大电路组成。

光纤或光缆：是传送光信号的传输介质。

光中继器：起补偿光衰减和矫正波形失真的作用。它主要由光检测器、判决再生和光源组成，兼有收/发光端机两种功能。光信号经过光缆长距离传输之后，光能量被衰减，波形也发生畸变。为保证通信质量，光中继器将收到的微弱光信号变换成电信号，经过判决再生处理器后，又驱动光源产生光信号，耦合到光缆线路中继器传输。

电端机：主要作用是将各低速的支路信号进行复接，从而达到提高传输效率的目的。

传输与传送：这两个概念通常都是混用的，也可以理解为传输是指点到点的物理链路可靠送达，而传送更强调端到端的组网。

5.1.2 SDH 帧结构

SDH是一种通信传输的国际标准，最突出的特点有两个方面：SDH传输系统在STM-1上统一了世界上原有的数字传输系列，实现了数字传输体制上的世界标准及多厂家设备的横向兼容；有国际通信的统一网络节点接口（NNI），从而简化了信号的互通以及信号的传输、交叉连接和交换过程。图5.4给出了PDH系列和SDH系列分插低速支路信号的过程。

SDH采用同步复接方式和灵活的复用映射结构，只需利用软件即可从高速率信号一次直接分插出低速率支路信号，这样既不影响其他的支路信号，又避免了需要对全部高速复用信号进行解复用的做法，省去了全套"背靠背"的复用设备，使上下电路的业务十分容易，并省去了大量的电接口。

SDH可对NNI进行统一的规范，使得SDH能实现横向兼容。SDH信号的基本模块是速率为155.420Mbit/s的同步传送模块（STM-1），更高速率等级的同步数字系列信号是STM-N（N=1、4、16、64），可通过简单地将STM-1信号进行字节间插入同步信号复接而成，简化了复接和分接过程，使SDH适合于高速大容量光纤通信系统，便于通信系统的扩容和升级换代。

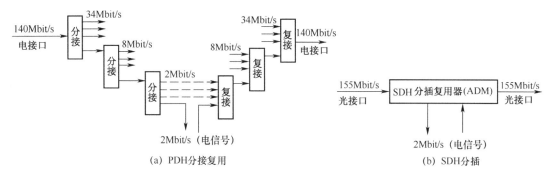

(a) PDH分接复用　　　　　　　　　(b) SDH分插

图 5.4　PDH 系列和 SDH 系列分插低速支路信号的过程

1. SDH 帧结构

SDH 的帧结构比较复杂，图 5.5 所示的是 STM-N 帧结构，由 270×N 列、9 行的字节组成，字节的传输顺序是从左到右、从上到下。图中 N 的取值范围是以 1 为基数、以 4 为等比的级数，如 1、4、16、64。但是，ITU-T 只对 STM-1、STM-4、STM-16、STM-64 做出了规定。SDH 的基础设备是同步传送模块（STM），下面列出了 N＝1、4、16、64 时的线路码速和通路容量。

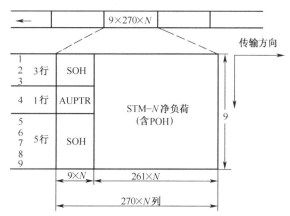

SOH：帧开销（Section Overhead）　　AUPTR：管理单元指针

图 5.5　STM-N 帧结构

第 1 级为 STM-1，线路码速为 155.420Mbit/s　　1920CH
第 2 级为 STM-4，线路码速为 622.080Mbit/s　　7680CH
第 3 级为 STM-16，线路码速为 2488.320Mbit/s　　30720CH
第 4 级为 STM-64，线路码速为 9953.280Mbit/s　　122880CH

例如 N＝1 时，为 STM-1，则帧长＝270×9=2430B，一帧的比特数＝2430×8=19440bit，一帧时间的长度为 125μs，即速率为 155.420Mbit/s。

SDH 结构中包括段开销（SOH）、管理单元指针（AUPTR）、STM-N 净负荷（Payload）等。

（1）STM-N 净负荷（Payload）区域

STM-N 净负荷区域是存放待传送信息码的地方，并包含 POH。POH 是用于通道性能监视、管理和控制的通道开销字节。

（2）段开销（SOH）区域

SDH 帧结构中安排了丰富的开销比特。这些开销比特包括段开销（SOH）和通道开销（POH），因而网络的运行、维护和管理（OAM）能力得到加强。SOH 主要提供网络运行、管理和维护使用的字节段，SOH 分为再生段开销（RSOH）和复用段开销（MSOH）两部分，其中

RSOH 在帧中位于 1~9×N 列、1~3 行；MSOH 在帧中位于 1~9×N 列、5~9 行。

（3）管理单元指针区域

管理单元指针（AUPTR）在帧结构中位于 1~9×N 列、4 行，用来指示信息净负荷的第一字节在帧内的准确位置。由于低速的支路信号在高速 SDH 帧中的位置是有规律的，接收端可根据指针的指示，找到信息净负荷第一字节的位置，并将其正确地分离出来。

5.1.3 复用技术

在 SDH 中采用了净负荷指针技术，比较圆满地结合了正比特塞入法和固定位置映射法的特点。低阶的 SDH 信号复用成高阶的 SDH 信号是通过字节间插入同步复用的方式来完成的，在时分复用的过程中，保持帧频不变（8000 帧/秒）。这就意味着高一级的 STM-N 信号是低一级的 STM-N 信号速率的 4 倍。SDH 网要求 SDH 的复用方式既能满足准同步复用（如将 PDH 信号复用进 STM-N），又能满足同步复用（如 STM-1 同步复用 STM-4）。

1. 复用结构

ITU-T 规定的复用结构示意图如图 5.6 所示。图中，VC 表示虚容器；C、C-12、C-3、C-4 表示容器；TU 表示支路单元；AU 表示管理单元；AUG 表示管理单元组；TUG 表示支路单元组。

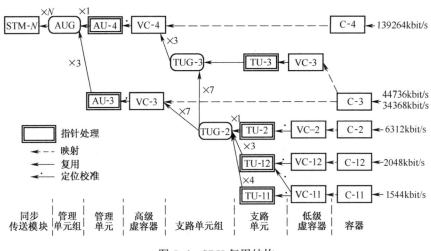

图 5.6 SDH 复用结构

（1）容器（C）

容器是一种信息结构，主要完成速率适配功能。容器是用来装载 PDH 信号的标准信息结构，主要作用是进行速率调整。让那些最常用的 PDH 信号能够装载进有限数量的标准容器中。ITU-T 建议 G.709 根据 PDH 速率系列规定了 C-11、C-12、C-2、C-3、C-4 五种标准容器，其中"-"后第 1 位数字代表 PDH 传输系列等级，第 2 位数字表示同一等级内较高和较低的速率。参与 SDH 复用的各种速率信号都应首先通过码速调整等适配技术装入一个标准容器。已装载的标准容器是虚容器的净负荷。

（2）虚容器（VC）

虚容器是支持 SDH 通道层连接的信息结构。VC 由信息净负荷（C 的输出）和通道开销（POH）组成。VC 的输出为 TU 或 AU 的信息净负荷。VC 是 SDH 中重要的一种信息结构。VC 的包封速率与 SDH 网络同步，因而不同 VC 的包封相互同步，而包封内部却允许装载各种不同容量的准同步支路信号。除了在 VC 的组合点和分解点（即 PDH/SDH 网边界处）外，VC 在 SDH 网中传输时总保持不变，因而可以作为一个独立实体在通道中任一点取出或插入，进行同步复用和交叉连接，十分方便和灵活。其中，VC-11、VC-12、VC-2 称为低阶虚容器；VC-3、VC-4 称为高阶虚容器。

（3）支路单元、支路单元组（TU、TUG）

支路单元提供低阶通道层和高阶通道层之间适配的信息结构。支路单元由一个相应的 VC 和一个相应的支路单元指针（TUPTR）组成。一个或多个在高阶 VC 净负荷中占有固定位置的 TU 组成支路单元组（TUG）。

（4）管理单元、管理单元组（AU、AUG）

AU 是为高阶通道层和复用段层提供适配功能的信息结构。AU 由一个相应的高阶 VC 和一个相应的管理单元指针（AUPTR）组成。一个或多个在 STM 帧中占有固定位置的 AU 组成管理单元组（AUG）。指针的作用就是定位，定位是将帧偏移信息收进支路单元或管理单元的过程。

2. 复用原理

在 SDH 网络的边界处，各种速率的信号（PDH 或 ATM 等）先分别经过码速调整装入相应的标准容器（C-n）。所谓装入容器，就是按容器的字节安排将 PDH 信号排列好。即经过速率适配，PDH 信号适配成标准容器信号时，就已经与 SDH 传输网同步；由标准容器出来的数字流间插入通道开销（POH）且形成虚容器（VC-n），这个过程称为"映射"，图中用虚线表示。复用单元的下标表示与此复用单元相应的信号级别。

低阶 VC 在高阶 VC 中的位置和高阶 VC 在 AU 中的位置，由支路单元指针（TU-n PTR）和附加在相应 AU 上的管理单元指针（AU-n PTR）描述，即以附加于 VC 上的指针指示低阶 VC 在净荷中的位置。通过定位使接收端能正确地从 STM-N 中拆离出相应的 VC，进而通过拆 VC、C 的包封分离出 PDH 低速信号，即实现从 STM-N 信号中直接下载低速支路信号的功能。

TU、AU 的主要功能就是进行指针调整。当发生相对的帧相位偏移时，指针值也随之调整，从而保证指针值准确指示 VC 帧起点位置，图中定位用校准线表示。在 TUG、AUG 的复用是按字节进行的同步复用。

SDH 信号的基本传送模块可以容纳现有的北美、日本和欧洲数字信号速率等级系列。包括 1.5Mbit/s、2Mbit/s、6.3Mbit/s、34Mbit/s、45Mbit/s 及 140Mbit/s 在内的 PDH 速率信号均可装入"虚容器"，然后经复接安排到 155.420Mbit/s 和 SDH STM-1 信号帧的净负荷内，使新的 SDH 能支持现有的 PDH，体现了 SDH 的后向兼容性。

3. 映射

各种速率的信号进入 SDH 帧都要经过映射（相当于信号打包）、定位（相当于指针调整）、复用（相当于字节间插复用）3 个步骤，下面通过 PCM 四次群（139.264Mbit/s）组成 STM-1 进行说明。

映射是使各支路信号与相应的虚容器（VC）容量同步，以便使 VC 成为可以独立进行传送、复用和交叉连接的实体。图 5.7 所示的是 139.264Mbit/s 支路信号异步映射结构。从图中可以看出，PDH 的 139.264Mbit/s 信号采用正码速调整异步装入 C-4，再在 C-4 的 9 行之前加上 VC-4 的通道开销（VC-4POH），就构成了 VC-4，完成了四次群向 VC-4 的映射，这就是一个映射过程。

VC-4 由（1 列×9 行）的 POH 和（260 列×9 行）的净负荷组成。其中，每 1 行分为 20 个字节块，每 1 字节块由 13 字节组成。而字节块的第 1 个字节都是由 W、Y、X、Z 字节组成的，如图 5.8 所示。W 字节表示 8 个信息比特码（I）；Y 字节表示 8 个固定塞入比特（R）；X 字节内含有 1 个调整控制比特（C 码），每一行有 5 个 X 字节，即每一行共有 5 个 C 码；Z 字节内含有 1 个调整机会比特（S 码），每一行只有 1 个 Z 字节，即每一行有 1 个 S 码。

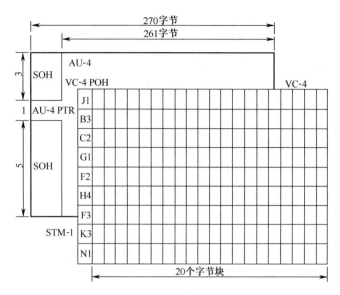

图 5.7　139.264Mbit/s 支路信号异步映射结构

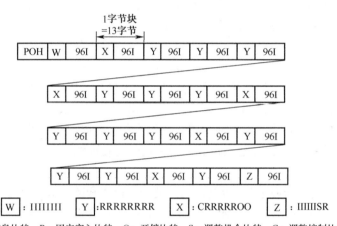

图 5.8　VC-4 的行结构

C 码用来控制 S 码,确定 S 码是信息比特 I 还是调整比特 R'。接收端对 R'不予理睬。在发送端,CCCCC=00000 时,S=I;CCCCC=11111 时,S=R'。在接收端,根据多数判决的原则,当全部或多数 C 为 0 时,判定 S=I;当全部或多数 C 为 1 时,判定 S=R'。一行中所含的信息比特数为:信息比特(I)=(96×20)+8+6=1934bit。

当 S 全为 I 和全为 R'时,就可算出 C-4 容器的信息速率 IC 的上、下限,即

$$IC=(1934+1)\times 9\times 8000=139320 \text{kbit/s}$$

$$IC=(1934+0)\times 9\times 8000=139248 \text{kbit/s}$$

四次群支路信号的速率范围是 139261～139266kbit/s,处于 C-4 能容纳的负荷速率范围之内,故可以装入 C-4。

5.1.4　SDH 组网

1. SDH 传输网结构

SDH 传输网的组成如图 5.9 所示。SDH 灵活的同步复用方式也使数字交叉连接(DXC)

功能的实现大为简化。

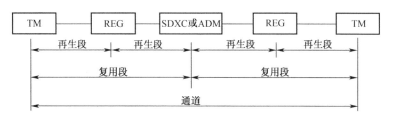

图 5.9　SDH 传输网示意图

SDH 的基本网络单元有同步光缆线路系统、同步复用器（SM）、终端复用器（TM）、数字交叉连接设备（DXC）、光中继器（REG）、分插复用器（ADM）和同步数字交叉连接设备（SDXC）等。虽然其功能各异，但都有统一的标准光接口，能够在基本光缆端上实现横向兼容，即允许不同厂家的设备在光路上互通。如图 5.10 所示为常用的 SDH 网络单元。

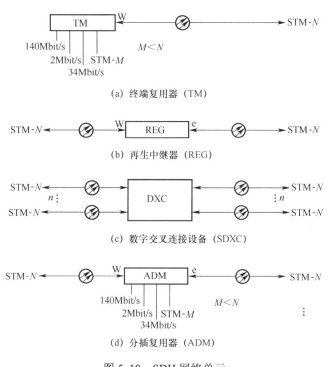

图 5.10　SDH 网络单元

① 终端复用器（TM）：如图 5.10（a）所示，是双端口器件，用于网络终端站。将低速支路信号复用进 STM-N 帧上的任意位置，或完成相反的变换。

② 再生中继器（REG）：如图 5.10（b）所示。REG 有两种：一种是纯光的再生中继器，主要进行光功率放大，以延长光传输距离；另一种是电再生中继器，属双端口器件，只有两个线路端口。它通过光/电转换、电信号抽样判决再生整形、电/光转换，以达到消除线路噪声积累的目的，保证线路上传送信号波形的完好。

③ SDH 数字交叉连接设备（DXC）：如图 5.10（c）所示，适用于 SDH 的 DXC，称为 SDXC。SDXC 是能在接口端间提供可控 VC 的透明连接和再连接的设备，其端口速率既可以是 SDH 速率，也可以是 PDH 速率。此外，它具有一定的控制、管理功能。SDXC 的输入/输出端口与传输系统相连。

DXC 的核心部分是交叉连接功能，参与交叉连接的速率一般等于接入速率。交叉连接速率与接入速率之间的转换需要由复用和解复用功能来完成。例如，将若干个 2Mbit/s 信号复用至 155Mbit/s 中或从 155Mbit/s、140Mbit/s 中解复用出 2Mbit/s 信号；分离本地交换业务和非本地交换业务，为非本地交换业务迅速提供可用路由数字交叉连接设备，是一种环间互连设备。

④ 分插复用器（ADM）：如图 5.10（d）所示，用于 SDH 传输网络的转接站点处，它是一个三端口的器件。ADM 有两个线路端口和一个支路端口。两个线路端口各接一侧的光缆（每侧收/发共两根光纤）。ADM 的作用是将低速支路信号交叉复用进两侧线路（即上电路），或从线路端口接收的线路信号中拆分出低速支路信号（即下电路）。

利用 ADM 还可以构成自愈环，提供有效的线路和通道保护。

2．SDH 传输网的保护措施

随着光纤传输容量的增大，传输网络的可靠性、可用性和对线路故障的应变能力至关重要。因此，在 SDH 传输网中采取了一系列保护机制，图 5.11 所示为链状网（或线状网）和环状网采用简单的主/被用方式（即 1+1）保护措施。

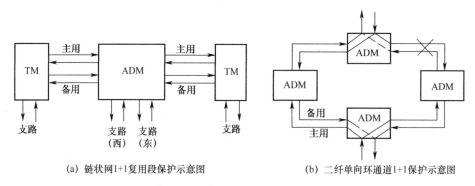

(a) 链状网 1+1 复用段保护示意图　　(b) 二纤单向环通道 1+1 保护示意图

图 5.11　1+1 保护网络

首先是 SDH 网络拓扑的选择应综合考虑网络的生存性，作为一般性原则，星型和环型适用于用户网，线型和环型适用于中继网，树型和网孔型及其二者的结合适用于长途网。其次是倒换环的选择，通道倒换环的业务量保护是以通道为基础的，复用段倒换环的业务量是以复用段为基础的。前者根据离开环个别通道的信号质量优劣决定是否倒换，后者根据每一对节点间的复用段信号质量的优劣来决定是否倒换。

SDH 环网保护又分几种类型。二纤单向通道保护环：发端桥接，收端倒换，如图 5.16（b）所示。二纤单向复用段保护环：一纤工作，一纤保护，需要保护倒换协议的支持。二纤双向复用段保护环：每根纤的工作时隙和保护时隙各占一半，不支持区间保护倒换。四纤双向复用段保护环：两根工作纤，两根保护纤，支持区间保护倒换，不会损失环上的业务，但保护协议的操作复杂，不倾向采用。

SDH 环型网络已经广泛应用在电信网络包括长途骨干网、本地网和城域网在内的各个部分，传输速率从 155Mbit/s、622Mbit/s、2.5Gbit/s 到 10Gbit/s，并正向 40Gbit/s 乃至更高速率发展。特别是 SDH 环网技术和 WDM 技术的结合，已经成为基础传输平台的主要技术。

3．SDH 框架结构

我国已建成能覆盖全国省会和大部分地市的所谓的"八纵八横"的吉比特级的 SDH 光缆传输干线，并对 DXC 节点和 SDH 设备的设置做了原则性的规定（参见图 5.12）。

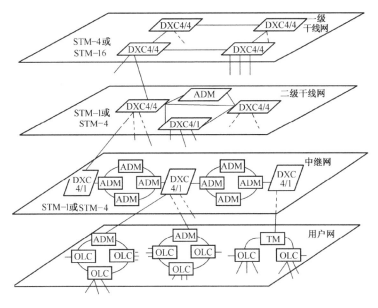

图 5.12 SDH 传输网的基本框架结构

5.2 WDM

在 WDM（Wavelength Division Multiplexing）平台上组网克服了再生段、复用段等距离因素的限制，组网灵活、接口丰富、应用方便。

5.2.1 WDM 结构

WDM 就是将多个波道的信号放到同一条光纤中进行传送，可根据波道间隔大小分为两类：波道间隔为 20nm，为稀疏波分，又称粗波分；波道间隔小于等于 0.8nm，为密集波分。

WDM 传输带宽和 SDH 相比，得到了成倍增加，现在的 WDM 不仅在城市主干道网使用（城域波分），还用在跨市、省的骨干网上（长途波分）。

波分复用系统由光发射机、光接收机、光中继放大器、光监控信道和网络管理系统 5 部分组成，总体系统结构如图 5.13 所示。它的具体工作方式是使各种类型的业务信号都按照预先分配的波道传输，中间还设置了光放站（OLA）、中继站，以及维护所需要的光监控（OSC）或电监控（ESC）。

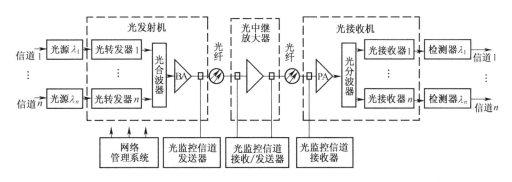

图 5.13 总体系统结构示意图

随着人们的需求和技术的进步，WDM波道数也由刚开始的16或32个，扩充到40、80、160个，目前已经突破200个波道，但还是受到了管理水平的限制。

1．光合波器和分波器

波分复用系统的核心部件是光合波器和分波器（也称光复用器和光解复用器），均为光学滤波器。光学滤波器的类型很多，按照其制造的方法可以分为3大类，即角色散器件、干涉滤波器和光纤耦合器。前两者属于轴向对准型；光纤耦合器属于横向对准型。其余类型往往是上述两种类型的结合。常用的器件有光栅型波分复用器、布拉格光栅滤波器、介质薄膜型波分复用器、集成光波导波分复用器等。

2．WDM系统的监控

现在实用的WDM系统都是WDM+EDFA，EDFA用作功率放大器或前置放大器时，传输系统自身的监控信道就可对它们进行监控。但对于线路放大的EDFA的监控管理，就必须采用单独的光信道来传输监控管理信息，有带外波长监控技术和带内波长监控技术。

3．光纤传输

为适应不同的光传输系统，人们开发了多种类型的光纤光缆，系统设计时要参考光缆的最大衰减系数和最小波长范围的对应关系。

在DWDM系统中，由于采用波分复用器件引入的插入损耗较大，减少了系统的可用光功率，需要使用光放大器来对光功率进行必要的补偿。由于光纤中传送光功率提高，光纤的非线性问题变得突出。另外，光纤的色散问题也是不可忽视的一个重要考虑因素。

下面介绍几种常见光纤。

G.652光纤：即常规光纤（SMF），如果使用色散调制技术（如DCF法），则可有效地抵消光纤的色散，实现超过千千米的长距离安全光传输。

G.653光纤：又称色散位移光纤（DSF），是最佳的应用于单波长远距离传输的光纤。

G.655光纤：又称非零色散位移光纤（NZDSF），它不太适合于WDM系统，而后来开发的G.653光纤更适合于WDM系统的应用。

大有效面积光纤：是为了适应大容量、长距离的密集波分复用系统应用的一种新型的大有效面积光纤，可以减轻色散的线性和高功率的非线性影响，提高入纤功率，增加波分复用数，代表着光纤发展的方向。

4．标称中心频率

为了保证不同WDM系统之间的横向兼容性，需要对各个通路的中心频率进行规范。所谓标准中心频率，指的是光波分复用系统中每个通路对应的中心波长。目前国际上规定的通路频率是基于参考频率为193.1THz、最小间隔为100GHz的频率间隔系列。对于频率间隔系列的选择，应满足以下要求。

① 至少应提供16个波长，因为当单通路比特速率为STM-16时，一根光纤上的16个通路就可以提供40Gbit/s的业务。

② 波长的数量不能太多，因为对这些波长进行监控将是一个庞杂而又难以应付的问题。波长数的最大值可以从经济和技术的角度予以限定。

③ 所有波长都应位于光放大器（OAF）增益曲线相对比较平坦的部分，使得OAF在整个波长范围内提供相对较均匀的增益，这将有助于系统设计。

④ 所有通路在这个范围内均应保持均匀间隔，而且应在频率而不是波长上保持均匀间隔，以便与现存的电磁频谱分配保持一致并允许使用按频率间隔规范的无源器件。

5.2.2 WDM 系统

1. 承载 SDH 用户层的 WDM 系统

承载 SDH 信号的 WDM 系统使用了光放大器,带光放大器的光缆系统在 SDH 再生段层以下又引入了光通道层、光复用段层和光传输段(光放大段)层,如图 5.14 所示。

光通道层:为各种业务信息提供光通道上端到端的透明传输。其主要功能有:为网络路由提供灵活的光通道层连接重排;具有确保通道层适配信息完整性的光通道开销处理能力;具有确保网络运营与管理功能得以实现的光通道层监测能力。

光复用段层:为多波长光信号提供联网功能,包括开销处理功能、光复用段监测功能等。

光传输段层:为光信号提供在各种类型的光纤(如 G.652、G.655 等)上传输的功能,包括对光传输段层中的光放大器、光纤色散等的监视与管理功能。

图 5.15 给出了承载 SDH 的长途 WDM 系统组成,分界点是逻辑功能的参考点,根据 WDM 线路系统中是否设置有掺铒光纤放大器(EDFA),可将 WDM 线路系统分成有线路放大器 WDM 系统和无线路放大器 WDM 系统。

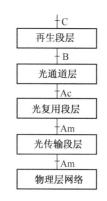

图 5.14 WDM 系统的分层结构示意图

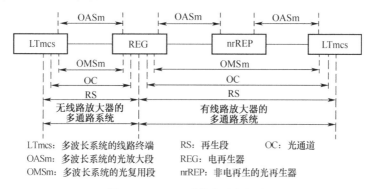

图 5.15 WDM 系统的功能组成

例如一个完整的 IP over WDM 系统,由光纤、激光器、EDFA、光耦合器、电再生中继器、转发器、光分插复用器、交叉连接器与交换机等器件和设备组成。非零色散偏移光纤(NZDSF)因其色度色散的非线性效应小,最适宜 WDM。高性能激光器是 WDM 系统中最贵的器件。EDFA 多数都是宽带的,能同时放大 WDM 的所有波长,因对平坦增益的要求很高,在经过 6 个光放大器之后就需要做一次电放大。光耦合器用来把各波长组合在一起和分解开来,起到复用和解复用的作用。在长途 WDM 系统中需要电再生中继器,再生分三级:R1、R2、R3。R1 再生是数据透明的,并对脉冲重新整形;R2 再生对脉冲重新整形,对时钟重新定位;R3 再生对数据分组重新形成格式。转发器用来变换来自路由器或其他设备的光信号,并产生要插入光耦合器的正确波长光信号。光分插复用器、光交叉连接设备在长途 WDM 系统中被广泛使用。光交换机可以使 ADM 和交叉连接设备做动态配置。WDM 的不足之处,主要表现在以下几个方面。

① OAM(操作维护管理)消息传递不畅:WDM 的初衷是为了解决带宽不够问题,但带宽提高后,管理要跟上是个难题,现在最大的问题就是信道多了,OSC(光监控信道)就感到有点力不从心,而 SDH 会对每条电路状态做到了如指掌。

② 调度不够灵活：WDM 在设计之初就有一个严重缺陷——比如一路信号要从郑州到西安，预先分配的是第 6 波道，中途是不能更改的，除非中间经过洛阳的光再生段，才可以有更换波道的机会，这种更换波道的代价是洛阳要布放专门光纤，而 SDH 会通过洛阳调度中心解决所有的问题。

③ 维护不完善，容易堵死：一旦发生某路段拥堵或事故，业务就容易出现中断，而 SDH 会通过迂回路由、灵活调度等手段得到有效解决。

ITU-T 根据问题所在，从以下几个方面进行改革：增加 OAM 开销；在交通枢纽节点增设调度，如波道间的光层调度和业务间的电层调度；依托调度枢纽，加上在道路上预留一部波道或电路，为所有业务提供完善的保护机制。

OTN（Optical Transport Network，光传输网）是在 WDM 基础上，融合了 SDH 的一些优点，如丰富的 OAM 开销、灵活的业务调度、完善的保护方式等。OTN 对业务的调度分为：光层调度和电层调度，光层调度可以理解为 WDM 的范畴；电层调度可以理解为 SDH 的范畴，所以简单来说：OTN=WDM+SDH。但 OTN 的电层调度工作方式与 SDH 还是有些区别的。

2. 两类 WDM 系统

WDM 系统可分为集成式 WDM 系统和开放式 WDM 系统两大类。

集成式 WDM 系统是指 SDH 中断必须具有满足 G.692 的光接口，包括标准的光波长和满足长距离传输的光源。这两项指标都是当前 SDH 系统（G.957 接口）不要求的，即需把标准的光波长和长色散受限距离的光源集成在 SDH 系统中。对于集成式 WDM 系统中的 TM、ADM 和 REG 设备，都应具有符合 WDM 系统要求的光接口（S_x），以满足传输系统的要求，整个系统构造没有增加多余设备，如图 5.16（a）所示。

开放式 WDM 系统是指发送端设备有光波长转发器（OTU），它的作用是在不改变光信号数据格式的情况下，把光波长按照一定的要求重新转换，以满足 WDM 系统的设计要求，如图 5.16（b）所示。

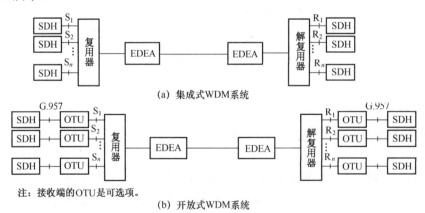

(a) 集成式WDM系统

(b) 开放式WDM系统

图 5.16 两类 WDM 系统示意图

OTU 对输入端的信号波长没有特殊要求，接纳过去的 SDH 系统，实现不同厂家 SDH 系统工作在一个 WDM 系统内。OTU 输出端满足 G.692 的光接口，即标准的光波长和满足长距离传输的光源。具有 OTU 的 WDM 系统不再要求 SDH 系统具有 G.692 接口，可继续使用符合 G.957 接口的 SDH 设备。OTU 可看作是 WDM 系统的网元，通过 WDM 的网元管理系统进行配置和管理。

5.3 其他传输系统

5.3.1 数字微波

数字微波是用微波作为载波传送数字信号，需将基带数字信号对载波进行调制，实现数字信号的频带传输。为了充分利用线路资源，通常在微波通信中采用频分复用的方式，即利用载波的方法在发信端把基带信号搬到各个不同的载频上形成载波来传输，到了收信端再将基带信号从载波上卸下来。微波是波长为 1～1mm 或频率为 300MHz～300GHz 的电磁波。ITU 对每个频段的应用都有严格的规定，表 5.1 是整个无线电波频率的划分。

表 5.1 无线电波频率划分表

频段名称		频率范围	波长范围
长波		30～300kHz	1000～10 000m
中波		300～3000kHz	100～1000m
短波		3～30MHz	10～100m
超短波		30～3300MHz	1～10m
微波	分米波	300～3000MHz	1～10dm
	厘米波	3～30GHz	1～10cm
	毫米波	30～300GHz	1～10mm

由于微波频率高，波长短，这就使得微波器件和电路具有它固有的特性。在微波波段，电磁波的传播是直线视距的传播方式。要进行远距离通信，必须采用中继通信方式，即每隔 50km 左右设置一个中继站，将前站的信号接收下来，经过放大，再向下一站传输下去。

微波是一种波长很短的无线电波，具有类似光波的传播特性即直线传播，绕射能力弱，会产生折射和反射现象。一条长度为几百千米甚至几千千米的微波通信系统，一般是由距离为 50km 左右的许多微波站连接起来组成的。

数字微波系统方框图如图 5.17 所示，包括发信设备、收信设备、微波天线设备、数字调制设备、数字解调设备、微波跟踪和位同步恢复电路、均衡、切换、勤务、接口及其他辅助电路。个别部分在图上未显示出来，有的部分在前面已介绍，下面只做部分说明。

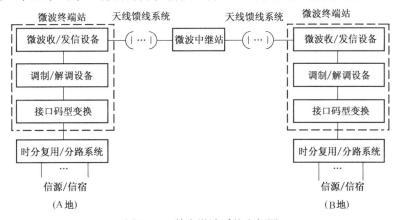

图 5.17 数字微波系统方框图

（1）接口码型变换

非标准接口码型的处理：为了提高微波设备的频谱利用率，常采用高次谐波分量小的脉冲波形作为基带数字码型，如 NRZ 码（不归零码）。例如，微波设备和时分复用/分路设备在同一机房时，可以使复用设备不进行码型变换，直接将不归零 PCM 信码脉冲及定时脉冲（占空比为 50%）送到微波系统。

对标准接口码型的处理：标准接口码型为 HDB3 或 CMI 码。因为调制器要求基本码型都是 NRZ 码，所以要将 HDB3 码或 CMI 码变为 NRZ 码。

（2）微波调制/解调

数字信号的调制与解调是数字微波通信中的关键技术，数字微波的发送端通过调制把基带信号变成微波频带信号，接收端通过解调把频带信号逆变换为基带信号。根据最佳接收理论，采用相干解调方式可以获得最好的性能。相干解调是利用与已调信号载波有固定相位关系的相干载波进行解调的。常用的调制方法有四相移相键控（QPSK）、正交幅度调制（QAM），以及差分移相键控（DPSK）等。

（3）微波站

微波站分为两大类，即终端站和中继站。终端站是可以分出和插入传输信号的站，因而站上配有多路复接及调制解调设备。中继站是既不分出也不插入传输信号，只起信号放大和转发作用的站。按转接方式的不同，又可分为中频转接站（不需配调制解调器）和再生中继转接站（需配调制解调器）两种。

5.3.2 卫星通信

卫星通信是利用地球卫星作为中继站转发微波信号，在两个或多个地球站之间进行通信。卫星轨道在赤道平面内，它的运行方向与地球自转方向相同，绕地球一周的时间与地球自转周期相等，所以相对于地球处于静止状态，以静止卫星作为中继站构成的通信系统称为（静止）卫星通信系统。

卫星通信系统如图 5.18 所示，通常是由通信卫星、地球站、跟踪遥测指令系统及监控管理系统 4 大部分组成。作为一条卫星通信线路，由发端地球站、上行传播路径、通信卫星转发器、下行传播路径和收端地球站组成。

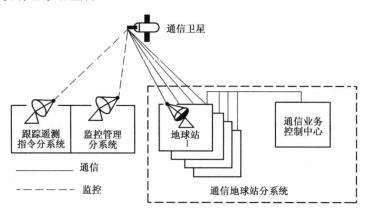

图 5.18 卫星通信系统

1. 系统的分类

① 天线分系统：卫星天线有两类。一类是遥测、遥控和信标天线，一般采用全向天线，以便可靠地接收地面指令和向地面发射遥测数据与信标，卫星接收到的信标信号送入姿态控制设备，以使卫星天线精确地指向地球上的覆盖区；另一类是通信天线，按天线发射电磁波波束覆

盖区的大小，可分为全球波束天线、点波束天线和区域波束天线。

② 通信分系统：卫星上的通信分系统又称转发器，起通信中继器的作用。它实际上是一部宽频带收发信机，对它的基本要求是以最小的附加噪声和失真、足够的功率，安全可靠地为地球站转发无线电信号。

③ 遥测与指令系统：其功能是了解卫星内设备的工作情况；对卫星的工作、位置和姿态进行控制。

④ 控制分系统：共有两种控制：一是姿态控制，二是位置控制。姿态控制主要是保证天线波束始终对准地球及使太阳能电池帆板对准太阳。位置控制可以消除天体引力产生的摄动的影响，使卫星与地球的相对位置保持固定。

⑤ 电源分系统：常用的电源有太阳能电池和化学能电池，主要使用太阳能电池。当卫星进入地球的阴影区时，称为星蚀，此时太阳能电池不能工作，须使用化学能电池。

2．地球站设备

地球站是卫星通信系统的主要组成部分，所有的用户终端将通过它们接入卫星通信线路。典型的地球站一般包括天馈设备、收/发信机、终端设备、天线跟踪设备以及电源设备等，如图5.19所示。

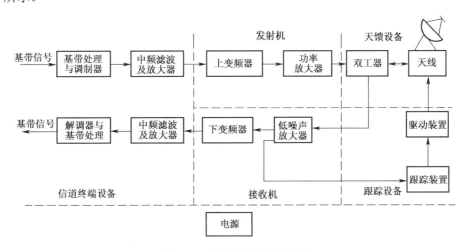

图 5.19　典型的地球站示意图

① 天馈设备。主要作用是将发射机送来的射频信号经天线向卫星方向辐射，同时它又接收卫星转发的信号并送往接收机。通常由于收、发信机共用一幅天线，为了使收、发信号隔离，还需要接入一只双工器。

② 发射机。主要作用是将已调制的中频信号经上变频器变换为射频信号，并放大到一定电平，经馈线送至天线向卫星发射。

③ 接收机。主要作用是接收来自卫星的有用信号，经下变频器变换为中频信号，送至解调器。由于接收到的信号极其微弱，接收机必须使用噪声温度很低的放大器。

④ 信道终端设备。主要作用是将用户终端送来的信息加以处理，形成基带信号；对中频进行调制；同时对接收的中频已调信号进行解调以及进行与发端相反的处理，输出基带信号送往用户终端。

⑤ 跟踪设备。主要用来校正地球站天线的方位和仰角，以便使天线对准卫星。

3．工作频段

卫星通信工作频段要考虑到以下因素：电波传播衰减；电离层里的自由电子和离子的吸收；

对流层中的氧、水汽和雨、雪、雾的吸收，散射和衰减；足够的可用带宽，以满足信息传输的要求；与地面微波通信、雷达等其他无线系统间的相互干扰要小。因此，卫星通信工作频段选在特高频或微波频段。目前，大多数卫星选择频段如下：

UHF 波段　　400/200GHz
L 波段　　　1.6/1.5GHz
C 波段　　　6/4GHz
X 波段　　　8/7GHz
Ku 波段　　 14/11GHz，14/12GHz
Ka 波段　　 30/20GHz

5.3.3 ASON

光网络从 PDH 到 SDH，又从 SDH 到 DWDM，最终实现从 DWDM 向全光网络的过渡。这样，一方面为通信网络提供了巨大的传输带宽，另一方面又极大地增加了网络节点的吞吐容量，使传输网得到了迅速发展和广泛应用。自动交换光网络（ASON，Automatically Switched Optical Network）是指在 ASON 信令网控制之下，完成光传输网内光网络自动交换功能的新型网络。ASON 支持以下 3 种连接类型。

① 交换连接（SC）：交换连接的创立过程由控制平面独立完成，先由源端用户发起呼叫请求，通过控制平面内信令实体间的信令交互建立连接，是一种全新的动态连接类型。

② 永久连接（PC）：是在没有控制平面参与的前提下，由管理平面指配的连接类型，沿袭了传统光网络的连接建立形式，管理平面根据连接要求以及网络资源利用情况预先计算确定连接路径，然后沿着连接路径通过网络管理接口（NMI-T）向网元发送交叉连接命令，进行统一指配，完成 PC 的创建、调整、释放等操作过程。

③ 软永久连接（SPC）：由管理平面和控制平面共同完成，是一种分段的混合连接方式。软永久连接中用户到网络的部分由管理平面直接配置，而网络到网络部分的连接由控制平面完成。

通过这 3 种连接类型，可以支持 ASON 与现存光网络的"无缝"连接，也有利于现有传输网络向 ASON 的过渡和演变。目前关于对 ASON 组网方案较多，以下简单介绍几种。

（1）ASON+DWDM 组网

由于 ASON 节点有足够的带宽容量和灵活的调度能力，DWDM 系统有大容量的传输能力，这样 ASON+DWDM（密集波分复用）就完全可以组成一个功能强大的网络。如用在骨干网中，ASON 节点不仅可以完成 SDH 设备具有的全部功能，还能提供更大的节点宽带容量、灵活和快捷的调度能力，并能缓解网络节点瓶颈问题。这种组网方式建网快、成本低，运营费用也低。

（2）ASON+SDH 混合组网

按照地理位置和运营商的策略等，ASON 可以分成不同的路由域（RA，Routing Area），ASON 和传统的 SDH 混合组网。因为 ASON 可以通过基于 G.803 规范的 SDH 传输网实现，也可以通过基于 G.872 的光传输网实现，所以 ASON 可以与现有的网络组成混合网。组网过程中，先将所有的 SDH 网络形成一个个 ASON 小岛，然后逐步形成整个的 ASON。

（3）ASON+MPLS/IP 混合组网

ASON 的混合组网如图 5.20 所示，其中，MPLS 表示多协议标记交换。ASON 的主要目标为提高网络的智能化水平，提升网络的灵活调度能力，增强网络的安全可靠性，降低维护管理运营费用，尽量避免传输资源闲置，提供不同服务质量级别的区分业务，便于引入新的业务类型，促进传统传输网向业务网方向的演进。

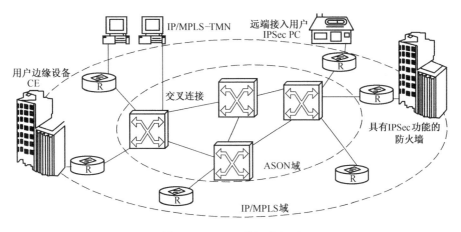

图 5.20 ASON 的混合组网

习 题 5

1. 传输系统的 PDH 系列和 SDH 系列有何特点和不同？
2. 简述 SDH 复用结构。SDH 通常由哪些网络单元组成？并说明各个网络单元的功能。
3. 何为再生段？何为复用段？
4. 用 TM、SDXC、ADM 组成一个环型传输网。
5. 何为 WDM、微波通信、卫星通信？

第6章 接入网

目前的通信网,业务接入节点(LE)以上的交换和传输设备都已基本实现了数字化、宽带化,而被称为"信息高速公路最后一公里"的接入网,也在通过 EPON/GPON 等技术,快速走向光纤到户(FTTH)。本章主要介绍接入网技术及无源光网络。

6.1 接入网技术

在通信网中,从用户终端到交换机端口之间的网络称为 AN(Access Network,接入网),而接入网又分成有线和无线接入网两大类。现有的接入网有:用光纤为介质的光纤接入网,如 FTTB、FTTC、FTTH 等;用铜线为介质的铜缆接入网,如 ADSL、HDSL、VDSL 等;用光纤和同轴电缆介质的混合接入网,如 HFC、CATV 等;利用双绞线为介质的以太接入网,如五类线连接的 LAN 等;利用光纤、铜线或无线接入的电话接入网,如远端模块、远端用户单元等。

6.1.1 光纤接入

光接入技术可以简单地划分为光有线接入技术和光无线接入技术;在光有线接入技术中又可划分为无源光接入技术和有源光接入技术。随着光技术的进步和网络的演进,光接入点逐渐向用户侧延伸,众多点到点链路逐渐衔接起来,形成接入网络,"光进铜退",光接入网络如何建设和发展已经成为人们研究的焦点。

光无线接入(Optical Wireless)技术是近几年发展起来的边缘技术,具有光通信技术和无线通信技术的双重特征,是对光有线接入方式的重要补充。运营商可以在光纤不能到达或难以到达、微波干扰严重以及在临时或应急通信的环境下考虑选择光无线接入系统。

光纤类型分为单模光纤、多模光纤和塑料光纤 3 类。单模光纤的损耗低、带宽宽、制造简单、价格低廉,在公用电信网(包括接入网)中已成为主导光纤类型。新铺设的光纤几乎全部采用单模光纤,已不再考虑多模光纤。

图 6.1 所示为光纤接入网。由于光纤上传输的是光信号,而在局端发出的是电信号,在用户端接收的往往也是电信号,因此在局端必须将电信号变成光信号,在用户端要将光信号变成电信号。这种在用户端的光/电转换设备称为光网络单元(ONU)。

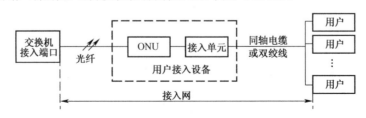

图 6.1 光纤接入网

根据 ONU 所设位置,光纤接入网有光纤到路边(FTTC)、光纤到大楼(FTTB)以及光纤到户(FTTH)等几种形式。采用 FTTC 时,ONU 设在路边,FTTB 则将 ONU 设在大楼内的配线箱处,这两者的结构没有多大区别。

光纤接入网（OAN，Optical Access Network）包括 4 种基本功能块：光线路终端（OLT），用于提供骨干网与配线网之间的接口；光配线网（ODN），位于 ONU 和 OLT 之间，用于光信号的功率分配；光网络单元（ONU），以及适配功能块，为 ONU 和用户设备提供适配功能。根据光纤接入网是否含有电源，可分为有源光网络（AON）和无源光网络（PON）两大类。

有源光接入技术主要包括光纤用户环路和 PDH/SDH 等，其中具有代表性的是 SDH 技术以及后来衍生出来的多业务传送平台（MSTP）技术等。图 6.2 所示为常用的有源双星（ADS）型结构。

无源光网络在以太网中已经广泛地应用于用户侧网络之中，可直接将以太帧封装到物理层。PON 光纤接入网结构如图 6.3 所示，目前运营商正在推出 EPON（以太网无源光网络）和 GPON（吉比特无源光网络），下节要单独介绍。

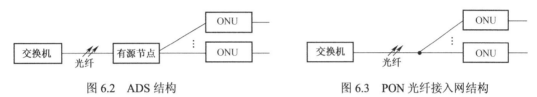

图 6.2 ADS 结构　　　　　　　　图 6.3 PON 光纤接入网结构

在 PON 上，若能采用 ATM 技术进行信号传输、复用，即所谓的 APON 方式，由于 OLT 是共用的，加上采用 ATM 后带宽是共享的，因此成本较低。APON 系统的核心是在 PON 上采用 TDM/TDMA 方式传输 ATM 信元，即每个时隙中放入 1 个 ATM 信元。

IP over SDH，IP over DWDM，IP over MSTP，IP over PTN 等接入技术，或以 DDN、SDH 或 ATM 专线方式，直接将用户侧网络设备连接到运营商通信网络中。此外，还有其他的接入技术：分组数据接入；ISDN 基本速率接入（BRA）；ISDN 基群速率接入（PRA）；单向广播式业务（如 CATV）；双向交互式业务（如 VOD）等。

6.1.2 铜缆接入

铜缆接入也称为 xDSL 接入，这是充分利用埋在地下的铜线资源实现宽带接入。图 6.4 所示的是 xDSL 接入结构。xDSL 中的 x 是一种泛指的数字用户线（DSL）技术，其中 x 可以是 A（即 ADSL）或 H（即 HDSL）或 V（即 VDSL）等。

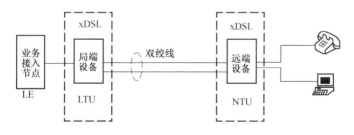

图 6.4 xDSL 接入结构

1. ADSL

ADSL（不对称数字用户线）是一种利用电话铜线的高速不对称用户环路传输技术。由于上行和下行的传输码率不相等，即所谓的不对称，避免了用户侧的近端干扰问题，从而得以提高了传输码率，延长了传输距离。ADSL 下行可支持 1.5～6Mbit/s 的传输速率，上行速率为 64～384kbit/s，与此同时可进行电话通信，目前在 0.5mm 线径上可将 6Mbit/s 的传输速率信号传送 3.6km。

ADSL 在铜质电缆的普通电话用户线上传送电话业务的同时，可向用户提供单向宽带（6Mbit/s）业务和交互式低速数据业务，可传送一套 HDTV 质量的 MPEG-2 信号，或 4 套录像机（VCR）质量的 MPEG-1 信号，或 2 套体育节目质量的实时电视信号，能满足普通住宅用户近期内对视像通信业务的需求。为了简化 ADSL 技术，使其码率降为 1.5Mbit/s，采用一种 G.lite 的技术，这时不用装电话分路器，用户可即插即用，因而成本下降，用户安装方便。

2. VDSL

VDSL（甚高速数字用户线）是在 ADSL 的基础上发展起来的，可在 300m 以下传送比 ADSL 更高的速率，其最大的下行速率为 51～55Mbit/s；当传输速率降为 13Mbit/s 以下时，传输距离可达 1500m；上行速率为 1.6Mbit/s 以上。VDSL 系统的上行和下行频谱是利用频分复用技术分开的。线路码可采用 DMT、CAP（无载波幅度相位调制）和 DWMT（离散小波多音调制）3 种编码方式。其下行速率有 52Mbit/s、26Mbit/s、13Mbit/s 三挡；上行也有三挡：19.2Mbit/s、2.3Mbit/s、1.6Mbit/s。VDSL 是一种传输距离很短的宽带接入技术，当 ONU 离终端用户很近时，可与 FTTC、FTTB 等结合使用。

3. 以太网接入

传统的以太网并不是接入网，它只是局域网的一种形式，只是一个企业或一个单位内的网络，它不是公用的接入网。而目前局域网正在进入宽带接入，出现了许多高速局域网，包括 LAN SWITCH（交换式局域网）、高速以太网 ATM 局域网等。在 IEEE 802.3 的基础上，经改进开发出一项高速局域网技术，即 IEEE 802.12，它与 IEEE 802.3 的主要区别在于：不采用传统的 CSMA/CD 技术，而采用需求优先权轮询的介质访问方式，网络延时明显减少，带宽利用率大幅提高。

吉比特以太网是 10Mbit/s（10Base-T）以太网和 100Mbit/s（100Base-T）快速以太网的延伸，它和已经大量安装的以太网、快速以太网是完全兼容的，但速度比快速以太网快了 10 倍。

五类线的接入模式是一种简单的局域网的组网方式。由于其每 100m 就要接续，因此必须在每个楼栋单元甚至每个楼层设置交换机节点，网络节点多，造成系统的维护成本较高。

6.1.3 混合接入网

HFC（Hybrid Fiber Coaxial）网是指光纤同轴电缆混合网，采用光纤到服务区，而在进入用户的"最后 1 公里"采用同轴电缆。最常见的也就是有线电视网络，HFC 系统结构如图 6.5 所示。混合网简单归纳为以下几种。

（1）窄带无源光网络（PON）+HFC 混合接入

这种混合接入方案的特点是充分利用 PON 双向多点的传输优势，HFC 的单向分配型多点传输优势，实现优势互补。系统的基本结构是两套独立的基础设施，但可以通过 HFC 的光节点给 PON 的 ONU 供电。由于是两套独立的基础设施，系统的建设比较灵活。

（2）数字环路载波（DLC）+单向 HFC 混合接入

由于 DLC 在传输电话业务方面比 PON 要经济，尤其是采用标准中继接口和 V5 接口的 DLC 系统，其费用有望更低。但 DLC 系统的多点传输能力和业务的透明性不如 PON 系统，不是长期发展方向。

（3）有线+无线混合接入

有线与无线的混合接入也是一种优势互补的接入方案，其典型应用有 3 种：用无线代替有线的引入线部分，其他均为有线；用无线代替有线的配线和引入线部分，公共馈线仍为有线；用无线代替整个有线接入网，直接与本地交换机相连。

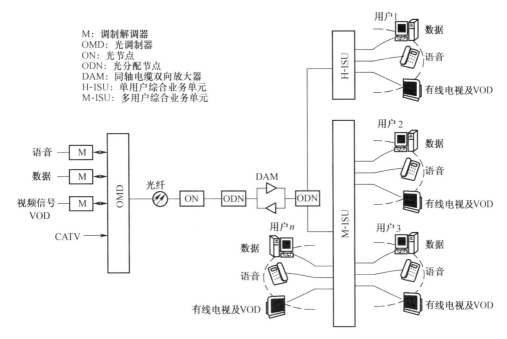

图 6.5 HFC 的系统结构示意图

6.1.4 电话接入网

电话接入网简称接入网（AN，Access Network），是由业务节点接口（SNI）和相关用户—网络接口（UNI）之间的一系列传送实体（如线路设施和传输设施）所组成的。

接入网所覆盖的范围由 3 个接口定界，如图 6.6 所示。接入网有 3 种主要接口，即用户—网络接口（UNI）、业务节点接口（SNI）和 Q_3 管理接口。其中，就 SNI 而言，对于不同的用户业务，要提供相对应的 SNI，以保证交换机提供的业务与用户所需的业务能完全透明地实现互通。交换机的用户接口有模拟接口（Z 接口）和数字接口（V 接口）之分。V 接口经历了 V1~V5 的发展，用户终端设备通过 UNI 连至接入网，接入网又经 SNI 连至业务节点（SN）上，并通过 Q_3 接口连至电信管理网（TMN），使接入网能纳入到 TMN 的统一管理中来。

在接入网中，最多用到的是 V5 接口。V5 接口作为一种标准化的、完全开放的接口，是接入网（AN）与本地交换机之间的数字接口。V5 接口又分为 V5.1 和 V5.2 接口，可以通过 V5.1 或 V5.2 接口来实现以支持不同的接入类型或提供不同承载通路的处理能力。其中 V5.1 是单个的 2048kbit/s 接口，它所对应的 AN 不含集线功能；V5.2 是多个 2048kbit/s 接口链路，最多可提供 16 个接口链路，并具有集线功能。V5.1/V5.2 的功能要求如图 6.7 所示。

6.1.5 无线接入

事实上移动通信的基站部分就属于无线接入，这部分内容都在移动网中介绍，而这里讲的无线接入网，主要是指固定无线接入网。所谓固定无线接入网，是指从业务节点到用户终端部分采用或全部采用无线传输方式的接入网。固定无线接入是无线技术的固定应用，其工作频段可以为 450MHz、700/900MHz、1.5GHz、1.7/1.9GHz、3GHz 等，基于点对多点微波技术的固定无线接入系统的配置如图 6.8 所示。

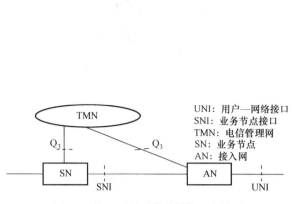

图 6.6 接入网所覆盖范围的 3 个界面　　　图 6.7 V5.1/V5.2 的功能要求

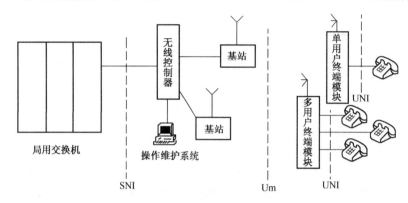

图 6.8 固定无线接入系统的配置

固定无线接入系统主要包括以下几种。

（1）业务节点接口（SNI）

业务节点接口即为固定无线接入系统与本地交换机之间的接口，可以是 V5 接口。

（2）用户—网络接口（UNI）

UNI 为固定无线接入与标准用户终端的接口，可采用 Z 接口接入固定无线接入系统。

（3）固定无线接入与电信管理网（TMN）的接口

固定无线接入应通过标准管理接口 Q_3 与 TMN 相连，以统一协调不同网元管理，将操作维护系统统一纳入 TMN。

（4）控制器与基站之间的接口

物理上可用光纤、同轴电缆、双绞线、微波等传输设备。不同的产品，将采用不同的信令协议。

（5）基站与用户终接设备的无线接口（Um）

此接口随无线技术的不同而不同，可大致分为蜂窝技术的固定使用、无绳技术的固定使用以及专用技术。

6.1.6　综合接入

综合接入网的特点包括：充分结合当前电信网的现实情况，适应"IP、宽带、融合"的发展趋势。小区智能化管理的各种系统都可以便利地叠加在 FTTH 数字化社区网络平台上，包括小区安全监控系统、电子商务系统、周界报警系统、电子巡更系统、可视对讲系统、家庭监控和自动控制系统、三表计费系统、小区 IC 卡系统、门禁系统和车辆管理系统等。综合小区智能化系统如图 6.9 所示，在此基础上开展基于 FTTH 网络的各类增值业务，如数字电视、视频点播（VOD）、IPTV、视频会议、3D 互动网络游戏、远程教育、远程医疗、家庭远程监控等流媒体业务，广开社区服务与就业新渠道，以社区信息化拉动社区服务产业化，带动社区经济发展。

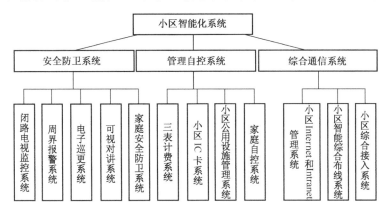

图 6.9　综合小区智能化系统

图 6.10 是一个小区接入系统网络实例，整个 FTTH 宽带接入网由 MSC、光分路器、MST 等 3 大部分组成，它们之间由光纤连接。MSC 为多业务集中控制单元，主要负责带宽控制，并将数据及视频广播信号变为光信号以后进行分发，支持虚拟局域网（VLAN）的划分；光分路器根据网络需要，实现 1∶8、1∶16、1∶32、1∶64 等光分路；MST 为多业务用户单元，在用户家中完成光电信号转换，为用户提供高速数据、旁路语音和视频服务。

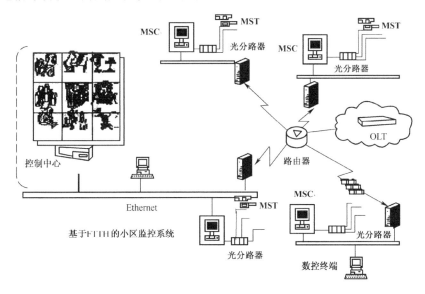

图 6.10　小区接入系统网络

在 MST 的功能配置上，将保证每户有独立的 4 个网口（每个网口速率 100Mbit/s）、独立的 2 个电话接口以及 1 个有线电视口。每个网口、电话口和电视口均能单独控制。

随着数字电视、视频点播（VOD）、IPTV 等流媒体业务的进一步开发和推广，用户更加倾向于更高和更稳定可靠的上网速度，因此必须用新的接入网技术，逐步替代原有的铜缆等接入方式。表 6.1 是 FTTH 与传统网络接入方式的比较。

表 6.1　FTTH 与传统网络接入方式的比较

项目	HFC	ADSL	以太网	FTTH 全光网络
传输载体	光纤+同轴电缆	普通电话线	五类网线	光纤
传输距离	不限	3km	100m	不限
最高速率	100Mbit/s	非对称 8Mbit/s	100Mbit/s	1000Mbit/s 以上
IP 视频流	差	差	较好	好
互动电视	优秀	差	一般	较好
高速上网	较好	一般	一般	好
高清晰电视	较好	最差	差	较好
长距离衰减	一般	差	最差	好

6.2　无源光网络

EPON（Ethernet Passive Optical Network，以太网无源光网络）采用点到多点结构、无源光纤传输，在以太网之上提供多种业务。它在物理层采用了 PON 技术，在链路层使用以太网协议，利用 PON 的拓扑结构实现了以太网的接入。

GPON（Gigabit-capable Passive Optical Networks，吉比特无源光网络）和 EPON 相比，有更远的传输距离，接入层的覆盖半径在 20km 以上；更高的带宽，对每用户在物理层下行速率 2.5Gbit/s、上行速率 1.25Gbit/s；分光特性：局端单根光纤经分光后引出多路到户光纤，节省光纤资源。

以下主要通过 EPON 的工作原理，介绍无源光网络结构以及关键技术。

6.2.1　网络结构

1．EPON 网络结构模型

EPON 分层模型由物理层（PHY）、吉比特介质无关接口（GMII）和数据链路层（Data Link）构成，EPON 网络分层结构如图 6.11 所示。

在吉比特以太网中，MAC 控制子层主要用于流量控制；而在 EPON 中，MAC 控制子层具有多种功能。通过新增加的 MPCP（Multiple Point Control Protocol，多点控制协议），主要实现多个 ONU 的接入控制，完成点对多点（PTMP，Point-To-MultiPoint）的通信过程。通过 MAC 控制帧完成对 ONU 的初始化、测距以及带宽分配等功能。

点到多点仿真子层（PTPE），主要用于仿真 OLT（Optical Line Terminal，光线路终端）到各 ONU 为虚拟的点到点连接，以便 EPON 能兼容流量控制、链路集成和桥接等。

定时和时隙控制子层（TCS），完成 EPON 系统的定时和同步，实现 OLT 与 ONU 之间的同步，确定时隙的开始和结束，使激光器能在正确时间开启和关闭。

EPON 其他各层的功能与 GPON 对应层的功能基本相同。

2．EPON 的网络总体结构与拓扑结构

EPON 的网络总体结构如图 6.12 所示。EPON 位于业务网络接口（SNI）到用户—网络接口（UNI）之间，主要分成 3 部分：一个 OLT、多个 ONU 和 ODN（Optical Distribution Network，光分配网络）。其中 OLT 设备位于中心局端（CO，Center Office），充当交换机和路由器的角色。

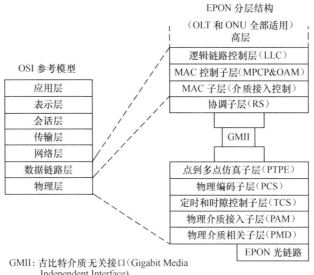

图 6.11 EPON 网络结构参考模型

ONU 设备位于用户端,用于暂时存储用户端传来的上行数据或者 OLT 传来的下行数据,并在适当的时候进行数据转发。ODN 由光纤和光分路器/合路器(Splitter/Combiner)等无源器件组成。用户经过 EPON,通过 OLT 所连接的不同 SNI 节点,可以接入 Internet、PSTN 等网络,能够为用户提供多种不同的网络服务。

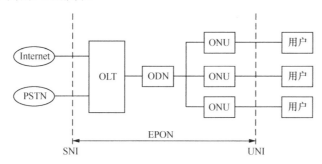

图 6.12 EPON 的网络总体结构

EPON 的拓扑结构如图 6.13 所示。包括基于 PON 的树型(tree PON)、星型(star PON)、环型(ring PON)和总线型(bus PON)。星型拓扑物理上和树型类似,且具有总线型的逻辑特点。搭建一个无源的环型网络很困难,因为仅仅依靠无源器件,几乎不可能剔除已经循环过一周的"过期"信号。

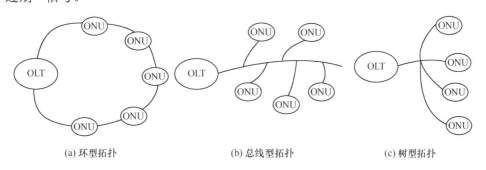

图 6.13 EPON 的网络拓扑结构

3. EPON 组网

（1）EPON 与 10G EPON 组网

EPON 与 10G EPON（即 GPON，带宽达 10Gbit/s）基于相同的标准体系，使用统一的运维模式和管理机制，用户可以根据带宽需求灵活选择 EPON、GPON 等，实现按需平滑升级。如图 6.14 所示，10G EPON 组网方式与原有的 EPON 组网方式完全相同，运营商不需要对网络进行任何更改，只需要在 OLT 上安装 10G EPON 的用户板即可。针对用户端，只要安装具有 10G EPON 的 ONU 即可，不需要改动原有的 EPON ONU，实现了 FTTB（光纤到楼）、FTTO（光纤到办公室）。

EPON 全面继承了以太网简练适用的技术特性，10G EPON 带宽比 1G EPON 提升 10 倍，支持 1∶256 分光比，能满足 FTTB 向 FTTH（光纤到户）的平滑演进需求，以及 70km 以上的超长距离覆盖。

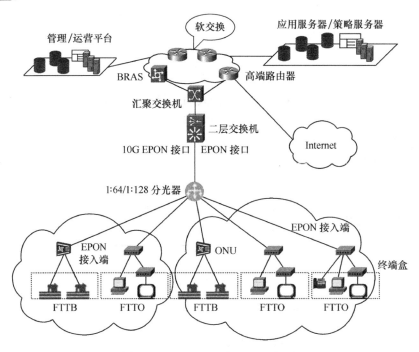

图 6.14　10G EPON 与 EPON 组网

（2）GPON 组网

GPON 网络结构如图 6.15 所示，主要部件 OLT/ONU 的特点如下。

① OLT：OLT 一方面将承载各种业务的信号在局端进行汇聚，按照一定的信号格式送入接入网络，以便向终端用户传输；另一方面，将来自各个终端用户的信号按照业务类型，分别送入各种业务网中。OLT 功能分为以下 3 个部分。

核心部分：包括汇聚分发、业务处理和 ODN 适配功能；

业务部分：提供业务接口功能，包括接口适配、接口保护等，以及在需要时具有特定业务的信令处理和介质传输制式的转换功能；

公共部分：包括供电与 OAM 功能。

OLT 处于网络接入层：

支持 P2P（Point-to-Point，点到点）和 P2MP（Point-to-MultiPoint，点到多点）；

支持 FTTH 和 FTTB/FTTC、OLT＋ONT、OLT＋MDU；

OLT＋Mini DLSAM（Digital Subscriber Line Access Multiplexer，数字用户线路接入复用器）。Mini DLSAM 是迷你数字用户线路接入复用器。

② ONU：ONU 处于网络接入层的尾端，主要应用于 FTTH/FTTB/FTTC，即：
ONU＋SFU（Single Family Unit，单家庭单元）；
ONU＋MDU/SBU（Multi Dwelling Unit/Single Business Unit，多住户单元/单业务单元）；
ONU＋Mini DLSAM。

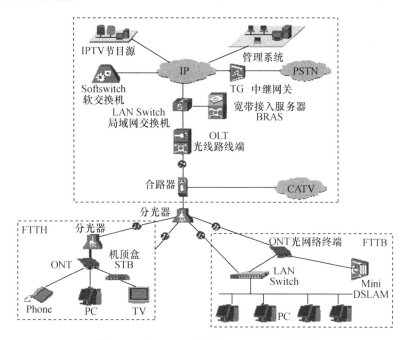

图 6.15　在 GPON 组网中 OLT/ONU 的位置

GPON 在 FTTB 业务中的应用如图 6.16 所示。业务承载方式：单 Gem port（通用封装端口）多业务，使用最多的是 User-vlan（用户侧 vlan）、user-priority（优先级用户）和 vlan+priority（优先级 vlan），不同的映射方式都需要终端设备的支持。Gem port 是 GPON 中一种虚拟的接口，可以承载单业务，也可以承载多业务，但理论上是每个 Gem port 最多只能有 8 条数据流映射，即最多可以将 8 个 User-vlan 映射到 Gem port 中。

6.2.2　EPON 技术

1. EPON 帧结构

EPON 帧格式与 IEEE802.3 的以太数据帧格式兼容，并在帧中加入时间戳（Time Stamp）、LLID（Logical Link Identifier，逻辑链路标识符）等信息。下行数据采用广播的方式，OLT 为已经注册的 ONU 分配 LLID，ONU 则接收 LLID 与自己相匹配的下行数据帧。上行数据采用时分多址复用（TDMA）接入，ONU 只在 OLT 分配的时间窗口发送数据。

EPON 的上行帧结构如图 6.17 所示，它由一个被分成固定长度帧的连续信息流组成，每帧携带多个可变长度的数据包（时隙）。含有同步标志符的时钟信息位于每一帧的开头，占用 1 字节，用于 ONU 与 OLT 的同步，每隔 2ms 发送一次。该图由上往下展开为物理层、数据链路层和网络层。

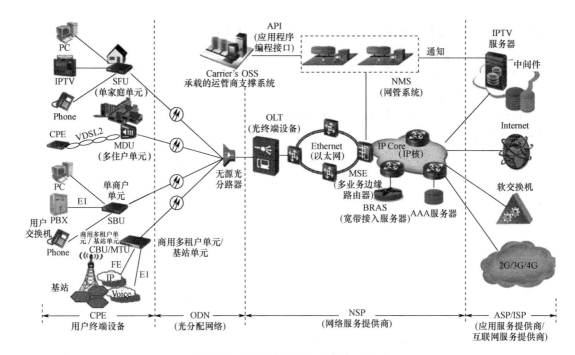

图 6.16 GPON 在 FTTB 业务中的应用

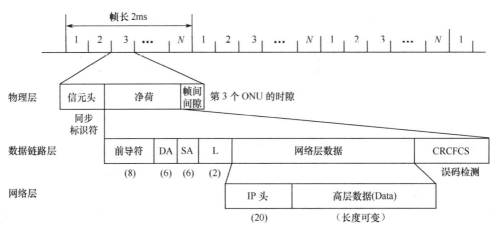

图 6.17 EPON 上行帧结构

在物理层,同步标志符的时钟用来实现系统同步,是指每个 ONU 发送的时隙与 OLT 系统分配的时隙保持一致,以防止各个 ONU 上行数据发生碰撞,ONU 侧的时钟应与 OLT 侧的时钟同步。与光分路器相连的各个 ONU 发送的上行信息流,通过光分路器耦合进公用光纤,以 TDM 方式复合成一个连续的数据流。

数据链路层的前导符作为帧信息的引导识别,DA、SA 分别表示目的和源物理地址,L 表示帧信息的长度,在网络层数据字段的后面增加了误码检测 CRCFCS。

网络层用来完成对高层数据的 IP 封装,加入相应的目的和源逻辑地址,也就是 IP 地址。

2. EPON 传输

在 EPON 系统中,上、下行信道相分离,利用一根光纤分别在上行和下行方向采用不同的波长进行数据传输,上行方向采用 1310nm 波长,下行方向采用 1550nm 波长。

EPON 的下行传输方向如图 6.18 所示,数据以变长信息包的形式,从 OLT 下行广播到多个 ONU,信息包的最大长度为 1518 字节。依据的是 IEEE 802.3 协议,每个信息包带有一个包头信息,是唯一标识该信息包的目的 ONU。而且某些信息包还可能是发给所有的 ONU(广播信息包)或发给特定的 ONU 组(多播信息包)。在光分路器中将信号分为相互独立的 N 路信号,每种信号加载有所有 ONU 信息包的全部内容。当数据到达 ONU 时,它接收属于自己的数据包,丢弃其他的数据包。

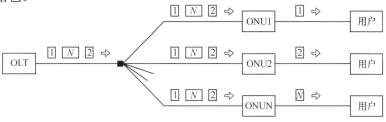

图 6.18　EPON 下行传输

EPON 的上行传输方向如图 6.19 所示,使用 TDMA(Time Division Multiple Access,时分多址)技术,将多个 ONU 的上行信息组织成一个 TDM 信息流传送到 OLT。每个 ONU 的信号在经过不同长度的光纤(不同的时延)传输后,进入光分配器的共用光纤,正好占据分配给它的一个指定时隙,不会发生相互碰撞干扰。

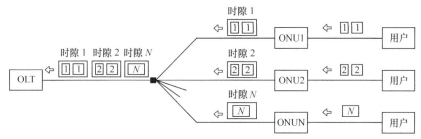

图 6.19　EPON 上行传输

3. 多点控制协议

为了能够支持动态带宽分配算法(DBA),支持 OLT 能够动态地分配 ONU 上行时间窗口,IEEE 802.3 在 MAC 控制子层上定义了 MPCP(Multi Point Control Protocol,多点控制协议)。MPCP 是一种支持 EPON 多种带宽分配算法实行的机制。在采用点对多点通信的网络设备中,主单元和从单元要采用 MPCP 来实现有效的数据传输。

MPCP 协议在 MAC 子层实现,除了 IEEE802.3 中定义的消息之外,还增加了 5 条 MAC 控制帧,其生成和处理都在 MAC 子层完成。MPCP 的实现过程如图 6.20 所示。对于 ONU,分为以下 5 部分工作:

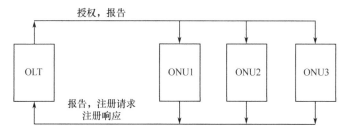

图 6.20　MPCP 的实现过程

① ONU 同步。在下行 MAC 控制帧中要携带时间戳信息,通过它,ONU 可以找到定时信息,从而和 OLT 同步;

② ONU 等待发现窗口（Discovery Gate）；

③ ONU 用发现窗口的信息进行测距等操作，OLT 应给其分配逻辑链路 ID（LLID）及管理 ONU 必需的带宽；

④ ONU 向 OLT 报告其状态信息，等待授权；

⑤ 收到授权后，在自己的授权时隙中发送数据帧。

对于 OLT，分为以下 5 部分操作：

① 产生一个时间戳消息，作为全局的时钟参考；

② 控制 ONU 的注册过程；

③ 为新的 ONU 测距产生发现窗口；

④ 执行测距操作；

⑤ 为已发现的 ONU 分配授权时隙。

4．系统同步和测距

EPON 时钟同步采用时间标志符方式，在 OLT 侧有一个全局的计数器，下行方向 OLT 根据本地的计数器插入时钟标志符，ONU 根据收到的时钟标志符修正本地计数器，完成系统同步；上行方向 ONU 根据本地的计数器插入时钟标志符，OLT 根据收到的标志符完成测距。

由于各个 ONU 信号到达 OLT 的时间不确定，并且到达 OLT 的时延也不同，各个 ONU 的上行帧会发生碰撞，因此必须采用测距技术进行补偿。各个 ONU 到 OLT 物理距离的不同、环境温度的变化和光电器件的老化等因素，都可能产生传输时延。测距的程序可以分为粗测和精测。在 ONU 的注册阶段，进行静态粗测，补偿由物理距离差异造成的时延；而在通信过程中实时进行动态精测，以校正由于环境温度变化和器件老化等因素引起的时延漂移。

在 EPON 系统中，通过 GATE、REPORT 信息交互环境，完成 OLT 到 ONU 的数据往返时间（RTT，Round Trip Time）的测量。RTT 不仅与 OLT 到 ONU 的物理距离有关，光纤和光电器件的老化、环境温度的变化都会导致 RTT 的改变。而在 TDMA 的接入机制中，RTT 是确定 ONU 和 OLT 收发同步的关键参数。因此，OLT 要对 ONU 进行有效管理，避免数据传输产生碰撞，OLT 和 ONU 随时保持同步是基础，同时还必须引入测距和时延补偿机制。通过时间标签来实现各个 ONU 到 OLT 的同步。利用 MPCP 中的时间模型及控制帧中的时间标签来计算 RTT，即 OLT 通过计算接收的时间标签与本地时钟的时间标签的差值来实现测距。测距原理如图 6.21 所示。

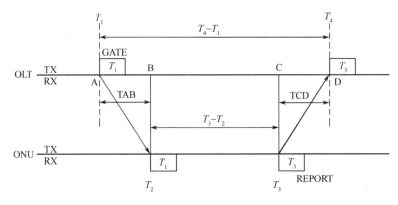

图 6.21　测距原理

RTT 的计算过程如下：

① OLT 在时刻 T_1 发送 GATE 帧给 ONU，在 GATE 帧中加时间标签为 T_1；

② ONU 在 T_2 时刻接收 GATE 帧后，根据时间标签 T_1 将自己的本地时钟置为 T_1；

③ ONU 在本地时间为 T_3 时开始上传 REPORT 帧，在 REPORT 中加时间标签 T_3；

④ OLT 在时刻 T_4 收到该 REPORT 帧，得到时间标签 T_4。

则

$$RTT = T_{AB} + T_{CD} = (T_4 - T_1) - (T_3 - T_2) = (T_4 - T_1) - (T_3 - T_1) = T_4 - T_3$$

因此可以看出，只需要将收到 REPORT 帧时的绝对时间 T_4，减去收到 REPORT 帧时时间标签中的时间 T_3，就可以得到 RTT 的值。

5. 轮询算法

间插轮询的 DBA 算法（IPACT 算法）是由 Kramer G 等人提出的一种基于授权/请求的、有自适应循环时间的交织轮询方案，OLT 根据每个 ONU 缓存器中的数据容量来给 ONU 分配不同的时隙。IPACT 算法原理如图 6.22 所示，只考虑有 3 个 ONU 的系统。

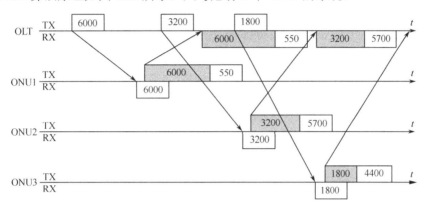

图 6.22 IPACT 算法原理图

假设在 T_0 时刻，OLT 能够精确地知道有多大的数据在每一个 ONU 的缓存器中等待传递，以及每一个 ONU 的往返时间 RTT。

例如：在 T_0 时刻，OLT 向 ONU1 发送控制信息允许发送 6000B。OLT 以广播方式发送授权信息，消息中包括目的 ONU 的 ID 以及允许开窗的大小。当 ONU1 接到授权指令时，按照指定字长发送数据到 OLT，然后发送请求信号到 OLT，信号中包括目前缓存器中的字节数 550B。

开始传递数据之前要经过一段往返时间（包括实际往返时间、授权指令处理、OLT 接收数据的准备时间和空隙时间），OLT 知道 ONU1 有多少数据要传送，因此，OLT 可以在 ONU1 传送完毕之前就给其他的 ONU 发送授权指令，以保证当 ONU1 发送完毕之后，其他的 ONU 可以立即发送数据。同时，为了确保 RTT 的波动不会影响传输，两个 ONU 发送数据之间保留一个保护带宽。

在 ONU1 发送完毕之后，可以发出新的请求，刷新在 OLT 中的数据表，以此类推，完成动态的带宽分配。

在传输过程中，为了防止某一个 ONU 长期占用传输带宽，而导致其他 ONU 无法传送数据，在 OLT 的授权过程中要设置一个门限值，称为最大传输窗口，当 ONU 报告的队列长度大于门限值时，便授权最大传输窗口带宽。

根据上述算法，需要给每一个 ONU 分配一个最大传输窗口，设为 $W_{MAX}^{[i]}$，$W_{MAX}^{[i]}$ 的选择决定了重负载情况下的最大轮询周期时间 T_{MAX}，则有

$$T_{MAX} = \sum_{i=1}^{N} \left(G + \frac{8 W_{MAX}^{[i]}}{R} \right) \tag{6.1}$$

其中，G 为防护间隔（单位为 s），N 为 ONU 数，R 为线速度（单位为 bit/s），系数 8 表示由字节转为比特位。

T_{MAX} 过大，会增大所有以太帧的时延；T_{MAX} 过小，会使由于防护时延而浪费的带宽增加。因此，ONU 需要保证将要传送帧的大小与剩余的时隙相符合，若不符合，则此帧将被延时到下一个时隙传送，使得当前的时隙利用率不高。

除了用来表示最大周期时间外，$W_{MAX}^{[i]}$ 值也决定了每个 ONU 的可用保证带宽，用 $\Lambda_{MIN}^{[i]}$ 表示第 i 个 ONU 的最小保证带宽，显然有

$$\Lambda_{MIN}^{[i]} = \frac{8W_{MAX}^{[i]}}{T_{MAX}} \tag{6.2}$$

将 T_{MAX} 代入式（6.2），得

$$\Lambda_{MIN}^{[i]} = \frac{8W_{MAX}^{[i]}}{\sum_{i=1}^{N}\left(G + \frac{8W_{MAX}^{[i]}}{R}\right)} \tag{6.3}$$

在极限情况下，当只有一个 ONU 有数据传送时，这个 ONU 可用带宽为

$$\Lambda_{MIN}^{[i]} = \frac{8W_{MAX}^{[i]}}{G + \frac{8W_{MAX}^{[i]}}{R}} \tag{6.4}$$

假设所有 ONU 都有相同的保证带宽，即 $W_{MAX}^{[i]} = W_{MAX}$，则

$$T_{MAX} = N\left(G + \frac{8W_{MAX}}{R}\right) \tag{6.5}$$

在时分复用接入模式中，OLT 安排好各 ONU 允许发送上行信号的时隙，发出时隙分配帧。ONU 根据时隙分配帧，在 OLT 分配给它的时隙中发出自己的上行信号。这样，ONU 之间就可以共享上行信道，即众多的 ONU 共享有限的上行信道带宽。

习 题 6

1. 何为接入网？目前都有哪些接入网？并说明其功能。
2. 从实现功能的角度上，谈谈社区智能网的发展思路。
3. V5.2 接口有哪些功能要求？一般用在什么地方？
4. FTTH 宽带接入网由哪几部分组成？自己设计一个 FTTH 全光数字社区网络。
5. 说明 EPON 上行、下行技术。

第7章 第三代移动通信网

第三代移动通信系统（3G）于 1996 年正式更名为 IMT-2000（国际移动通信系统）。我国于 2009 年，由工业和信息化部颁发了 TD-SCDMA、WCDMA 和 CDMA2000 的业务经营许可牌照，从此开始了声势浩大的全国布网行动。本章分别对以上 3 种网络技术进行介绍，但由于 WCDMA 和 TD-SCDMA 都共同遵循 3GPP 有关标准，因此 7.1 节的 R99、R4、R5，7.2 节的 UTRAN 等内容，两者都是适用的。再由于 3G 空中接口都采用 CDMA 技术，在基站组网方面有一定的共性，所以只在 7.3 节中进行介绍。

7.1　WCDMA

WCDMA 主要由欧洲 ETSI 等提出，可支持 384kbit/s～2Mbit/s 不等的数据传输速率及未来高速无线数据业务的需求。3GPP 制定了 R99、R4、R5、R6、R7 等版本，其中 R6 在无线接入部分主要引入了高速上行链路分组接入（HSUPA）技术，R7 以后版本主要引入正交频分复用（OFDM）和多入多出（MIMO）技术，也就是以后 LTE 所采用的技术。本节主要介绍 R99、R4、R5 及 WCDMA 相关技术。

7.1.1　R99 网络

1. R99 基本网络结构

R99 接入部分主要定义了全新的每载频 5MHz 的宽带码分多址接入网，接入系统智能集中于 RNC 统一管理，引入了适于分组数据传输的协议和机制，数据速率理论上可达 2Mbit/s。WCDMA 系统结构如图 7.1 所示，主要由 US、UTRAN、CN 等部分组成，各部分作用如下。

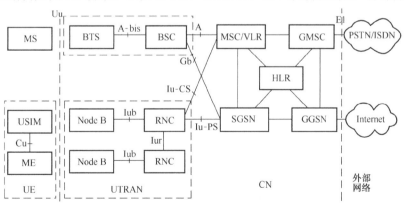

图 7.1　WCDMA 系统结构

（1）UE（User Equipment）

UE 是用户终端设备，主要包括射频处理单元、基带处理单元、协议栈模块以及应用层软件模块等。它通过 Uu 接口与网络设备进行数据交互，为用户提供电路域和分组域内的各种业务功能，包括普通语音、数据通信、移动多媒体、Internet 应用等。UE 包括两部分：ME（The Mobile Equipment），提供应用和服务；USIM（the UMTS Subscriber Module），提供用户身份识别。

（2）UTRAN（UMTS Terrestrial Radio Access Network）

UTRAN，即陆地无线接入网，分为基站（Node B）和无线网络控制器（RNC）两部分。UTRAN 包含一个或几个无线网络子系统（RNS）。一个 RNS 由一个无线网络控制器（RNC）和一个或多个基站（Node B）组成。在 UTRAN 内部，Iur 可以通过 RNC 之间的直接物理连接或通过传输网连接。RNC 用来分配和控制与之相连或相关的 Node B 的无线资源。Node B 则完成 Iub 接口和 Uu 接口之间的数据流转换，同时也参与一部分无线资源管理。

（3）CN（Core Network）

核心网（CN）负责与其他网络的连接和对 UE 的通信和管理，从逻辑上可划分为电路（CS）域、分组（PS）域和广播（BC）域。CS 域设备是指为用户提供"电路型业务"，或提供相关信令连接的实体，CS 域特有的实体包括 MSC、GMSC、VLR、IWF；PS 域为用户提供"分组型数据业务"，PS 域特有的实体包括 SGSN 和 GGSN。其他设备如 HLR（或 HSS）、AuC、EIR 等为 CS 域与 PS 域共用；BC 域用于支持小区广播业务，属于 CN 的 BC 域，可以通过 Iu-Bc 接口与 RNC 相连接，也就是与小区广播中心（CBC）相连。它通过广播协议（SABP）将广播业务发送给移动台用户的小区广播信息，如在移动台屏幕上显示的城市、地区名称等。

2．R99 网元功能实体

图 7.2 是 R99 版本的 PLMN 基本网络结构，其所有网元功能实体都可作为独立的物理设备。R99 充分考虑到了向下兼容 GPRS。R99 的核心网继承了 GSM 以及 GPRS 核心网的网络特征，

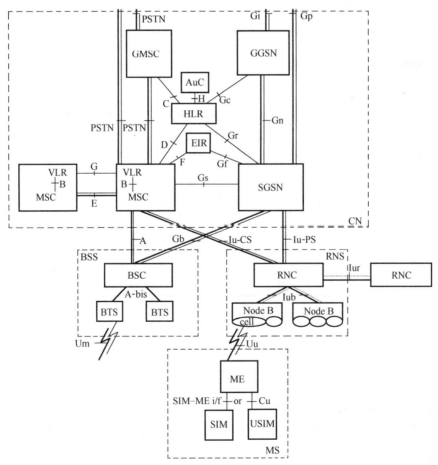

粗线：表示支持用户业务的接口　　细线：表示支持信令的接口

图 7.2　R99 网络结构图

空中接口采用了 CDMA 技术，在 RAN 与 CN 之间使用 ATM 承载方式。Node B 和 RNC 之间采用基于 ATM 的 Iub 接口，RNC 分别通过基于 ATM AAL2 的 Iu-CS 和 AAL5 的 Iu-PS，分别与核心网的 CS 域和 PS 域相连。

CS 域的功能实体包括 MSC、VLR 等。运营商可以根据连接方式的不同将 MSC 设置为 GMSC、SMS-GMSC 等。为实现网络互通，在系统中一般结合 MSC 配置 IWF（互通功能）。

PS 域特有的功能实体包括 SGSN 和 GGSN，为用户提供分组数据业务；HLR、AuC、EIR 为 CS 域和 PS 域的共用设备。R99 的网元功能实体包括以下几部分。

（1）移动交换中心/访问用户位置登记寄存器（MSC/VLR）

MSC/VLR 是 WCDMA 核心网 CS 域功能节点。它通过 Iu-CS 接口与 UTRAN 相连，通过 E1 或其他接口与外部网络 PSTN、ISDN 和其他 PLMN 等相连，通过 C/D 接口与 HLR/AuC 相连，通过 E 接口与其他 MSC/VLR GMSC 或 MSC 相连，通过 Gs 接口与 SGSN 相连。MSC/VLR 的主要功能是提供 CS 域的呼叫控制移动性管理鉴权和加密等功能。一个 VLR 可管理多个 MSC，但在实现中通常都将 MSC 和 VLR 合为一体。

（2）归属位置寄存器（HLR）

HLR 是 WCDMA 核心网 CS 域和 PS 域共有的功能节点。它通过 D 或 C 接口与 MSC/VLR 或 GMSC 相连，通过 Gr 接口与 SGSN 相连，通过 Gc 接口与 GGSN 相连。HLR 的主要功能是提供用户的签约信息存放、新业务支持、增强的鉴权等功能。

（3）鉴权中心（AuC）

AuC 为 CS 域和 PS 域的共用设备，是存储用户鉴权算法和加密密钥的实体。AuC 将鉴权和加密数据通过 HLR 发往 VLR、MSC 以及 SGSN，以保证通信的合法和安全。每个 AuC 和对应的 HLR 关联，只通过该 HLR 和外界通信。通常 AuC 和 HLR 结合在同一物理实体中。

（4）设备识别寄存器（EIR）

EIR 为 CS 域和 PS 域的共用设备，存储系统中使用的移动设备的国际移动设备识别码（IMEI）。其中，移动设备被划分"白"、"灰"、"黑"3 个等级，并分别被存储。

（5）网关 MSC（GMSC）

GMSC（网关 MSC）是 WCDMA 移动网 CS 域与外部网络之间的网关节点。GMSC 的主要功能是充当移动网和固定网之间的移动关口局，完成 PSTN 用户呼叫移动用户时，呼入呼叫的路由功能，并承担路由分析、网间接续、网间结算等重要功能。例如，MS 被呼叫时，网络若不能查询该用户所属的 HLR，则需要通过 GMSC 查询，然后将呼叫转接到 MS 目前登记的 MSC 中。具体由运营商决定哪些 MSC 可作为 GMSC。

（6）业务 GPRS 支持节点（SGSN）

SGSN 是 WCDMA 核心网 PS 域的功能节点，它通过 Iu-PS 接口与 UTRAN 相连，通过 Gn/Gp 接口与 GGSN 相连，通过 Gr 接口与 HLR/AuC 相连，通过 Gs 接口与 MSC/VLR 相连，通过 Gd 接口与 SMS-GMSC/SMS-IWMSC 相连，通过 Ga 接口与 CG 相连，通过 Gn/Gp 接口与 SGSN 相连。SGSN 的主要功能是提供 PS 域的路由转发、移动性管理、会话管理、鉴权和加密等功能，并提供计费信息。

（7）网关 GPRS 支持节点（GGSN）

GGSN 是 WCDMA 核心网 PS 域的功能节点。通过 Gn/Gp 接口与 SGSN 相连，通过 Gi 接口与外部数据网络相连。GGSN 提供数据包在 WCDMA 移动网和外部数据网之间路由和封装。GGSN 提供 UE 接入外部分组网络的关口功能。从外部网的观点来看，GGSN 就好像是可寻址 WCDMA 移动网络中所有用户 IP 的路由器，需要同外部网络交换路由信息。GGSN 也提供计费接口。

（8）External Networks

External Networks 即外部网络，可以分为两类：电路交换网络（CS Networks），提供电路交换的连接服务，如通话服务的 ISDN 和 PSTN 均属于电路交换网络；分组交换网络，Internet 属于分组数据交换网络。

（9）无线接入网络（UTRAN）

Iu 接口：Iu 接口分为 Iu-CS 和 Iu-PS，前者将 UTRAN 的 RNC 与核心网电路域的 MSC 相连，后者将 UTRAN 的 RNC 与核心网分组域的 SGSN 相连。Iu 接口的信令协议称为 RANAP（RAN Application Part）。

Iur 接口：连接两个 RNC 的接口，用于实现跨 RNC 的软切换，其信令协议称为 RNSAP（RNS Application Part）。

Iub 接口：连接 RNC 与 Node B 的接口，其信令协议称为 NBAP（Node B Application Part）。

RNC：是无线网络控制器，主要完成连接建立和断开、切换、宏分集合并、无线资源管理控制等功能。具体功能如下：执行系统信息广播与系统接入控制功能；切换和 RNC 迁移等移动性管理功能；宏分集合并、功率控制、无线承载分配等无线资源管理和控制功能。

Node B：是 WCDMA 系统的基站（即无线收发信机），通过标准的 Iub 接口和 RNC 互连，主要完成 Uu 接口物理层协议的处理。它的主要功能是扩频、调制、信道编码及解扩、解调、信道解码，还包括基带信号和射频信号的相互转换等功能。同时还完成一些如内环功率控制等的无线资源管理功能。它在逻辑上对应于 GSM 网络中的 BTS。

7.1.2 R4 网络结构

图 7.3 是 R4 版本的 IMT-2000 基本网络结构，图中所有功能实体都可作为独立的物理设备。R4 最大的变化是将 MSC 拆分成移动交换中心服务器（MSC Server）和媒体网关（MGW）两个网元，实现了呼叫控制与承载的分离，增加了 R-SGW（漫游信令网关）、T-SGW（传输信令网关），开始向全 IP 的网络架构演进。

相对于 R99，R4 无线接入网的网络结构没有改变，改变的只是一些接口协议的特性和功能的增强，如引入直放站解决复杂地形覆盖问题，扇区降低终端和基站的发射功率以提高容量，Node B 同步减少系统邻近小区的交调干扰，降低传输网络的成本，Iub 和 Iur 上的 AAL2 连接的 QoS 优化、RRM（无线资源管理）的优化，Iu 上 RAB（无线接入承载）的 QoS 协商，增强的 RAB 支持，Iub、Iur 和 Iu 上的传输承载过程的修改；而核心网的电路域变化较大，业务逻辑与底层承载相分离，语音分组化，由包方式承载，UTRAN 与核心网语音承载方式均由分组方式实现。

7.1.3 R5 及 IMS

R5 版本支持端到端的 VoIP，核心网络将引入大量新的功能实体，改变了原有的呼叫流程，增加了 IMS（IP 多媒体子系统），其他部分与 R4 基本一样。

R5 引进了 IP 多媒体子系统（IMS）域，呼叫状态控制功能（CSCF）、媒体网关控制功能（MGCF）、出口网关控制功能（BGCF）、R-SGW（漫游信令网关）、T-SGW（传输信令网关）、MGW（媒体网关）和 MRF（多媒体资源功能）组成了呼叫控制和信令功能。CSCF 与 H.323 网守或 SIP 服务器相似，IP 承载成为核心承载方式，形成了无线接入网络和核心网全 IP 的网络架构。R5 版本的网络结构、接口形式和 R4 版本基本一致。主要差别是：当 IMT-2000 包括 IMS 时，HLR 被 HSS 完全替代；另外，BSS 和 CS-MSC、MSC-Server 之间同时支持 A 接口及 Iu-CS 接口，BSC 和 SGSN 之间支持 Gb 及 Iu-PS 接口。

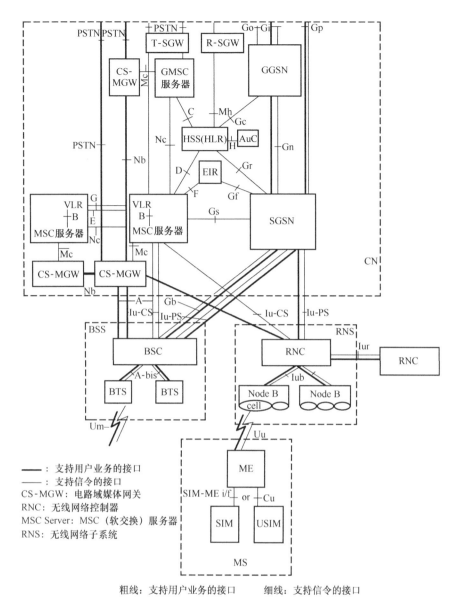

图 7.3 R4 的网络结构图

从 R4 向 R5 演进：GGSN 需要增加 Go 接口与 CSCF 通信；MSC Server/MGW 可以升级为 R5 IMS 的 MGCF/MGW，也可以新建 R5 IMS 的 MGCF/MGW。IMS 只是以已有的 PS 域为承载网络，核心网络、无线网络的已有接口只是协议版本升级，并没有大的变化。当系统升级到 R5 时，就引进了 IMS 功能实体，以下结合图 7.4 说明 IP 多媒体核心网子系统的实体。IMS 采用会话初始协议（SIP）作为呼叫控制和业务控制的信令。IMS 从网络结构与作用方面来看并不与 CS、PS 对应，而是一个叠加在 PS 域承载之上的业务层网络。

呼叫会话控制功能（CSCF）：可起到 P-CSCF（代理 CSCF）、S-CSCF（服务 CSCF）或 I-CSCF（询问 CSCF）的作用。P-CSCF 是 UE 在 IM 子系统中的第一个接入点；S-CSCF 用于处理网络中的会话状态；I-CSCF 主要用于路由相关的 SIP 呼叫请求，类似电路域 GMSC 的作用；而 PDF（Policy Decision Function，策略判决功能）是 P-CSCF 中的一个逻辑功能实体。

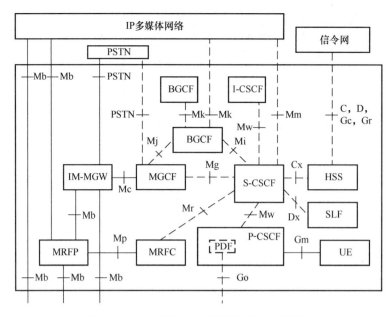

图 7.4 IP多媒体核心网子系统的实体配置

媒体网关控制功能（MGCF）：负责控制 IP 多媒体网关功能（IM-MGW）中的媒体信道的连接，负责与 S-CSCF 通信，并提供 ISUP 协议和 IMS 呼叫控制协议 SIP 间的转换。

IP 多媒体—媒体网关功能（IM-MGW）：能够支持媒体转换、承载控制和有效负荷的处理，并能提供支持 UMTS/GSM 传输媒体的必需资源。

多媒体资源功能控制器（MRFC）：MRFC 负责控制 MRFP 中的媒体流资源，解释来自应用服务器和 S-CSCF 的信息并控制 MRFP。

多媒体资源功能处理器（MRFP）：MRFP 负责控制 Mb 参考点上的承载，为 MRFC 的控制提供资源，产生、合成并处理媒体流。

签约位置功能（SLF）：在注册和会话建立期间，用于 I-CSCF 询问并获得包含所请求用户特定数据的 HSS 的名称，而且 S-CSCF 也可以在注册期间询问 SLF。

穿透网关控制功能（BGCF，Breakout Gateway Control Function）：选择在哪个网络中将发生与 PSTN/CS 域穿透（也就是互通）。如果 BGCF 判定穿透将在其所在的网络发生，它会选择一个 MGCF，用于负责 PSTN 与 CS 域的互通。

归属位置服务器（HSS）：当网络具有 IMS 时，需要利用 HSS 替代 HLR。HSS 是网络中移动用户的主数据库，存储支持网络实体完成呼叫/会话处理相关的业务信息。

7.1.4 WCDMA 技术

1. WCDMA 主要技术

WCDMA 在众多的网元接口中多采用异步传送模式（ATM）；核心网络基于 GSM/GPRS 网络的演进，以及软交换；无线接入采用直接序列扩频码分多址（DS-CDMA），码片速率为 3.84Mchip/s，载波带宽为 5MHz；主要工作频段：上行使用 1920～1 980MHz；下行使用 2110～2170MHz，FDD（频分双工）方式。WCDMA 主要技术如下。

① RAKE 接收机：不同于传统的调制技术需要用均衡算法来消除相邻符号间的码间干扰，CDMA 扩频码在选择时就要求它有很好的自相关特性。

② 多用户检测技术（MUD）：通过去除小区内的干扰来改进系统性能，增加系统容量。多用户检测技术还能有效缓解直扩 CDMA 系统中的远近效应。

③ 调制解调方式：上行为 BPSK，下行为 QPSK，解调方式为导频辅助的相干解调。

④ 3 种编码方式：在语音信道采用卷积码（$R=1/3$，$K=9$）进行内部编码和 Veterbi 解码，在数据信道采用 Reed Solomon 编码，在控制信道采用卷积码（$R=1/2$，$K=9$）进行内部编码和 Veterbi 解码。

⑤ 软切换技术：CDMA 系统工作在相同的频率和带宽上，因而软切换技术实现起来比 TDMA 系统要方便容易得多。当一部移动台处于切换状态下，同时将会有两个甚至更多的基站对它进行监测，系统中的基站控制器将逐帧比较来自各个基站的有关这部移动台的信号质量报告，并选用最好的一帧。

更软切换（Softer Handover）是在导频信道的载波频率相同时，同一小区内不同扇区间的软切换，或称为在同一小区的两条不同的信道之间进行的切换。

CDMA 切换方式包括 3 种：扇区间软切换、小区间软切换和载频间硬切换。

⑥ 分集技术：移动通信中信道传输条件较恶劣，调制信号在到达接收端前常经历了严重衰落，这不利于信号的接收检测。分集技术是对抗信道衰落的有效措施之一，分为空间分集、频率分集和角度分集技术。

⑦ 随机接入与同步：随机接入过程是移动台开机，需要与系统联系，首先要与某一个小区的信号取得时序同步移动台，然后请求接入系统，网络应答并分配一个业务信道给移动台。

⑧ 智能技术：该技术包括智能天线技术、智能传输技术、智能接收技术及智能无线资源和网络管理技术等。

⑨ IPv6 技术：该技术能更好地支持移动性，与移动通信的结合将为目前的因特网开拓一个全新的领域。

2．无线接口物理层技术

传输信道根据其传输方式或所传输数据的特性，分为专用信道（DCH）和公共信道。公共传输信道又分为 6 类：广播信道（BCH）、前向接入信道（FACH）、寻呼信道（PCH）、随机接入信道（RACH）、公共分组信道（CPCH）和下行共享信道（DSCH）。其中，RACH、CPCH 为上行公共信道，BCH、FACH、PCH 和 DSCH 为下行公共信道。

物理信道与传输信道相对应，分为专用物理信道和公共物理信道。物理信道分为上行信道和下行信道，而以下主要介绍的上行信道，又分为专用上行物理信道和公共上行物理信道。

（1）专用上行物理信道

专用上行物理信道有两类，即专用上行物理数据信道（DPDCH）和专用上行物理控制信道（DPCCH）。DPDCH 属于专用传输信道（DCH）；在每个无线链路中，DPCCH 用于传输物理层产生的控制信息。

WCDMA 无线接口中，传输的数据速率、信道数、发送功率等参数都是可变的。为了使接收机能够正确解调，必须将这些参数通知接收机。这种物理层的控制信息，是由为相干检测提供信道估计的导频比特、发送功率控制（TPC）命令、反馈信息（FBI）、可选的传输格式组合指示（TFCI）等组成的。TFCI 通知接收机在 DPDCH 的一个无线帧内，同时传送传输信道的瞬时传输格式组合参数。每一个无线链路中，只有一个上行 DPCCH。

一般的物理信道包括 3 层结构：超帧、帧和时隙。超帧长度为 720ms，包括 72 个帧；每帧长为 10ms，对应的码片数为 38 400chip；每帧由 15 个时隙组成，一个时隙的长度为 2560chip；

每时隙的比特数取决于物理信道的信息传输速率。上行专用物理信道的帧结构如图 7.5 所示，DPDCH 和 DPCCH 是并行码分复用传输的。

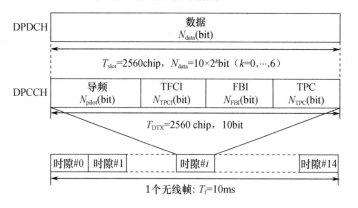

图 7.5 上行专用物理信道的帧结构

（2）公共上行物理信道

公共上行物理信道也分为两类。用于承载 RACH 的物理信道，称为物理随机接入信道（PRACH）；用于承载 CPCH 的物理信道，称为物理公共分组信道（PCPCH）。

PRACH 用于移动台在发起呼叫等情况下，发送接入请求信息。PRACH 的传输基于时隙 ALOHA 协议，可在一帧中的任一个时隙开始传输。

随机接入的发送格式示于图 7.6。随机接入发送由一个或几个长度为 4096chip 的前置序列和 10ms 或 20ms 的消息部分组成。

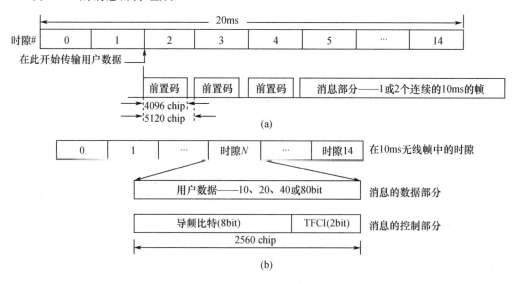

图 7.6 PRACH 发送格式

PCPCH 是一条多用户接入信道，传送 CPCH 传输信道上的信息。接入协议基于带冲突检测的时隙载波侦听多址（CSMA/CD），用户可以在无线帧中的任何一个时隙作为开头进行传输，其传输结构如图 7.7 所示。

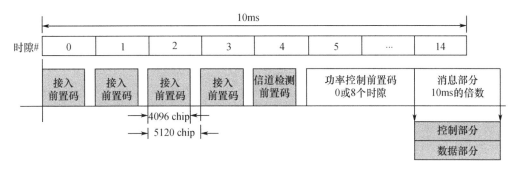

图 7.7 PCPCH 传输结构

7.2 TD-SCDMA

TD-SCDMA 自 1998 年由中国大唐电信正式向 ITU 提交，得到认可并发布，从而使 TD-SCDMA 标准成为第一个以我国知识产权为主的、被国际上接受和认可的无线通信国际标准。TD-SCDMA 系统结构遵循 3GPP 指定的 UMTS（Universal Mobile Telecommunication System）网络结构，可以分为 UMTS 无线接入网（UTRAN，UMTS Terrestrial Radio Access Network）和核心网（CN）。TD-SCDMA 系统的核心网、业务平台等与 WCDMA 的基本相同。本节主要结合 UMTS，介绍 TD-SCDMA 组网及有关技术。

7.2.1 UTRAN 及网络结构

1. UTRAN 基本结构

（1）UTRAN 组成

UTRAN 是 TD-SCDMA 网络中的无线接入网部分，如图 7.8 所示。UTRAN 由一组无线网络子系统（RNS）组成，每一个 RNS 包括一个 RNC 和一个或多个 Node B。Node B 由 RF 收发放大、射频收发系统（TRX）、基带部分（Base Band）、传输接口单元和基站控制部分构成。Node B 就是无线收发信机，通过标准的 Iub 接口和 RNC 互连，主要完成 Uu 接口物理层协议的处理。

（2）UTRAN 协议接口

UTRAN 协议的标准接口主要包括 Uu、Iub、Iur、Iu 等，符合该标准的网络接口应具有 3 个特点：所有接口具有开放性，无线网络层与传输层分离，控制平面和用户平面分离。

① Uu 接口。无线接口一般指 UE 和网络之间的 Uu 接口，无线接口分为 3 个协议层：物理层（L1）、数据链路层（L2）和网络层（L3）。L2 被进一步分成媒体接入层（MAC）、无线链路控制层（RLC）、分组数据汇聚协议层（PDCP）和广播/多点传送控制层（BMC）。

② Iu 接口。Iu 接口是连接 UTRAN 和 CN 之间的接口，它是一个开放的接口。Iu 接口规定了核心网和 UTRAN 之间的接口，如图 7.9 所示。对于一个 RNC，最多存在 3 个不同的 Iu 接口：与 CS 域连接的 Iu-CS，与 PS 域连接的 Iu-PS，与 BC 域连接的 Iu-BC。对于 BC 域，一个 RNC 可连接到多个 CN 接入点上。

③ Iub 接口。Iub 接口是 RNC 与 Node B 之间的接口，用来传输 RNC 和 Node B 之间的信令及无线接口的数据。Iub 接口协议结构由以下两个功能层组成。

无线网络层：规定与 Node B 操作相关的程序。由无线网络控制平面和无线网络用户平面组成。

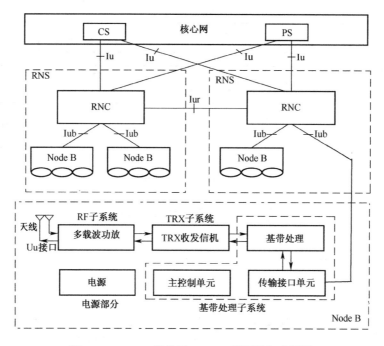

图 7.8 UTRAN 结构及 Node B 的逻辑组成框图

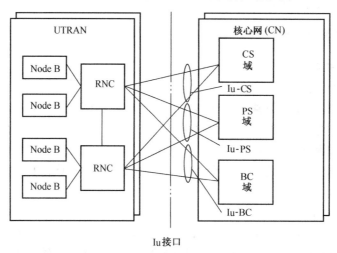

图 7.9 Iu 接口

传输层：规定了在 Node B 和 RNC 之间建立网络连接的程序。每个 RACH、每个 FACH 和每个 CPCH 传输信道都应有一个专用的 AAL2 连接。

④ Iur 接口。Iur 接口是两个 RNC 之间的逻辑接口，用来传送 RNC 之间的控制信令和用户数据，是一个开放接口。Iur 接口协议的主要功能是传送网络管理、公共传送信道的业务管理、专用传送信道的业务管理、下行共享传送信道和 TDD 上行共享传送信道的业务管理、公共和专用测量目标的测量报告。

Iur 协议栈是典型的三平面表示法，如图 7.10 所示，其结构包括以下两个功能层。

无线网络层：定义了在 IMT-2000 内与两个 RNC 的相互作用相关的程序。无线网络层包括一个无线网络控制平面和一个无线网络用户平面。

传送网络层：定义了用于在 IMT-2000 内两个 RNC 之间建立物理连接的程序。

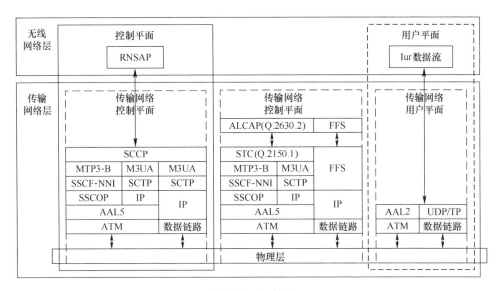

图 7.10 Iur 接口

2. TD-SCDMA 网络

TD-SCDMA 同 WCDMA 核心网的协议基本一致，唯一区别只是在无线接口协议两处消息中，对两个比特分别进行不同的赋值，以表明系统是支持 TD-SCDMA，还是支持 WCDMA。图 7.11 是基于 R5 的网络结构，TD-SCDMA 核心网可以将用户接入到各种外部网络以及业务平台，如 PSTN、VoIP、短信中心等。

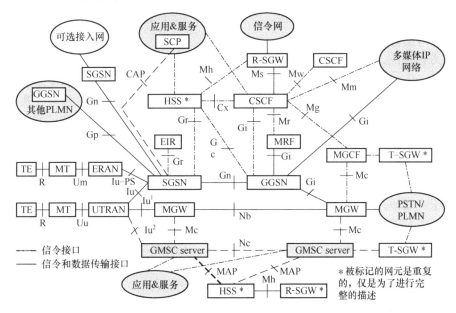

图 7.11 TD-SCDMA 参考网络结构（R5 结构）

需要说明的是，图中给出的实体部分及接口均为当前采用较多的 R99。在 R4 中，MSC 演化为 MSC Server 和 CS-MGW，VLR 和 MSC Server 集成在一起；GMSC 也演化成 CS-MGW 和 GMSC Server。GMSC Server 主要包括 GMSC 的呼叫控制和移动控制两部分，负责 CS 域的控制，用户—网络信令终结于 MSC Server，并转换为相关的网络—网络间的信令。

7.2.2 TD-SCDMA 技术

1. 主要技术

（1）时分双工

TDD 适用于不对称的上下行数据传输速率，特别适用于 IP 型的数据业务；TDD 上下行工作于同一频率，对称的电波传播特性使之便于使用诸如智能天线等新技术。TD-SCDMA 采用 TDD 方式，其上、下行共同使用 2010～2025MHz。

（2）智能天线

智能天线（Smart Antenna）：智能天线是由多根天线阵元组成天线阵列，通过调节各阵元信号的加权幅度和相位来改变阵列天线的方向图，从而抑制干扰，提高信干比。

（3）联合检测

联合检测（Joint Detection）：联合检测技术把同一时隙中多个用户的信号及多径信号一起处理，精确地解调出各个用户的信号。同传统接收机相比，降低了对功率控制的要求。

（4）上行同步

上行（Uplink Synchronization）同步技术是指在同一小区中，来自同一时隙不同距离的用户终端发送的上行信号能同步到达基站接收天线，即同一时隙不同用户的信号到达基站接收天线时保持同步。上行同步，也称同步 CDMA（Synchronous CDMA）技术。

（5）动态信道分配

动态信道分配（DCA，Dynamical Channel Allocation）技术就是指对移动通信系统的频率、时隙、扩频码等资源进行的优化配置，可根据调节速率分为慢速 DCA 和快速 DCA。在 TD-SCDMA 系统中的信道是频率、时隙、信道化编码三者的组合。动态信道分配就是根据用户的需要进行实时动态的资源分配。

（6）接力切换

接力切换（Baton Handover）是一种改进的硬切换技术，也是 TD-SCDMA 系统的一项特色核心技术之一。它可以提高切换成功率，与软切换相比，可以克服切换时对邻近基站信道资源的占用，能够使系统容量得以增加。接力切换就是终端接入新小区的上行通信而下行仍与旧小区建立着通信联系。

（7）多载波方案

TD-SCDMA 系统的每小区/扇区有 N 个载波，包含一个主载波，N–1 个辅载波。所有公共信道均配置于主载波，辅载波仅配置业务信道。

（8）基站定位业务

TD-SCDMA 由于采用智能天线和终端同步技术，使系统能够提供单基站更为精准的信源定位（包括波达方向和时延估计）。

（9）软件无线电

软件无线电（Software Radio）是把许多以前需要硬件实现的功能用软件来实现。由于软件修改较硬件容易，在设计、测试方面非常方便，不同系统的兼容性也易于实现。

（10）低速率模式

TD-SCDMA 系统为低速率模式（Low Chip Rate），码片速率（Chip Rate）采用的是 1.28MHz，为 UTRA/TDD（通用地面无线接入/时分双工）码片速率的 1/3，这有利于 UTRA/TDD 系统的兼容。另外，1.28MHz 码片速率的单个载频占用 1.6MHz 的带宽，由于占用带宽窄，在频谱安排上有很大的灵活性，其语音频谱利用率比 WCDMA 高达 2.5 倍，数据频谱利用率甚至高达 3.1

倍，无须成对频段，适合多运营商环境，而 CDMA2000 需要 1.25×2MHz 带宽，WCDMA 需要 5×2MHz 才能正常完成通信。

2．无线接口物理层技术

TD-SCDMA 系统的多址接入方案属于 DS-CDMA，码片速率为 1.28Mchip/s，扩频带宽约为 1.6 MHz，采用 TDD 工作方式。它的下行链路和上行链路是在同一载频的不同时隙上进行传送的，因此 TD-SCDMA 的接入方式为 TDMA 和 CDMA。TD-SCDMA 的基本物理信道特性由频率、码字和时隙决定。其帧结构是将 10ms 的无线帧分成两个 5ms 子帧，每个子帧中有 7 个常规时隙和 3 个特殊时隙。信道的信息速率与符号速率有关，符号速率由码片速率和扩频因子（SF）所决定，上、下行信道的扩频因子在 1～16 之间，因此调制符号速率的变化范围为 80.0k 符号/s～1.28M 符号/s。

TD-SCDMA 的传输信道与 WCDMA 的传输信道基本相同。TD-SCDMA 的物理信道采用 4 层结构：系统帧、无线帧、子帧和时隙/码字。时隙用于在时域上区分不同用户信号，具有 TDMA 的特性。TD-SCDMA 的物理信道信号格式如图 7.12 所示。

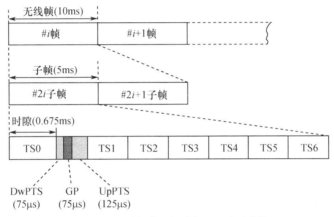

图 7.12　TD-SCDMA 的物理信道信号格式

TD-SCDMA 系统帧结构的设计考虑到了对智能天线和上行同步等新技术的支持。一个 TDMA 帧长为 10ms，分成两个 5ms 子帧。这两个子帧的结构完全相同。每一子帧又分成长度为 675μs 的 7 个常规时隙和 3 个特殊时隙。这 3 个特殊时隙分别为 DwPTS、GP 和 UpPTS。在 7 个常规时隙中，TS0 总是分配给下行链路，而 TS1 总是分配给上行链路。上行时隙和下行时隙之间由转换点分开，而每个子帧中的 DwPTS 是作为下行导频和同步而设计的，将 DwPTS 放在单独的时隙，便于下行同步的迅速获取，同时也可以减少对其他下行信号的干扰。

在 TD-SCDMA 系统中，每个 5ms 的子帧有两个转换点（UL 到 DL 和 DL 到 UL）。通过灵活地配置上、下行时隙的个数，使 TD-SCDMA 适用于上、下行对称及非对称的业务模式。TD-SCDMA 帧结构如图 7.13 所示，图中分别给出了时隙对称分配和不对称分配的例子，这里 UL 表示上行传送（Up Load）时隙，DL 表示下行传送（Down Load）时隙。

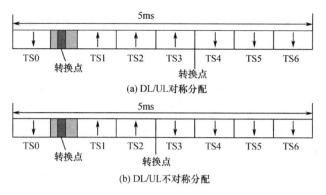

图 7.13 TD-SCDMA 帧结构

7.3 CDMA2000

CDMA2000 由美国高通公司为主导提出，这套系统是从窄频 CDMAOne 结构直接升级到 3G 的。IS-2000 是宽带 CDMA 技术，即 CDMA2000 技术的正式标准总称。

7.3.1 IS-2000 体系

CDMA2000 第一阶段将提供 144kbit/s 的数据传输率，而达到 2Mbit/s 传送时，便是第二阶段。以 MS（移动台）为例的 IS-2000 体系结构如图 7.14 所示，做到了对 CDMA（IS-95）系统的完全兼容。

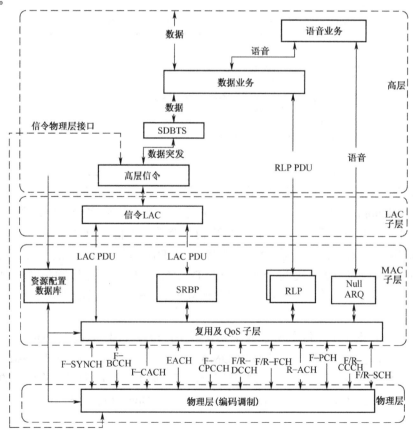

图 7.14 IS-2000 的体系结构

（1）LAC 子层的处理

LAC 子层主要与信令信息有关，其功能是为高层的信令提供在无线信道上的正确传输和发送。LAC 子层为高层提供信令服务，它与高层之间的 SDU（交换数据单元）在其内部和 LAC PDU 相互转换，最后再经过分割或重新组装成 PDU 与 MAC 层交换。

（2）MAC 子层的处理

MAC 子层是为了适应更多的带宽以及处理更多种类业务的需要，允许语音、分组数据和电路数据业务的组合且同时工作。MAC 子层与物理层的定时是同步的，及时地向物理层中特定信道发送数据或从那里接收数据。MAC 子层有两个重要的针对逻辑信道的功能，即"尽力发送"：由无线链路协议（RLP）提供"尽力"级别的可靠性，信息能可靠地在无线链路上传输；复用和 QoS 控制，为接入请求安排合适的优先级。还完成具体的逻辑信道和物理信道的映射转换。

（3）高层的处理

"高层"泛指第 3 层及以上的协议层，IS-2000 中定义的第 3 层协议侧重于描述系统控制消息的交互，也就是信令的交互。对于 MS 的第 3 层协议侧重于状态转移。例如，MS 捕获系统时需要接收哪些消息，如何根据自身功能进行配置等；对于 BS 的第 3 层协议则主要针对 MS 侧，说明了 BS 在前向公共信道上应按照系统的实际配置发送哪些开销消息。

（4）逻辑信道与物理信道的映射

逻辑信道和物理信道之间的对应关系称为"映射"。第 3 层和 LAC 层都在逻辑信道上传送信令，这样就为高层屏蔽掉具体物理层的特点，使得无线接口对于高层来说如同透明的一样。当然，逻辑信道所传送的信息最终仍由物理信道来承载。

信道命名约定：一个逻辑信道名包括 3 个小写字母，后跟 "ch"（channel）。第一个字母的后面有一个连字符。表 7.1 显示了用于该系列标准中的逻辑信道命名规则。例如，前向专用业务信道（Forward Dedicated Traffic Channel）表示为 f-dtch。一个逻辑信道可以永久地独占一个物理信道（如同步信道）；或者临时独占一个物理信道，如连续的 r-csch（Reverse-Common Signaling Logical Channel，反向公共信令逻辑信道）接入试探序列可以在不同的物理接入信道上发送；或者和其他逻辑信道共享物理信道（需要复用）。

表 7.1 逻辑信道命名约定

第 1 个字母	第 2 个字母	第 3 个字母
f = Forward（前向）	d = Dedicated（专用）	t = Traffic（业务）
r = Reverse（反向）	c = Common（公共）	s = Signaling（信令）

物理信道命名约定和逻辑信道的情况一样，信道名称的第 1 个字母表示信道的方向（前向或反向）。

7.3.2 CDMA2000 网络构成

1. CDMA2000 概述

CDMA2000 是由窄带 CDMA（IS-95）技术发展而来的宽带 CDMA 技术，也称为 CDMA Multi-Carrier，能与现有的 IS-95 后向兼容。CDMA2000 继承了 IS-95 窄带 CDMA 系统的技术特点，分为 1x 系统和 3x 系统。网络部分引入分组交换，可支持移动 IP 业务。

CDMA2000-3x，也称为宽带 CDMAOne，3x 表示 3 载波，即 3 个 1.25MHz，共 3.75MHz 的频带宽度。它与 CDMA2000-1x 的主要区别是下行 CDMA 信道采用 3 载波方式，而

CDMA2000-1x 采用单载波方式，因此它可以提高系统的传输速率。

CDMA2000-1x EV：CDMA2000-1x 的增强标准。采用高通公司的高速率数据（HDR）技术，在与 CDMA2000-1x 相同的 1.25MHz 内提供 2Mbit/s 以上的数据速率业务。

1x EV-DO 表示 1x Evolution Data and Only（优化数据功能的 1x），它的 RTT 已经由 TIA 发布为 IS-856。在提供语音业务的同时，将提供比 1x 系统更高的、非实时的分组数据业务。

1x EV-DV 表示 1x Evolution Data and Voice（数据与语音功能同时优化的 1x）。1x EV-DV 是基于 1x EV-DO 的技术方案，目标是在一个载波的宽度内，不仅实现高速的语音和非实时的分组数据业务，而且能够提供实时的多媒体业务。1x EV-DO 和 1x EV-DV 都使用标准的 1.25MHz 带宽，CDMA2000-1x EV 与 IS-95CDMA 后向兼容。

2．系统参考模型

CDMA2000-1x 系统是由基站子系统（BSS）、网络子系统（NSS）及操作维护子系统（OSS）几个子系统组成的，其中，网络子系统（NSS）逻辑上又分为电路域和分组域。图 7.15 是简化的 CDMA2000 系统参考模型，可以显示 CDMA2000 系统主要组成部分及其之间的关系。

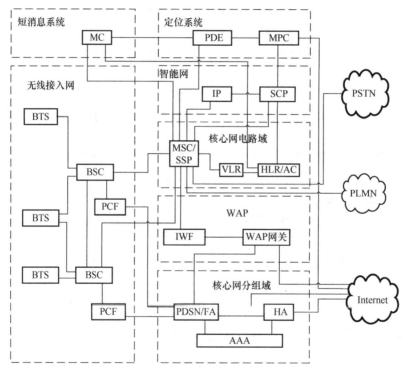

图 7.15　简化的 CDMA2000 系统参考模型

（1）无线部分

无线部分包括 BSC、BTS。其中，BTS 主要负责收发空中接口的无线帧；BSC 主要负责对其所管辖的多个 BTS 进行管理，将语音和数据分别转发给 MSC 和 PCF，也接收分别来自 MSC 和 PCF 的语音和数据。PCF 主要负责与分组数据业务有关的无线资源的控制。它是 CDMA2000 系统中为了支持分组数据而新增加的部分，因此也可以看作分组域的一个组成部分。但大多数厂商在开发产品的时候，将它与 BSC 做在一起，所以这里将它放在无线部分中。

（2）核心网电路域

核心网电路域包括 MSC、VLR、HLR/AC 等，这部分 CDMA2000 的要求与 2G CDMA 的要求基本相同。

（3）核心网分组域

核心网分组域应包括 PCF（分组控制功能）、PDSN（分组数据服务节点）、HA（归属代理）、AAA（认证、授权和计费）。其中，PCF 负责与 BSC 配合，完成与分组数据有关的无线信道控制功能。由于与无线接入部分关系密切，常将 PCF 与 BSC 合设；PDSN 负责管理用户状态，转发用户数据；当采用移动 IP 技术时，需要使用 HA，HA 将发送给用户的数据从归属局转发至漫游地；AAA 负责管理用户信息，包括认证、计费和业务管理。目前，AAA 采用的主要协议为 RADIUS（Remote Authentication Dial-In User Service，远程认证拨号用户服务），所以在某些文件中，AAA 也可以直接称为 RADIUS 服务器。

（4）智能网部分

智能网部分包括 MSC/SSP、IP、SCP 等。从网络结构上看，SSP 和 SCP 等基本配置与第二代移动系统基本相同，智能网业务基本上还是针对电路交换业务的，而对分组数据业务的智能业务、无线智能网将放在以后考虑。

（5）短消息中心

对短消息业务来说，随着 CDMA2000 无线技术的性能改善，短消息系统的容量在变大，短消息传输的时延在降低。

（6）WAP 网关

在这部分，CDMA2000 的要求与 2G CDMA 系统的要求基本相同。由于 CDMA2000 无线技术的性能改善，用户可以明显地感到速度加快，时延降低。

（7）定位

在这部分，CDMA2000 的要求也与 2G CDMA 系统的要求基本相同。PDE（定位实体）与其他网络实体之间主要通过 SS7 进行连接，当它接收 MPC（移动定位中心）的位置请求时，PDE 与 MSC、BSC 以及 MS 等相关设备交换信息，利用各种测量信息和数据通过特定的算法完成具体的定位计算，并将最后的计算结果报告给 MPC。

（8）外部网络

外部网络可以连接到其他固定电话网、移动电话网等，还可以连接到数据网，如局域网、广域网等。

3. IOS V4.1 参考模型

IOS V4.1 参考模型如图 7.16 所示，作为 3GPP2 规定的无线通信标准系列中的一员，其接口参考模型必然与 3GPP2 无线网络参考模型存在对应关系。CDMA2000 遵循 IOS V4.1 的参考模型，其具体特征包括：速率为 64kbit/s 的电路交换；具备与 PSTN/ISDN 互通的能力；A1/A2 接口 MSC 侧的功能；交换能力不低于数万线；具备与多个 BSC 连接的能力；具备 VLR 功能，可与 HLR/AC 互通；基于 TCP/IP 的 OMC 互连接口功能。

BSC 设备通过 A 接口（A1，A2，A5）与 MSC 进行互连，支持语音业务和最高速率为 64kbit/s 的电路型数据业务；通过 Aquater 接口（A10，A11）与分组数据业务支持节点（PDSN）进行互连，支持最高速率为 144kbit/s 的分组数据业务，支持 SIP 业务或移动 IP 业务；通过 Ater 接口（A3，A7）与其他 BSC 进行连接，支持两个 BSC 之间的连接，完成与 MSC 及 PDSN 的互连及有关现场实验；完成 BS 与 PCF 之间的连接为 Aquinter 接口（A8，A9）。

BTS 基站子系统通过 A-bis 接口接收来自基站控制器的无线资源控制命令，完成 3GPP2 Release A 空中接口公共物理信道和专用物理信道（第 1 层）的发送与接收功能。每个 BTS 设备可配置成单载频的 3 个扇区或 3 个载频的单扇区；每个扇区支持单载频满配置 CDMA2000 物理信道（约 48 个语音信道或等效速率的高速数据信道）；每个扇区最大发射功率不小于 10W。每个 BTS 设备包括一个射频合成与分配模块，以实现对各个扇区模拟前端电路的 RF 信号合成与分配。

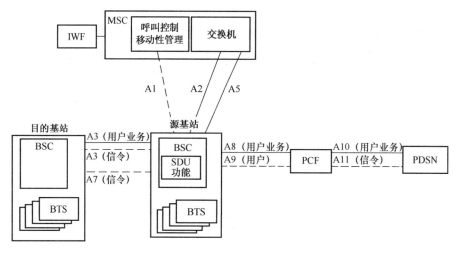

图 7.16 IOS V4.1 参考模型

（1）A1 接口

BS 和 MSC 之间传递的 A1 接口共有两类信息，即 DTAP 或 BSSMAP。MSC-BS 接口间的协议参考模型如图 7.17 所示。其中，BS 为基站，BSAP 为基站应用部分，BSSMAP 为基站管理应用部分，DTAP 为直接传递部分，MSC 为移动交换中心。对于 DTAP 消息，分配数据单元由两个参数组成：消息区分参数和数据链路连接标识（DLCI）参数。DLCI 参数用于 MSC 至 BS 和 BS 至 MSC 双向的消息，表示所传消息的类型和处理。

（2）A3 接口

A3 消息从源基站发送到目标基站，用于发起建立 A3 用户业务连接。A3 接口由信令和用户业务子信道构成，如图 7.18 所示。

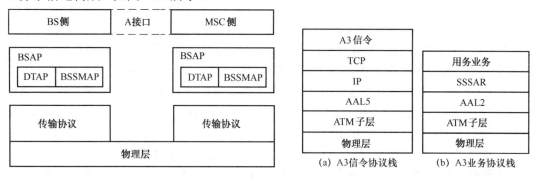

图 7.17 MSC-BS 接口间的协议参考模型　　　　图 7.18 A3 信令及协议栈

（3）A7 接口

A7 信令协议栈如图 7.19（a）所示。A7 接口传输 BSC 间用于支持软切换的信令。

· 114 ·

（4）A9 接口

A9 接口传输 BSC 同 PCF 之间的信令，协议栈如图 7.19（b）所示，协议栈中的各层结构与 A3 接口相一致。A8/A9 接口用于实现 BSC 和 PCF 之间的分组型数据业务。

（5）A11 接口

A11 接口上 UDP 的应用遵照 RFC 2002 中的相关定义，A11 接口协议栈如图 7.19（c）所示。

IOS 应用		
TCP	A9 信令	A11 信令
IP	TCP/UDP	UDP
AAL5	IP	IP
ATM 子层	数据链路层	数据链路层
物理层	物理层	物理层
(a) A7信令协议栈	(b) A9接口协议栈	(c) A11接口协议栈

图 7.19　A7、A9、A11 接口协议栈

4．网络结构及技术

CDMA2000-1x 网络结构如图 7.20 所示，基站系统可以采用 2G CDMA 网络升级的系统，并且直接连到 ATM 交换单元，还可以通过 PDSN 连接到以太网。把基站管理系统通过 ATM 集中起来，CDMA2000-1x 引入了分组交换方式。CDMA2000 关键技术如下。

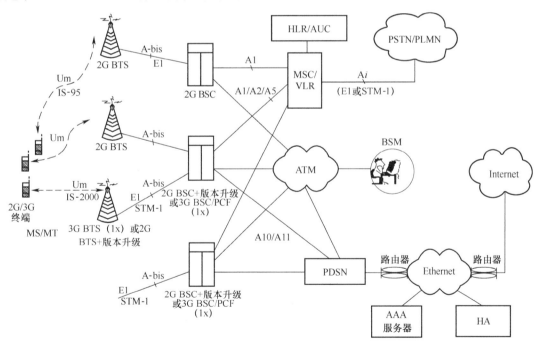

图 7.20　CDMA2000-1x 网络结构示意图

① 初始同步与 Rake 多径分集接收技术：CDMA 通信系统接收机的初始同步包括 PN 码同步、符号同步、帧同步和扰码同步等。

② CDMA2000 系统无线传输技术的主要特点是与现有的 IS-95B 标准向后兼容的，可在 IS-95B 系统的基础上平滑地过渡、发展，保护已有的投资。

③ 功率控制技术：CDMA2000 采用的功率控制有开环、闭环和外环 3 种方式，上行信道采用了开环、闭环和外环功率控制技术，下行信道则采用了闭环和外环功率技术。

④ 前反向同时采用导频辅助相干解调，射频带宽从 1.25MHz 到 20MHz 可调；在下行信道传输中，定义直扩和多载波传输两种方式，码片速率分别为 3.6864Mchip/s 和 1.22Mchip/s。

7.3.3 基站及组网

1. 基站构成

CDMA2000 基站由 BSC 和 BTS（Base Transceiver System，基站收发信机）构成，而 BTS 则由 BBU（Base Band Unit，基带单元）、RRU（Remote RF Unit，远端射频单元）和 RSU（RF Unit，射频单元）组成，图 7.21 给出了基站构成关系图。

RSU、RRU，为射频单元，是调制/解调收发信机，负责射频的收发双工、接收射频信号的低噪放大、发送射频信号的放大，实现无线网络系统和移动台之间的通信。室内基站，是由 BBU 和 RSU 两部分组成的；室外基站，是由 BBU 和基站远端 RRU 两部分组成的。

BBU，也称基站近端。基带的调制与解调。无线资源管理、呼叫处理、切换控制、功率控制、GPS 定时和同步。基带单元负责基站系统的资源管理、操作维护、环境监控和业务处理。基带插箱可配置控制与时钟模块（CC）、信道处理模块（CH）、网络交换模块（FS）、环境告警模块（SA）、电源模块（PM）等，其架构分布如图 7.21 所示。其中：

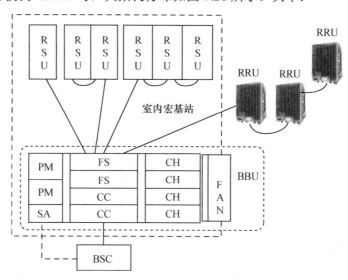

图 7.21 基站构成关系图

CC（Control and Clock Module，控制与时钟模块），完成 GPS 系统时钟和射频基准时钟、A-bis 接口、GE 以太网交换、基带调制和解调、对整个 BBU 监控、管理的功能；提供 1 个 A-bis 口以太网接口（光口、电口可选），可选 1+1 主备。

CH（Channel Processing Module，信道处理模块），最多支持 6 载扇。载扇是指一个基站支持的频点数与覆盖天线方向数的乘积，如一个基站为 3 个扇区、2 个频点，则为 6 载扇。CH 模块分为 CHV 和 CHD 两种，CHV 模块支持 CDMA2000-1x 业务，CHD 模块支持 EV-DO 业务。

FS（Fabric Switch Module，网络交换模块），可提供对基带信号进行复用、解复用、组帧、解帧功能，并可通过 CPRI（Common Public Radio Interface，公共无线接口）光口与 RSU 进行数据交互的功能。每个 FS 支持 6 个基带光纤拉远接口。

FA（Fan Array Module，风扇阵列模块），提供风扇控制和进风口温度检测的功能。

PM（Power Module，电源模块），使BBU电源模块对输入二次直流电压-48V进行处理与分配，可选1+1备份。

SA（Site Alarm Module，现场告警模块），提供对BBU机柜和机房环境监控功能，同时对于采用T1/E1的A-bis连接，还提供A-bis接口功能。此外，SA还提供干接点监控接入功能。每块SA模块提供6路干接点输入和2路双向干接点，提供8路E1/T1接口及保护。

SFP，光模块数量由RRU数量和射频组网方式共同决定，当A-bis接口物理连接采用GE光口时，每块CC还需要配置1个SFP，如链型组网方式就要用到较多的SFP。

2. 基站组网

BSC和BBU之间通过A-bis口相连，物理上可以用E1/T1和GE以太网接口。每个扇区配置双RRU时的连接示意图如图7.22所示，而BSC通过E1/T1接入BBU，可为星型、链型组网。分布式基站CDMA解决方案主设备包括BBU和RRU两部分。BBU与RRU之间采用光口连接，支持CPRI协议。

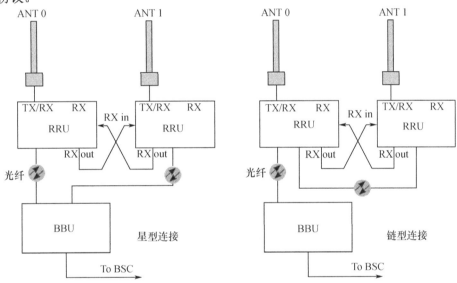

图7.22 单个扇区双RRU连接示意图

（1）星型组网

由于采用点到点的连接方式，基带部分引出的光纤数量等于射频站的总数，从BSC引出的光纤数量相对较多，但该组网方式可靠性相对较高。即每个BBU点对点直接（通过E1/T1）或者间接连接（通过外置传输设备E1/T1）到BSC。这种方式简单可靠。

（2）链型组网

基带部分引出的光纤数量较少，但该组网方式可靠性相对较低。链型组网时，除末级RRU外，其他的RRU都需要再单独配置一个SFP光模块。即多个BBU连成一条链，通过末级BBU接入BSC。链型组网适用于呈带状分布的地区。

A-bis接口支持IP Over Ethernet接入、IP Over E1/T1接入，A-bis接口组网如图7.23所示。BSC通过GE以太网接口接入BBU，该技术方案为客户提供了多种灵活便利的组网方式。基于IP/TCP的连接方式有：BSC通过网线直接与BBU相连；BSC通过Hub或Switch与BBU连接；BSC通过路由器与多个BBU相连。

图7.24给出了BBU与RRU组成的分布式基站解决方案。分布式基站解决方案采用BBU

与 RRU 分离，RRU 分布式布置，多个 RRU 共享 BBU 资源的方式。该解决方案对机房空间需求少、易施工，适用于城市、CBD 等人口密集地区，还可用作盲点覆盖。

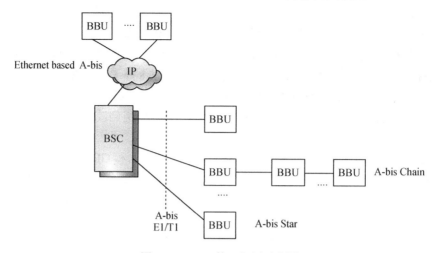

图 7.23　A-bis 接口组网示意图

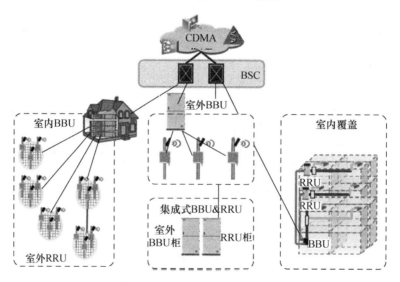

图 7.24　分布式基站解决方案

习　题　7

1. 简述基于 R99、R4 的 WCDMA 系统的优缺点。
2. UMTS 系统网络单元由哪些主要部分组成？其主要功能有哪些？
3. 对照 R99 和 R4 的网络结构图，指出系统的差异。
4. 依据 TD-SCDMA 的物理信道信号格式，说明其一个无线帧的时隙分配。
5. 简述 CDMA2000 系统参考模型的主要组成部分及功能。
6. CDMA2000-1x 系统结构有哪些特点？
7. CDMA2000 基站的 BTS、BBU、RRU 和 RSU 有什么关系？说明 BBU 的具体构成。
8. 简述 TD-SCDMA、CDMA2000 和 WCDMA 的技术特点。

第8章 广播电视网

在国际上，CATV 网是各大信息业抢占市场的制高点，曾发生了 3 起有关有线电视网的并购事件，总金额达上千亿美元。我国有世界上第一大有线电视网，入网户数上亿，已成为家庭入户率较高的信息工具之一。本章主要围绕广播电视网，介绍 Cable Modem，HFC、IPTV 等相关技术及应用。

8.1 广播电视网概述

广播电视网是一个向公众提供定时声像节目，以一点到多点的方式传送业务（服务）的网络。传统的广播电视网采用树型结构，并且传送无交换，技术上不利于支持双向（交互式）业务。目前，CATV（Community Antenna Television，有线电视）已从最初单一的同轴电缆演变为光纤与同轴电缆（带宽为 75MHz 或 1GHz）混合使用的一种光纤/同轴电缆混合（HFC）网，为发展宽带交互式业务或电信业务打下了良好的基础。CATV 是广播电视网的重要组成部分，也是广播电视网与整个信息网相融合的重要途径。

8.1.1 线缆调制解调

线缆调制解调技术，是一种将数据终端设备（计算机）连接到有线电视网（Cable TV），以使用户能进行数据通信、实现访问 Internet 等信息资源。它是近几年随着网络应用的扩大而发展起来的，主要用于有线电视网进行数据传输。它由 CM（Cable Modem，线缆调制解调器）、CMTS（Cable Modem Termination System，CM 终端系统）组成，其传输速度一般可达 500kbit/s～50Mbit/s，距离可以是 100km 甚至更远。

1. 传输标准

国际电联电信标准部 1999 年通过了 J.112 建议 DOCSIS（交互式有线电视业务传输系统），基于 DOCSIS 标准的 CM 系统，下行采用 64QAM 或 256QAM 调制方式；上行采用 QPSK/16QAM 调制方式。CM 在一个 6MHz 或 8MHz 的宽带中，若采用 64QAM 调制，其下行传输速率能达到 40Mbit/s；在 1.8MHz 的带宽时，当采用 QPSK/16QAM 调制技术时，其下行传输速率大约为 10Mbit/s；上行速率可达到 5.12Mbit/s，但是它的上、下行带宽均为用户共享。

2. 频率配置

CM 有丰富的频率带宽资源，根据 GY/T106 广播电视技术规范行业标准规定，5～65MHz 为上行频率配置；65～87MHz 为过渡频率带；87～108MHz 为调频广播范围；108～1000MHz 为模拟、数字、数据业务下行带宽。根据 IEEE 802.14F 规定，5～45MHz 为 CM 的上行频率配置，50～450MHz 用于传输下行模拟信号，450～750MHz 用于数字传输。

3. CMTS

CMTS 是电缆调制解调器前端设备，它能对终端设备 CM 进行认证、配置和管理，还能为 CM 连接 IP 骨干网提供 Internet 通道，而且能在客户端和 HFC 网络之间提供透明的 IP 传输通道。CMTS 从功能上可视为网络 Hub，一方面利用 Two-Way Cable Of FDMA/TDMA 信道与各 Cable Modem 交互；另一方面以各种标准网络接口（如 100Base-T、1000Base-T、FDDI、ATM）

向外部的 Internet 主干转发 IP。CMTS 设备设置的网络端口用于连接以太网的交换机、10/100Mbit/s 以太网接口、路由器或 ATM 交换机。它是数据接入的心脏，通过它提供运营商电缆设备和 IP 网络之间的分组连接能力，CMTS 可以方便有效地进行升级，支持增强功能、因特网电话和组播应用等。一般情况下，它的下行通道的速率分别为 10Mbit/s、37Mbit/s。

4．CM

CM（Cable Modem，电缆调制解调器）是用户终端数字设备，由调谐器、解调器、脉冲调制器、处理器和接口组成，是一种可以通过有线电视网络进行高速数据接入的装置。它能承载 5～16 个用户，也可为单独用户使用，负责接收 CMTS 送来的下行数据信息，并把接收的信息调制成用户所需的信号。CM 还可以是一个桥接器、路由器、网络控制器或集线器，与 CM 相连的终端设备就是 PC。CM 分内置式和外置式两种，内置式 CM 通过 PCI 接口与 PC 相连；外置式 CM 可通过串行接口或以太网接口与 PC 相连。CM 的网络接口分别为 RF（Radio Frequency，射频）和 CPE（Customer Premise Equipment，客户端设备）接口，传输上行数据时都要通过这两个接口，如果采用电话回传，CM 就只有下行数据通过 RF 接口；而 CPE 网络接口主要是连接用户 PC 和本地以太网的 USB 标准接口，其速率可达 10Mbit/s。CM 还应具备 IP、Telephone 的电话接口，这样用户可通过 HFC 网络开展电话通话业务。

CM 将上、下行数字信号用不同的调制方式调制在双向传输的某一个 6MHz（或 8MHz）带宽的电视频道上。它把上行的数字信号转换成模拟射频信号，类似电视信号，所以能在有线电视网上传送。接收下行信号时，CM 把它转换为数字信号，以便计算机处理。CM 在 HFC 网络中的数据传送要占用上、下行两个频道才能完成双向传输工作，可提供高达 30～40Mbit/s 的传输速率。

目前使用的 CM 有 TDMA 和 S-CDMA（同步码分多址）两种方式。TDMA 时分多址方式因对噪声的抑制能力差而逐渐被淘汰；S-CDMA 技术有很强的抗噪声能力，能在信噪比为 15dB 的环境下正常工作，即使信噪比在-13dB 时也能确保数据信息不中断，但在速率上有所下降。S-CDMA 在升级、可靠性等方面都有一定的优势，已成为理想的网络连接方式。

CM 在 HFC 网络中运行的基本过程是：当 Internet 信息通过 CMTS 网络接口连接到 CMTS，CMTS 再通过 CMTS 的 RF 接口将信号通过光发射机变成光信号后再送入 HFC 网络中，光信号到达远端的光接收机变成 RF 信号后通过 CM 的 RF 接口连接到 CM 电缆调制解调器中，然后 CM 经 CM 的 CPE 接口连接到用户终端的 PC 上，这一过程就是 CM 在 HFC 网络中进行 IP 传输的基本过程。

在 HFC 双向网络中采用了 QPSK（四相相移键控）和 QAM（正交振幅调制）两种数字信号载波调制方式。QAM 具有较高的频带利用率，而 QPSK 技术有抗干扰性强的显著特点，把这两种技术结合在一起，融入双向传输的网络中，在频道干扰严重、信噪比严重恶化的条件下，都能使所传输的信号和信息正常运行，起到了非同小可的作用。

CMTS 和 CM 配合在一起，在 HFC 网络中得到了广泛的应用，如召开音/视频会议、网上炒股、IP 电话（IP Telephone）、远程教育、网上双向游戏、网上购物和其他服务项目等。CMTS 可设在前端机房，也可设在分中心或者片区光节点，CMTS 能在有线电视网和数据网之间起到网关的作用。每台 CM 除拥有一个 48 位的物理地址外，还有一个 14 位的服务标识（Service ID），并由 CMTS 为每台 CM 分配带宽，实现 QoS 管理。

8.1.2 有线电视数字机顶盒

1. 数字机顶盒原理

随着双向网络的建设和交互式应用的普及，基于交互式的应用软件也越来越多。有线电视数字机顶盒的基本功能是接收数字电视的广播节目，其原理如图 8.1 所示。调谐模块接收射频信号并变频为中频信号，在经过 A/D 转换变为数字信号后，进入 QAM 解调模块进行 QAM 解调，输出 MPEG（Moving Picture Experts Group，运动图像专家组）流，从中可以抽出一个节目的 PES（Packet Elemental Stream，分组的基本数据流）数据，包括视频 PES、音频 PES、数据 PES，解复用模块中包含一个解扰引擎，可对加扰的信号进行解扰，这时输出的信号就是解扰的 PES。视频 PES 送入视频解码模块，取出 MPEG 视频数据，并对 MPEG 视频数据进行解码，然后输出到 PAL/NTSC 编码器，编码成模拟视频信号再经过视频输出电路输出；音频 PES 送入音频解码模块，取出 MPEG 音频数据，并对 MPEG 音频数据进行解码，输出 PCM 音频数据到 PCM 解码器，PCM 解码器输出立体模拟音频信号，经音频输出电路输出。同样，视频 PES 送入视频解码模块，最后从视频输出电路输出。

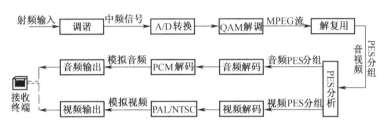

图 8.1 数字电视广播接收解码

2. 机顶盒组成

机顶盒模型如图 8.2 所示。从数字电视机顶盒的构成上看，主要由硬件和软件构成 4 层；从结构上看，机顶盒一般由主芯片、内存、调谐解调器、回传通道、CA（Conditional Access，条件存取）接口、外部存储控制器以及视音频输出等部分构成。

（1）机顶盒模型分层

① 应用软件层：包括本机存储的应用和可下载的应用，目前国内机顶盒中的应用较少，主要以 EPG、数字广播、股票、简单的下载游戏等为主。

② 中间件：是将应用软件与依赖于硬件的底层软件隔离开来的软件环境，使应用不依赖于具体的硬件平台，它通常由各虚拟机构成，如 HTML、Java 虚拟机。

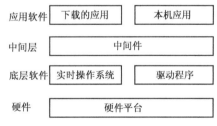

图 8.2 机顶盒软硬件环境模型

③ 底层软件：也称驱动层，提供操作系统内核以及各种硬件的驱动程序。实时操作系统是指在实时的环境和较小的空间中运行的操作系统，是专门用于机顶盒的软件。

④ 硬件层：提供机顶盒硬件的平台。新技术的发展使机顶盒的物理接口不断地增加，如 RS-232 接口、红外遥控器接口、无线键盘接口、WiFi 接口等。

（2）机顶盒结构

机顶盒结构包括调谐解调器、内存、主芯片、外部存储设备、智能卡接口和回传通信接口。

① 调谐解调器：将传输过来的调制数字信号解调还原成传输流，调谐解调器的不同就构成

了不同的数字机顶盒。例如，用于 QPSK 解调的卫星机顶盒（DVB-S），用于 QAM 解调的有线数字机顶盒（DVB-C）以及用于 OFDM 解调的地面传输数字机顶盒（DVB-T）。

② 内存：主要分为 Flash 内存和 SDRAM 内存。Flash 用来存储机顶盒的系统软件、驱动软件、应用程序以及一些用户信息，在系统断电时内容还可保留，同时 Flash 可以通过在线的方式对其上所载的软件进行更新，达到机顶盒软件升级的目的。

③ 主芯片：机顶盒的功能大都集成在一个主芯片里，例如将 CPU、解码器、解复用器、调谐解调器、图形处理器与视音频处理器集成在芯片中，有效地降低了器件成本并提高了可靠性。

④ 外部存储设备：一般指外挂式硬盘，大容量的硬盘可以用于存储节目流，以满足用户的个性化需求。

⑤ 智能卡接口：采用通用接口（CI, Common Interface）来完成对 CA 智能卡的读取。CI 是一个由 DVB 组织为机顶盒和分离的硬件模块之间定义的标准接口。

⑥ 回传通信接口：用户对机顶盒的需求已不仅仅是简单地收看节目，而交互式的需求使机顶盒中内嵌了回传设备，以满足用户将信息回传到前端。

8.1.3 分配器和分支器

在广电网中使用了大量的分配器及分支器，图 8.3 是分配器和分支器表示符。

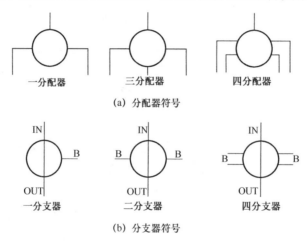

图 8.3 分配器和分支器表示符

分配器是无源器件，在电缆分配网络中主要用于用户终端信号的分配。使用中可以将一路信号功率平均分配给几路（2、3、4 路等）；也可以反过来使用，将几路信号混合在一起输出，这个不常用。由馈电型分配器为分支器的每一路输出提供低压工频交流电。

分支器也称串联单元，其输入端和输出端都采用 F 形接头座，分支器的输出就是用户的共用天线插座，通常用的有一、二、四分支器。普通型分支器的选取要求带宽大、隔离度高、反射损耗大及带内波动小等，在工艺上要求采用锌合金一体化的外壳，其屏蔽系数要超过 100dB。

8.1.4 广电网的数字化

广电网络的全数字网络应从节目播出的信息中心到接收节目的终端（电视机等）设备都实现数字化，提供数字电视、数字广播服务。数字节目播出系统如图 8.4 所示，为用户播出各种节目。关键的播出设备都是主/备用两套，数字交换机完成播出节目的信道转换。

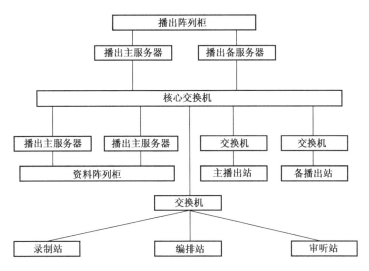

图 8.4 数字节目播出系统

数字广播系统如图 8.5 所示,调音台是信号的合成单元,工作站是通过调音台和整个系统连接起来的。在这里,调音台作为数字信号(备份)、模拟信号、ATM 信号的输出,它还作为 ATM 终端,把音频流转换成 ATM 格式的信号流,其他的 ATM 终端也起这样的作用,把各种音频流转换成 ATM 格式的信号。这里的数字信号采用 MPEG-2 格式,模拟矩阵是在 ATM 交换机不工作时作为备份进行信号的交换,二选一的作用就是在 ATM 和模拟矩阵之间进行自动或手动的切换。数字音分就是把一路信号源在没有任何损耗的情况下转换为多路信号,以便为各个功能站点使用。光端机、数字微波就是对输出信号进行编码并传送到发射台。

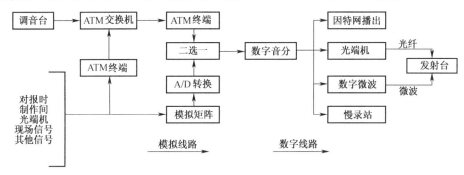

图 8.5 数字广播系统

8.2 HFC 网

HFC(Hybrid Fiber Coaxial)网是指光纤同轴电缆混合网,就是可以充分利用现有的有线电视网络,不需要再单独架设网络。HFC 网络大部分采用传统的高速局域网技术,但是最重要的组成部分也就是同轴电缆到用户 PC 这一段使用了 Cable Modem 技术。

8.2.1 HFC 网络结构及频率分配

HFC 可提供很宽的频段和很多的电视节目,如图 8.6 所示,先由光纤传送至几个主要地区,再由同轴电缆分接至每个住宅用户的电视机,让用户各自选看需要的电视节目。双向互动需要配上前面讲的机顶盒,并且同轴放大器要改造成双向的。

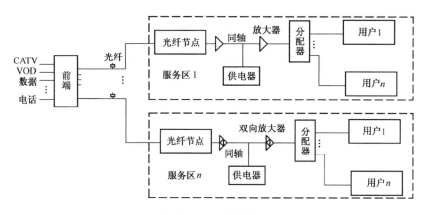

图 8.6 HFC 网络结构

HFC 是一种使用副载波调制的通带系统,前端是信号源,将电视信号、语音、数据等混合后加载到光纤上再传送至光电节点,每个节点放在靠近用户的地方(即 FTTN),可服务约 500 个用户。每个光节点呈星状发出数条分支,每条分支使用树型同轴电缆分配网与用户相连,上行信道带宽将只由 235 户或更少的用户分享,噪声积累的下降也将使信道质量得到明显的改善。网络拓扑结构的变化也使现代 CATV 网具备了从单纯的视频信号分配网走向宽带接入网的条件。这种以 CATV 网为基础发展起来的混合网有时也被称为 CATV-HFC 网。

HFC 网络的频带分配如图 8.7 所示。上行传输带宽限制在 5~42MHz,下行 50~550MHz 用于模拟电视,可传送 59 个 PAL 制式节目,550~750MHz 用于数字电视和下行数据,750~1000MHz 作为双向个人通信和数字业务使用。

图 8.7 HFC 网的频谱分配

8.2.2 HFC 组建宽带网

宽带业务的迅猛发展给通信技术带来了新的挑战和机遇,运营公司利用 HFC 网,可以提供除 CATV 业务以外的语音、数据和其他交互型业务,称之为全业务网(FSN)。利用 HFC 可以组建各种形式的宽带网,并利用 Cable Modem 组建的宽带数据网如图 8.8 所示。

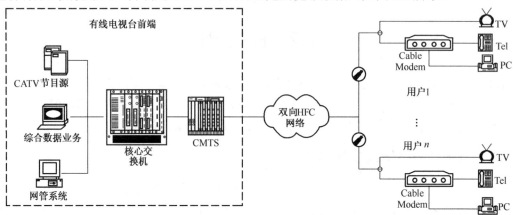

图 8.8 利用 Cable Modem 组建宽带数据网

电缆调制解调器可提供标准的以太网接口，部分地完成交换机、路由器等的功能。HFC 网络在开展交互双向电信业务上，具体表现在以下几个方面。

① 它能为信号传输提供足够的带宽，从而为多媒体服务提供了充足的条件。

② 灵活地支持交互式和广播式业务，同时支持模拟和数字信号的传输，可以向每个用户提供高达 2Mbit/s 以上的交互式宽带业务。

③ 采用射频混合技术，用户可继续使用模拟电视接收机。

④ 灵活地支持多种业务，实现数据、视频业务、语音的真正业务集成。

HFC 网络的不足之处有：系统采用的模拟传输技术与整个通信网数字化趋势相反，此问题的解决有待于数字电视技术的发展和推广。

8.3 有线广电网的应用及发展

8.3.1 CATV-HFC 应用

目前，有线广电网在各个领域的应用及以后的发展趋势已越来越受到人们的关注。

CATV-HFC 和传统的电话线相比要优越得多。针对 CATV-HFC 网络，IP 电话的实现有以下几种形式。

① 电话到电话（Phone to Phone）形式的语音通信。用户使用的电话及线路为传统的电话和电话线，市内呼叫时，和以前一样，电话语音信号由 PSTN 送入目的用户电话。当用户电话长途出局呼出时，语音信号由 PSTN 的电话交换机输出至网关设备，网关设备将数字化的语音数据分段，加入 IP 包头，形成 IP 包。网关设备将其 IP 包输出到由 CATV-HFC 构成的 IP 网络的节点路由器，由路由器将此 IP 包送达目的地。再由目的地的网关设备将其拆包、组合并重新还原成原来信号后交由 PSTN 的电话交换机送至目的电话。

② 计算机到计算机（PC to PC）形式的语音通信。语音信号直接由通过 Cable Modem 接入的用户端计算机转换成数据，并把目的地址等信息加入形成 IP 包后送入由 CATV-HFC 构成的 IP 网络，网络路由器将按 IP 包上的目的 IP 地址直接送到目的用户。在目的用户端由用户的计算机转换成语音信号。

③ 计算机到电话（PC to Phone）形式的语音通信。一端是 CATV-HFC 通过 Cable Modem 接入的用户端计算机；另一端是 PSTN 的传统电话机。语音信号由用户端计算机转换成数据，并把目的地址等信息加入形成 IP 包后送入 CATV-HFC 构成的 IP 网络，网络路由器将按 IP 包上的目的 IP 地址直接送到目的用户所在地的网关设备，网关设备将其拆包、组合并重新还原成原来信号后交由 PSTN 的电话交换机送至目的电话。

另外视频点播（VOD）系统，是一种受用户控制的视频分配业务，它使得每一个用户可以交互地访问远端服务器所存储的丰富节目源，也就是说，在家里即可随时点播自己想看的有线电视台服务器存储的电影及各种文艺节目，实现人与电视系统的直接对话。

CATV 由于有 1GHz 的带宽，且宽带到用户，因此它进行多媒体通信是非常有优势的。

8.3.2 IPTV 系统

IPTV 系统能使音视频内容的节目或信号，以 IP 包的方式，在不同物理网络中被传送或分发给不同用户。它包括音视频编解码、IP 信令、IP 单播（Unicast）、IP 组播（Multicast）、IP 机顶盒等技术，还涉及各种不同类型的宽带接入网络技术，如 Cable Modem、以太网络和 xDSL 等。

IPTV 系统主要包括流媒体服务、节目采编、存储及认证计费等子系统，主要存储及传送的内容是以 MPEG-4 为编码核心的流媒体文件，基于 IP 网络传输，通常要在边缘设置内容分配服务节点、配置流媒体服务及存储设备等。如 IP 电视节目，从节目中心（First Mile）播出，并通过骨干网、城域网和宽带接入网（Last Mile）传输，直到被用户接收的端到端的系统网络架构，如图 8.9 所示。一个端到端的 IPTV 系统一般具有节目采集、存储和服务、节目传送、用户终端设备和相关软件共 5 个功能部件，下面分别对其进行介绍。

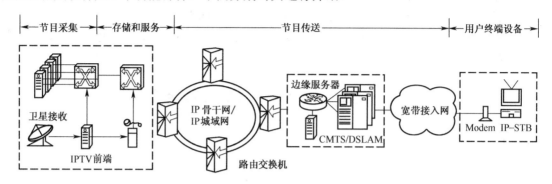

图 8.9　IPTV 系统业务的网络架构

（1）IPTV 前端

它一般具有节目采集与存储和服务两种功能。节目采集包含节目的接收、节目的压缩编码或变换编码及格式化、加密和 DRM 打包以及节目生成等。节目的接收指从卫星、CATV 网、地面无线和 IP 等网络中接收节目；节目存储和服务则完成对经节目采集程序处理后生成的节目的大规模存储或播送服务；播送服务不仅要将加密的视音频流媒体节目，以 IP 单播或组播的方式，从视频服务器播送出去，而且还要对用户或用户终端设备进行认证（Authentication），并从 DRM 授权/密钥服务器（DRM License Server），向被认证的用户或用户终端设备传送 DRM 授权/密钥，使用户能够对已接收的加密视音频流媒体节目进行解密和播放。

（2）节目传送

IPTV 系统的节目传送功能是由 IP 骨干网、IP 城域网、有线电视网前端以及相应的宽带接入网络完成的。对以 IP 单播或组播方式发送的视音频流媒体节目流进行路由交换传输，是 IP 骨干网和 IP 城域网在 IPTV 系统网络中要发挥的基本功能，普遍采用了内容分送网络技术。IP 骨干网和 IP 城域网也可以采用不同的低层物理网，以 IP over SDH/SONET（即 Packet over SDH/SONET）、IP over ATM 或 IP over DWDM 的方式提供传输服务。有线电视网前端（至 Cable Modem）则根据相应的宽带接入网络，将 IP 视音频流媒体节目流以 IP over DOCSIS 的方式，通过放在有线电视前端的 CMTS 设备，向用户发送出去。

通常，IP 骨干网和 IP 城域网现有的路由器一般都支持各种不同的 IP 单播路由协议，但许多路由器必须通过升级方能支持 IP 组播路由交换，支持的 IP 组播协议是 IGMPv2。为了保证所传送的 IPTV 节目流的质量和实时收看性，IP 骨干网和 IP 城域网通常要采用各种不同的 IP QoS 技术，如 MPLS 等。

（3）用户终端设备

IPTV 用户终端设备被用来接收、存储、播放及转发 IP 视音频流媒体节目。用户终端可以是 IP 机顶盒＋电视机，也可以是 PC。基本型 IPTV 用户终端设备的硬件没有内置 Cable Modem 或 xDSL Modem，它只提供一个以太网接口，与外部的 Cable Modem、xDSL Modem 或以太网 Hub 相接；集成式的 IPTV 用户终端设备则内置 Cable Modem 或 xDSL Modem，可与 Cable Modem

或 xDSL 宽带网络直接相连。高端 IPTV 用户终端设备还带有内置硬盘，支持 IEEE 802.11 无线联网功能，能将 IP 视音频流媒体节目通过无线传输给其他设备，如 PC 等。一个 IPTV 用户终端设备必须带有 IPTV 系统所使用的 DRM 技术的客户端软件。为了使 IPTV 系统成为一个开放式的业务平台，IPTV 用户终端设备通常还使用了中间件软件。

8.3.3 有线电视网的发展

在许多国家，有线电视网的覆盖率已与公用电话网不相上下，成为社会重要的基础设施之一。

1. 宽带业务

CATV 网的带宽资源与 Internet 结合，可以衍生出更多的业务，同时为客户提供高质量的视频、数据，因此，对 CATV 网络资源的开发就越发诱人。

随着 IP 业务成为通信的主流，人们开始以 IP 业务为主，对网络进行优化设计，将密集波分复用（DWDM）以及分组传输网（PTN）等宽带传输能力与吉比特路由交换机的交换、选路能力结合起来，成为 IP 优化光纤网络。在城市 HFC 网上采用带有光端口的吉比特路由交换机，可直接在单模光纤上架构 1000/100/10Mbit/s 以太网，构成宽带城域网。

2. 三网合一

所谓三网融合，就是在同一个网上实现音频、数据和视频的传送。三网融合的基本含义，即表现为三网在技术上趋向一致，网络层上可以实现互连互通、业务层上相互渗透和交叉、应用层上趋向统一。图 8.10 所示的是三网合一实现的例子。HFC 网主干部分采用光纤，光节点到配线盒使用同轴电缆，配线盒到用户端使用分配型同轴引入线。HFC 实现双向传输的方式是在其光纤系统中采用空间分割法，分别用两根光纤传送上行和下行信号，而在同轴电缆中采用频率分割法。HFC 技术将数字信号调制成 QAM 信号，并以频分复用方式把语音信号、数据信号、按需视频点播、模拟有线电视信号综合在一起，再调制到激光器上，以模拟方式在光缆和同轴电缆系统中传输，在接收端解调恢复为原来信号。

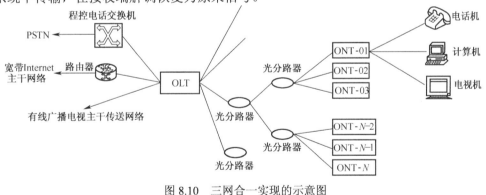

图 8.10 三网合一实现的示意图

习 题 8

1. 简述 Cable Modem 原理及应用。
2. 何为 HFC？用 HFC 构成一个 CATV 网络。
3. 论述 IPTV 系统在广播电视网中的发展和应用前景。
4. 有线电视数字机顶盒由哪些部分组成？机顶盒有哪些应用？
5. "三网业务的融合是今后网络发展的必然趋势。"这种提法对吗？为什么？

第9章 数据通信网

数据通信是计算机技术和通信技术相结合的产物,数据通信网是计算机网络通信赖以生存的基础。目前,公用数据通信网由电信运营商在经营,并向全社会提供数据通信业务。我国传统的数据通信网,主要有数字数据网(CHINADDN)、分组交换网(CHINAPAC 或 PSPDN)、和帧中继网(FRN),本章将对这 3 种网络的相关技术及网络结构进行介绍。

9.1 DDN

9.1.1 DDN 网络

DDN(Digital Data Network)为用户提供专用的数字数据传输信道,或提供将用户接入公用数据交换网的接入信道,也可以为公用数据交换网提供交换节点间用的数据传输信道。它是提供语音、数据、图像信号的半永久性连接电路的传输网络。

我国数字数据网(CHINADDN)骨干网的网络结构如图 9.1 所示,DDN 已从最初提供简单的数据传输服务,逐渐拓展到能支持多种业务的增值。DDN 可支持内外时钟或独立时钟方式,是不具备交换功能的数据传输网,可以理解为是依附在电信传输网上的一个子网。

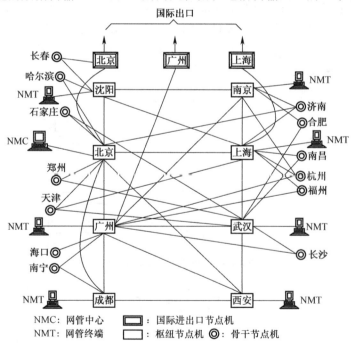

图 9.1 CHINADDN 骨干网的网络结构

DDN 一般没有交换功能,只采用简单的交叉连接与复用装置,由 DDN 节点、数字通道、网管维护系统、网络接入单元和用户设备组成,如图 9.2 所示。

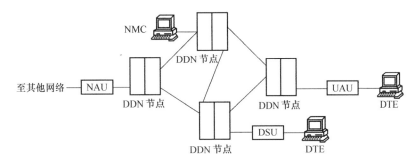

NAU：网络接入单元　　UAU：用户接入单元　　DSU：数据业务单元
DTE：数据终端设备　　NMC：网络维护管理中心

图 9.2　DDN 网络结构

1．DDN 节点

DDN 节点包括时分复用器和数字交叉连接系统，主要完成接入、复用和交叉连接功能。通常 DDN 在本系统中的时分复用器是分级实现的：第 1 级，将来自多条用户线的信号形成 64kbit/s 通信数据流；第 2 级，将 64kbit/s 数据流按 32 路 PCM 系统格式进行时分复用。

数字交叉连接系统（DACS，Digital Access and Cross-Connect System）用于通信线路的交接、调度管理。它的主要设备是智能化的数字交叉连接设备（DXC）、带宽管理器以及供用户接入的设备。

DXC 的设备系列代号为"DXC m/n"，其中"m"表示输入数字流的最高复用等级，"n"表示可以交换（或交叉连接）的数字流的最低复用等级。"m"的数值范围是 0～6，其含义如下：

$m=0$，表示 64kbit/s

$m=1$，表示 2Mbit/s　　　（PDH）或 VC12（SDH）

$m=2$，表示 8Mbit/s　　　（PDH）或 VC-2（SDH）

$m=3$，表示 34Mbit/s　　（PDH）或 VC-3（SDH）

$m=4$，表示 140Mbit/s　 （PDH）或 155Mbit/s（SDH）

$m=5$，表示 622Mbit/s　 （SDH）

$m=6$，表示 2.5Gbit/s　　（SDH）

DXC 的设备由同步电路、交换矩阵（交叉连接）、微机处理组成。

从组网功能上，DDN 节点可分为 2M 节点、接入节点和用户节点。

① 2M 节点：主要执行网络业务的转接功能。其主要有 2048kbit/s 数字通道的接口；2048kbit/s 数字通道的交叉连接；$N×64$kbit/s（$N=1\sim31$）复用和交叉连接；帧中继业务的转接功能。因此，通常认为 2M 节点主要提供 E1 接口；对于 $N×64$kbit/s 进行复用和交叉连接，起到收集来自不同方向的 $N×64$kbit/s 电路，并把它们归并到适当方向的 E1 输出的作用，或者直接对 E1 进行交叉连接。2M 节点如图 9.3 所示。

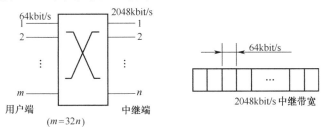

图 9.3　2M 节点

② 接入节点：主要为 DDN 各类业务提供接入功能。如 $N×64$kbit/s、2048kbit/s 数字通道的接口；$N×64$kbit/s（$N=1\sim31$）的复用；小于 $N×64$kbit/s 子速率复用和交叉连接；帧中继业务用户接入和本地帧中继功能；压缩语音/G3 传真用户入网等。

③ 用户节点：主要为 DDN 用户入网提供接口，并进行必要的协议转换，包括小容量时分复用设备（包括压缩语音/G3 传真用户接口等）；LAN 通过帧中继互连的路由器等。用户节点也可以设置在用户处。

2．网管中心及数字通道

网管中心（NMC）采用分级管理，各级网管中心之间能互换管理和控制信息，网管中心可以查看网络的运行情况、线路利用情况、统计报告、节点告警和故障报告等，并及时反映到网管中心，以便实现统一的网管功能。

DDN 向用户提供端到端的数字信道，由光纤或数字微波通信系统组成的传输网是 DDN 的建设基础，PCM 高次群设备和光缆的大量使用及 SDH 光同步传输网的建设，使 DDN 具有以数字传输网作为网络建设基础的条件。

3．用户端

（1）用户接入

用户接入是指用户设备经用户环路与节点连接的方式及业务种类。

用户接入可以是用户的网络接入单元（NAU），单个或成对出现，或是节点直接与终端相连接的接口；也可以是用户接入单元（UAU）或数据业务单元（DSU），如调制解调器或基带传输设备，以及时分复用、语音/数字复用等设备。DSU 属于 UAU 的一种。

（2）用户环路

用户环路是指用户终端至本地局之间的传输系统。用户是如何接入 DDN 的呢？由于目前连接用户和 DDN 业务提供商的介质主要是双绞线，用户接入主要采用 Modem 和 2B+D 线路终端设备，xDSL 设备也有所应用，PCM 是有条件大客户的另一选择。传输方式主要为以下 3 种。

① 四线全双工基带传输：适用于距离较短或传输速率较高的情况。
② 二线全双工基带传输：适用于距离 DDN 节点较远的用户。
③ 模拟专线方式：作为前两种方式的补充，尽量少用。

（3）用户设备

用户设备包括用户终端和连接线。用户端设备可以是局域网，通过路由器连至对端，也可以是一般的异步终端或图像设备，以及传真机、电传机、电话机、数据终端、个人计算机、用户交换机、LAN 的桥接机、路由器及视像等设备；连接线包括：电话线、RS-232 电缆、RJ-25 芯插头及 LAN 使用的 10Base-T、10Base-5、10Base-2 等。

DTE 和 DTE 之间是全透明传输。

9.1.2　DDN 业务及应用

CHINADDN 以灵活的组网方式，可以向用户提供多种业务，如图 9.4 所示。DDN 提供的业务是可在一定范围内任选传输速率的、全透明的、同步［600bit/s～64kbit/s、$N×64$kbit/s（$N=1\sim31$）、2Mbit/s］/异步（200bit/s～19.2kbit/s）兼容的数据信道；虚拟专用网（VPN）业务等；速率为 2B+D、30B+D 的数字传输信道，以配合发展 ISDN 的需要。

1．提供专用电路业务

基本专用电路：这是规定速率的点到点专用电路。

高可用度 TDM 电路：DDN 通过信道备用、高优先级等措施提高 TDM 电路的可用度。

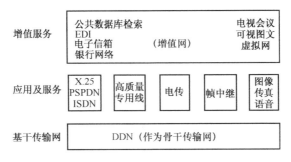

图 9.4　DDN 提供的业务

低传输时延专用电路：DDN 通过选择地面路径连接，不引入卫星电路的附加传输时延。

定时专用电路：用户与网络约定专用电路的连接时间和终止时间，定时使用专用电路。

多点专用电路：N（$N>2$）个用户之间的专用电路业务。

2．提供数据传输信道

DDN 可为公用数据交换网、各种专用网、无线寻呼系统、可视图文系统、高速数据传真、会议电视、ISDN（2B+D 信道或 30B+D 信道）以及邮政储汇计算机网络等提供中继或用户数据信道，可为企业或办事处提供到其他国家或地区的租用专线。租用一条 DDN 国际专线，采用新的压缩技术，可以灵活地将 64kbit/s 划分为 2.4kbit/s（传送电报）、8kbit/s（传送电话）、9.6kbit/s（计算机联网），且具有定时开放能力，即在约定的时间接通或拆除客户租用的数据电话，对客户而言更经济合理。

3．公用 DDN 的应用

DDN 可向用户提供速率在一定范围内可选的同步、异步传输或半固定连接端到端的数字数据信道。其中，同步传输速率为 600bit/s～64kbit/s；异步传输速率用得较多的有 19.2kbit/s、56kbit/s 等；半固定连接是指其信道为非交换型，由网络管理人员在计算机上用命令对数字交叉连接设备进行操作。

4．网间连接的应用

DDN 可为帧中继、虚拟专用网、LAN 以及不同类型网络的互连提供网间连接；利用 DDN 实现大用户（如银行）局域网联网；可以使 DDN 网络平台成为一个多业务平台。

由于 DDN 独立于电话网，所以可使用 DDN 作为集中操作维护的传输手段。不论交换机处于何种状态，它均能有效地将信息送到操作维护中心。

9.2　分组交换网

分组交换具有较适合计算机通信的特点，因此得到了很快的发展，目前已开通了世界范围的分组交换数据传送业务。

9.2.1　数据通信系统

数据是指用数字信号代表的文字、数字及符号等，数据通信是以传输和交换数据为业务特征的电信通信方式，数据通信系统的构成如图 9.5 所示。

1．数据终端设备（DTE）

DTE 是计算机网中用于处理用户数据的设备，从简单的数据终端（甚至 I/O 设备）到复杂的中心计算机均称为 DTE，一般指 PC 或 I/O 设备。通常，一次从主叫 DTE 到被叫 DTE 的通信，需要经过多个节点交换机才能完成。以下介绍 DTE 的主要功能。

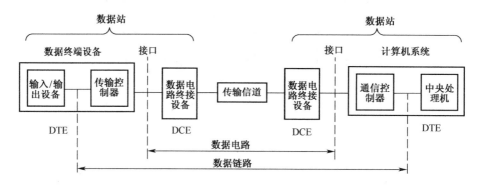

图 9.5 数据通信系统的基本构成

① 输入/输出功能：是把人们可以识别的数据变换成计算机能够处理的二进制信息，再把计算机处理的结果变换成人们可以识别的数据。

② 传输控制功能：由传输控制器和通信控制器按双方预先约定的传输控制规程，完成通信线路的控制、收发双方信号的同步、工作方式的选择、传输差错的检测和校正、数据流量的控制以及数据交换过程中可能出现的异常情况的检测和处理。

2. 数据电路终接设备（DCE）

DCE 由数据电路终接设备和传输信道组成。对模拟传输信道而言，DCE 为频带 Modem 设备，用来完成数据信号与模拟信号的相互转换；对数字传输信道而言，DCE 为基带 Modem 设备，用来完成时钟的提取、机内码与线路码的转换以及信道特性的均衡等工作。

DCE 属于网络终接设备，调制解调器、线路接续控制设备以及与线路连接的其他数据传输设备都属于 DCE。

（1）调制解调器（Modem）

如果数据通信网由电话交换网构成，此时传输信道是模拟信道，数据传输采用语音频带数据传输方式，DCE 主要起（频带）调制解调器的作用，即把 DTE 送来的数据信号变换为模拟信号后再送往信道，或把信道送来的模拟信号变换为数据信号后再送往 DTE。除此之外，还包括以下功能。

① 同步/异步：调制解调器有同步和异步两种。异步 Modem 不提供收发双方的同步时钟，传输信号也不提供同步信号；同步 Modem 收发双方在通信前要完成握手连接，要求提供同步和数据流控制功能，在所传输的数字信号中必须提供同步信号。

② 双工方式：调制解调器可以按全双工或半双工方式工作。

③ 自动拨号/自动应答：通过用户在键盘上输入相应命令来实现。

（2）Cable Modem（电缆 Modem）

它可把计算机产生的基带数字信号转换为可在长途数字线路上传送的信道码，是双向 CATV 中的一种用户端设备。

（3）DSU 与 CSU

如果是数字信道，DCE 由数据服务单元（DSU，Data Service Unit）和信道服务单元（CSU，Channel Service Unit）组成。DSU 的功能是把面向 DTE 的数字信道上的数据信号变化为双极性的数字信号、包封的形成/还原、定时信号的产生与提取；CSU 完成信道特性的均衡、信号整形、环路检测等。

3. 传输信道与方式

传输信道通常由通信子网来提供，通信子网由节点交换机与连接它们的链路组成，可分为模拟和数字两种。DCE与传输信道一起构成数据电路。数据电路加上两端的传输控制器和通信控制器构成数据链路。

数据传输方式如下。

① 异步传输方式：收发端的时钟是各自独立的，虽然标称频率相同，但达不到比特同步。异步传输以字符作为传输单位。

② 同步传输方式：又称独立同步方式，要求双方要保证比特同步。

③ 并行传输方式：并行传输是数据以成组的方式在多条并行的信道上同时传输，无须字符同步。

④ 串行传输方式：数据以数字流的形式一个一个地按先后顺序在一条信道上传输，需解决字符同步的问题。

9.2.2 分组交换数据网结构

1. 一级和二级交换中心

公用交换分组数据网（PSPDN，Public Switching Package Data Network）为大型网络，汇接点由一个大容量的交换机构成，通常采用两级结构，根据业务流量、流向和地区设立一级和二级交换中心。我国公用交换分组数据网（CHINAPAC）的结构如图9.6所示。CHINAPAC实行两级交换，设立一级和二级交换中心。

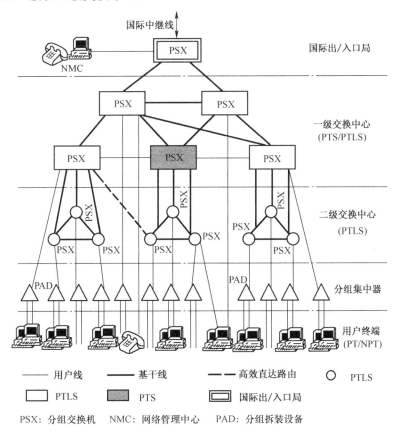

图9.6 我国PSPDN的等级结构和各级交换中心的配置

一级中心之间为网状网,一级中心至所属的二级中心间为星型结构,同一个一级中心所属的二级中心之间采用不完全的网状网。一级交换中心相互连接构成的网,也通常称为骨干网,二级交换中心可采用中转与本地合一的交换机或本地交换机。

分组交换网由分组交换机、网络管理中心、远程集中器与分组装拆设备、分组终端和传输线路等基本设备组成。

2．分组交换机

分组交换机是分组数据网的枢纽。根据分组交换机在网中所处地位的不同,可分为中转交换机、本地交换机;分组交换机从组网角度看可分成两类:一类是适宜于组成公用分组网等大规模网络的产品;另一类是适宜于组成专用分组网等小规模网络的产品。

通常分组交换机(PSX)的设置:一、二级交换中心原则上设置本地/转接合一的分组交换机(PTLS),但对转接量大的一级交换中心,可以设置纯转接分组交换机(PTS)。

分组型终端(PT),将用户的数据文件通过用户线送到分组交换机,并存入交换机的存储器中;如果报文来自非分组型终端(NPT),则该报文到达分组交换机后,经分组拆装设备(PAD)形成分组,再存入存储区中;同样,如果接收段是非分组型终端,则需通过分组拆装设备把分组报文还原成原来的数据报文。

9.2.3 分组交换

分组交换采用面向连接的虚(逻辑)电路交换方式。类似于电路交换方式,虚电路交换方式在通信前需要建立一条端到端的虚电路,通信结束后拆除这条虚电路。

1．分组头格式

每个分组通过链路层都放在信息帧的 I 字段中,如图 9.7 所示。也就是每个信息帧要装配成一个分组,为了对其进行控制,每个分组都有一个分组头。

分组头格式如图 9.8 所示,分组头有 GFI、LCGN、LCN 和分组类别格式共 3 个字节。

（1）GFI（通用格式表示符）

分组头格式 8~5bit 位,其中:

Q = 0 表示分组包装的是用户数据;

Q = 1 表示分组包装的是控制信息;

D = 0 表示数据分组由本地确认(DTE-DCE 接口之间);

D = 1 表示数据分组由端到端确认(DTE-DTE 接口之间);

S S = 01 表示分组顺序编号按模 8 方式工作;

S S = 10 表示分组顺序编号按模 128 方式工作。

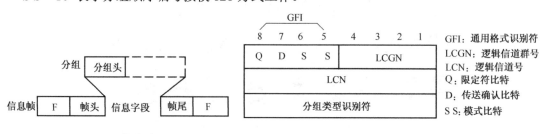

图 9.7 信息帧　　　　　　　　图 9.8 分组头格式

（2）LCGN+LCN（逻辑信道群号+逻辑信道号）

LCGN（分组头格式第 1 字节 4~1 比特位）为高 4 比特,LCN（第 2 字节 8~1 比特位）

为低8比特,这样可寻址 2^{12}=4096 个逻辑信道号,由于"0"编号留作其他用途,如再启动（Restart）、诊断（Diagnostic）等分组,实际上只有 4095 个。编号在 1～255 用 LCN 就够了,256～4095 用 LCGN 扩充。通常人们将 LCGN+LCN 统称为逻辑信道号。

（3）分组类型识别符

分组头格式第3字节8～1比特位,用于不同的分组：呼叫建立分组、数据传输分组、恢复分组、呼叫清除分组等。表 9.1 给出了分组类型一部分。

表 9.1　分组类型（模 8）

分组类型		分组类型识别符编码
从 DCE 到 DTE	从 DTE 到 DCE	8 7 6 5 4 3 2 1
入呼叫	呼叫请求	0 0 0 0 1 0 1 1
呼叫连接	呼叫接收	0 0 0 0 1 1 1 1
……	……	……
DCE 清除证实	DTE 清除证实	0 0 0 1 0 1 1 1

2. 数据分组格式

用于建立连接的分组有呼叫请求分组、呼叫接收分组、释放分组等。图 9.9（a）给出的是数据分组格式（模 8）,它只有逻辑信道号,无主/被叫终端地址号。仅用 12 个比特位表示逻辑信道号（LCN）,以示去向,省去了最少 32 位长的被叫地址,减小了分组的开销,提高了传输效率。每次通信前要先建立虚电路,然后通过虚电路传输数据分组,直至本次通信完成。交换机利用 LCN 寻址比利用被叫终端地址寻址要简单得多。

图 9.9（b）所示为模 128 的数据分组格式,主要在卫星信道下使用。需要说明的是：P（R）表示数据分组证实,M 表示后续比特。M=0 表示该比特是用户报文的最后一个分组；M=1 表示后面还有同一份报文的数据分组。数据分组中的 P（S）为发送数据组的顺序编号,P（R）是接收端对发送端发来的数据分组的应答,它表示对方发来的 P（R）-1 以前的数据分组已被正确接收,希望对方下一次发来的数据分组序号为 P（R）。

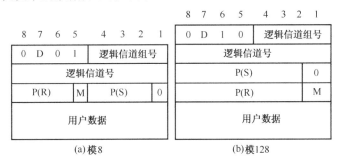

图 9.9　数据分组格式

3. 虚电路

现在通过例子来说明分组交换虚电路的建立与释放过程,终端 DTE A 欲与终端 DTE B 建立通信联系,中间经过交换机 A 和交换机 B。图 9.10（a）所示为接续网络示意图；图 9.10（b）所示为虚电路的建立过程；图 9.10（c）所示为交换机 A 的出/入逻辑信道号对应表；图 9.10（d）所示为交换机 B 的出/入逻辑信道号对应表；图 9.11 所示为虚电路释放过程。下面介绍其过程。

① DTE A 发出呼叫请求分组,呼叫分组格式中除主/被叫地址以外还说明补充业务及呼叫过程中 DTE A 要向 DTE B 传送的业务用户数据等。

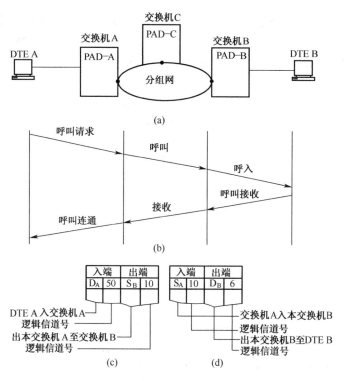

图 9.10 虚电路的建立过程

② 逻辑信道组号及逻辑信道号有时统称为逻辑信道号，用以表示在 DTE A 到交换机的时分复用信道上以分组为单元的时隙号。由于分组交换采用动态复用方式，该逻辑信道号每次呼叫是根据当时实际情况分配的。通常从高序号开始分配，但一经分配，在整个呼叫过程中该逻辑信道号就不变了。

相邻节点间的物理信道可包含多个逻辑信道（在 X.25 分组网中，一个物理端口最多可包含 4095 个逻辑信道），这些逻辑信道以 LCN 来区别，由于 LCN 是由虚电路建立时途经各个节点所分配的，因此 LCN 只有局部意义。在呼叫建立时，虚电路途经的每个节点机中都建立了一张输入标记与输出标记的对照表，为另外区别呼叫建立时呼叫请求分组所使用的按目的地址选路的路由表，将该表称为标记路由表。

③ A 交换机收到呼叫后，根据其被叫 DTE B 地址选择通往交换机 B 的路由，并由 A 发送呼叫请求。图 9.10（c）所示为逻辑信道对应表，入端 DTE A（D_A）为 50，出端到交换机 B 的逻辑信道号为 10，交换机将该信道号连接起来。

④ 同理，交换机 B 根据交换机 A 发来的呼叫请求分组再发送呼叫请求分组到被叫终端 DTE B，并在 B 交换机内也建立了一种逻辑信道对应表。图 9.10（d）所示为逻辑信道对应表。

⑤ DTE B 收到交换机 B 发出的呼叫请求分组，应称为呼入分组，但其格式不变。当 DTE B 可以接收该呼叫时，便发出呼叫接收分组。

⑥ 该呼叫经交换机 B 接收后，DTE B 再向 DTE A 回送一个分组，当 DTE A 接收后，DTE A 与 DTE B 就建立了虚电路，其过程如图 9.10（b）所示。虚电路的信道号流程为 DTE A-50→PAD-A-10→PAD-B-6→DTE B。

⑦ 虚电路建立后，进入数据通信阶段，将要传送的数据分解成一个个数据分组传送。如图 9.9 所示为分组格式。因为交换机 A、B 入/出端口是固定的，所以虚电路一经建立，数据分组只需逻辑信道号表示去向，无须再用 DTE 地址表示去向。

在建立虚电路后，X.25 分组便进入数据通信阶段。在此期间，端到端传送的是应用数据报文分割后所形成的数据分组或控制数据分组。

⑧ 数据交换完成后要进行释放。图 9.11 所示为释放过程，先释放方要提出释放请求，当 DTE A 提出释放请求时，并经交换机来确认后就开始释放。

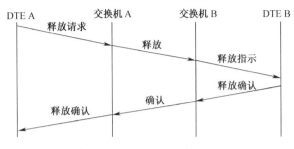

图 9.11　虚电路的释放过程

9.2.4　X.25 协议

分组交换网用的是 X.25 协议（简称 X.25），分组交换网之间的接口是 X.75 协议。如图 9.12 所示，采用 X.25 接口规定，用户就能在 DTE 和 DCE 之间使用一条物理链路建立多路同时的虚呼叫（VC）。L1、L2、L3 分别表示物理层、链路层和分组层。X.25 的三层协议为 DTE-DTE 之间的高层通信协议提供了基础。DCE 端的调制解调器与 DTE 端的 L1 之间采用 X.21 协议。

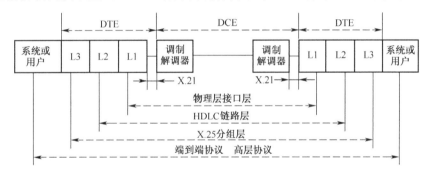

图 9.12　X.25 分层结构连接示意图

1. X.25 的物理层

X.25 的物理层定义了 DTE 和 DCE 之间的电气接口和建立物理的信息传输通路的过程，可以采用的接口标准有 X.21 建议、V 系列建议。但考虑到目前世界各国仍在大量使用模拟信道传输数据的实际情况，ITU-T 又制定了 X.21bis 接口标准，它与 V.24 或 RS-232 接口兼容。由于 X.21bis 和 V 系列建议是兼容的，因此可以认为是两种接口标准。其中 X.21 接口所用接口线少，可定义的接口功能多而且灵活，是较理想的接口标准。

X.25 从第 1 级到第 3 级数据传送的单位分别是"bit"、"帧"和"分组"。当 DTE 向 DCE 传送信息时，第 2 级（链路层）接收到其上一级（分组层）的信息后，加上标志后通过下一级，就是物理层所提供的接口将信息传送出去，如图 9.13 所示。

物理层对 X.21 做了一些规定，如电路 T、R 一直处于工作状态，可以交换数据，C 和 I 也一直处于工作状态，其中 T 为发送分组，R 为接收分组，C 为控制信号，I 为指示位，S 为位定时。X.21 实际上是 X.25 的分组流水线。

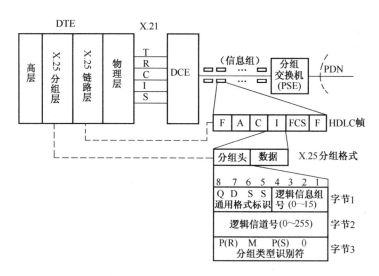

图 9.13 X.25 各层对应格式及关系

2．X.25 的数据链路层

X.25 协议的第 2 层为数据链路层，X.25 的链路层规定 DTE 和 DCE 之间的线路上交换分组的过程，功能为：在 DTE 和 DCE 之间有效地传输数据；确保接收器和发送器之间信息同步；检测和纠正传输中产生的差错；识别并向高层协议报告规程性错误；向分组层通知链路层的状态。

为了保证传输的可靠性，对第 3 层所形成的分组，在链路层需要在每个分组前添加 HDLC（高级数据连接控制规程）帧头，以形成 X.25 第 2 层的 HDLC 帧。HDLC 帧结构如图 9.14 所示，包括标志（F）、地址（A）、控制（C）、信息（I）和帧校验序列（FCS）等字段。链路层起到桥梁作用，在这个桥梁上不断传送分组。

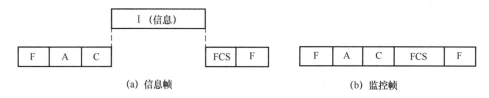

图 9.14 HDLC 的帧结构

F：标志字段，用来标志一个帧的开始和结束。
A：帧地址段，在 HDLC 平衡配置全双工模式下，用于区别命令帧与响应帧。
C：帧控制段，用于构成各种命令和响应，以及完成各种链路的传输控制功能。
I：信息字段，是为传输报文信息而设置的。
FCS：帧校验序列，附在帧的尾部，16 比特冗余码。

① 信息帧：如图 9.14（a）所示，由帧头、信息和帧尾 3 部分组成，用于传输分组层之间的信息。分组层交给链路层的信息都装配成信息帧的格式。

② 监控帧：如图 9.14（b）所示，由帧头和帧尾两部分组成，用于完成 DTE 和 DCE 接口的链路层监控。不用作传输分组层来的信息，但负责信息中含有连续的 5 个"1"时在其后插入一个"0"。

帧头由 3 个 8 比特字段组成。其中 F 编码为"01111110"；A 在 HDLC 规程中用它来区别从站地址，在 X.25 规程的链路层中用于区别命令帧/响应帧或单链路/多链路规程；C 用于区分各种不同功能的帧，或者称它为帧识别符。帧尾由 1 个 16 比特的 FCS 和 1 个 F 组成，帧尾的结束可以同时作为下一个帧的开始标志。只有信息帧才包含了 I 字段，它是 8 的倍数。

3．X.25 分组层

X.25 协议的第 3 层为分组层，是利用链路层提供的服务在 DTE-DCE 接口之间交换分组。X.25 的分组层定义了 DTE 和 DCE 之间传输分组的过程。

分组层的功能：为每个呼叫用户提供一个逻辑信道（呼叫指一定通信过程）；通过逻辑信道号（LCN）来区分每个用户呼叫有关的分组；为每个用户的呼叫连接提供有效的分组传输，包括顺序编号、分组的确认和流量的控制；提供交换虚电路（SVC）和永久虚电路（PVC）的连接；提供建立和清除交换虚电路连接的方法；检测和恢复分组层的差错。

虚电路和逻辑信道的关系：虚电路是在主叫 DTE 和被叫 DTE 之间建立的一种逻辑连接，主叫或被叫的任何一方在任何时候都可以通过这种连接发送和接收数据，但是虚电路并不独占线路和交换机的资源。在一条物理线路上可以同时通过许多条虚电路，当某一条虚电路没有数据要传输时，线路的传输能力可以为其他虚电路服务。同样，交换机的处理能力也可以用于为其他的虚电路服务。因此，线路和交换机的资源能获得充分的利用。

在 DTE-DCE 接口的一次呼叫的两个方向上应当使用相同的 LCN 号，即在主叫 DTE 一方，呼叫请求分组和呼叫连接分组应使用相同的 LCN；而在被叫方，入呼叫分组和呼叫接收分组有相同的 LCN。同样在数据传输阶段和呼叫清除阶段，也保持一次呼叫的两个方向上 LCN 相同的原则，使得每一条逻辑链路（链路层建立）中的每一个 LCN（分组层分配）对应着一条双向的子逻辑信道。在从主叫 DTE 通过网络到被叫 DTE 之间建立的一条虚电路上，各段链路中的子逻辑信道的 LCN 是互相独立的，可以分配不同的号。如图 9.15 所示，两个 X.25 接口建立的端到端的 3 个虚呼叫，呼叫 1 在本地 X.25 接口分配的 LCN 为"253"，而被叫 1 在远端接口 LCN 分配为"1"，呼叫 2 在本地 X.25 接口分配的 LCN 为"252"，而被叫 2 在远端接口 LCN 分配为"2"，以此类推。由本地 LCN 和远端 LCN 所连的通路为虚通路。图中虚线连接部分，一个主叫 DTE 可以和多个被叫 DTE 建立虚电路，反之也可。

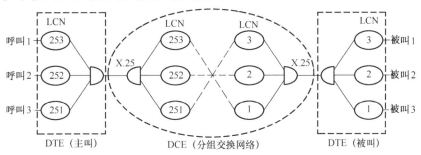

图 9.15　虚呼叫 LCN 分配

9.2.5　分组交换网应用

用户可使用市话电缆，经 Modem 进入 PSPDN，或在数字线路条件下，经数据服务单元（DSU）或同步调制解调器进入 PSPDN。PSPDN 也可以按照 X.25 协议等相关协议，实现与 PSTN、LAN 等网络的互连。

1．PSPDN 与 ISDN 的互连

由于 PSPDN 与 ISDN 的结构和通信协议不同，网内控制方式也不同，两个网络互连时，需要进行通信协议的转换。在呼叫请求时，由 ISDN 的分组处理器根据接入点标识符接入 B 信道或 D 信道。

① 当 PSPDN 与 ISDN 互连使用分组交换 D 信道时，两个网络间呼叫控制信号按 X.75 的规定定义连接。

② 当 PSPDN 与 ISDN 互连使用电路交换信道时有两种情况：用呼叫控制方法将来自 PSPDN 的呼叫映射到 ISDN 的电路交换信道上；用指定端口接入的方法。

上述两种方法均需添加网间互通功能单元（IWF），用于两个网络间呼叫控制信息的映射（转换），如图 9.16 所示。

IWF:网间互连功能单元（呼叫映射控制或端口接入）
TA:终端适配器

图 9.16 PSPDN 与 ISDN 的连接

2. 终端设备接入方式

用户接入 CHINAPAC，如图 9.17 所示。用户终端设备接入方式有两类：一类是具有分组能力的分组型终端 P-DTE（简称 PT），如计算机、智能终端等；另一类是以字符形式收发信息的一般终端，为非分组型终端 C-DTE（简称 NPT），如异步字符终端、电话机等。

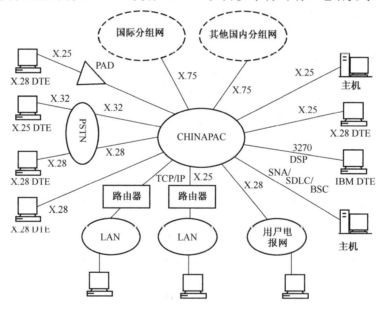

图 9.17 用户接入 CHINAPAC 示意图

① PT：必须具有分组形成能力，执行 OSI 参考模型的下面三层，符合 X.25 接口规程功能，一般计算机上装有 X.25 网卡，通过相应的软件完成 PT 功能。PT 通过 PSTN 拨号接入网络服务应遵循 X.32 建议。

② NPT：只能收/发字符流，不具备分组拆/装成字符流的能力，必须通过分组拆/装设备（PAD）入网。

TE（终端设备）进网也有两种方式：一种是专线连接，另一种是交换线连接（通过 PSTN 网络拨号）。终端接入如表 9.2 所示。

表 9.2 终端接入表

用户类型	入网方式	接口规程	速率	物理接口
PT（X.25）	租用专线	X.25	1200bit/s～64kbit/s	V.24/V.35
PT（X.25）	电话网	X.32	1200～9600bit/s	V.24
NPT（X.28）	租用专线	X.28	1200bit/s～19.2kbit/s	V.24
NPT（X.28）	电话网	X.28	300～9600bit/s	V.24
NTP（SDLC）	租用专线	SDLC	1200bit/s～64kbit/s	V.24/V.35
NPT（TELEX）	用户电报网	X.28	50bit/s	V.24

9.3 帧中继网

帧中继（FR，Frame Relay）又称快速分组交换，帧中继网络本身不执行数据流控制、差错检验和校正等，而把它们交给由端到端操作的更高层协议去执行。

9.3.1 帧中继特点及协议

通常，运行速率为 64kbit/s 以下的业务可以通过电路交换的半固定连接实现；64kbit/s～2Mbit/s 的业务，可在分组交换网或 DDN 上实现；要达到 34～35Mbit/s，则需帧中继网实现。

1. 帧中继特点

① 用于传送数据业务，要求传输速率高、信息传输的突发性大、各类 LAN 通信规程的包容性好。

② 帧中继采用虚电路技术，只有当用户准备好数据时才把所需的带宽分配给指定的虚电路，而且带宽在网络中是按照每一分组以动态方式进行分配的，因而适合于突发性业务的使用。

③ 简化了 X.25 的第 3 层协议。图 9.18 是分组交换和帧中继方式的对比，从源点到达终点传输一帧数据在网络各个链路上所要传送的控制信息。图 9.18（a）是一般分组交换的情况，每个节点在收到一帧后都要发回确认信息，而终点收到一帧后向源点发回端到端的确认信息时也要逐个节点进行确认。图 9.18（b）是帧中继传输一帧数据的情况，到达每个节点后只转发帧，不确认帧。而是等到终点收到该帧后向源点发回端到端的确认信息，是逐个节点进行转发确认信息的。由此可以看出，帧中继不需要有逐端的链路控制能力，所以就不需要第 3 层。

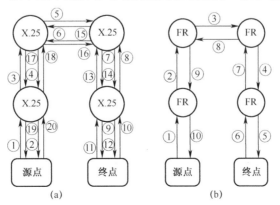

图 9.18 分组交换和帧中继方式的对比

④ 在链路层完成统计复用、透明传输和错误监测（不重复传输）。

⑤ 用户传输速率一般为 64kbit/s～2Mbit/s，根据用户需要，有的速率可为 9.6kbit/s，较高为 8～10Mbit/s，以后将达到 34～45Mbit/s。

⑥ 交换单元（帧）的信息长度比分组交换长，达到 1024～4096 字节/帧，预约的最大帧长度至少要达到 1600 字节/帧。因而其吞吐量非常高，其所提供的速率大于 2.048Mbit/s。

⑦ 有合理管理带宽的机制，用户除实现预约带宽外还允许突发数据预定的带宽。

⑧ 帧中继使用统计复用技术（即按需分配宽带），向用户提供共享的网络资源，每一条线路和网络端口都可以由多个终点按信息流共享，大大提高了网络资源的利用率。

⑨ 与分组交换一样，采用面向连接的交换形式，可提供 SVC（交换虚电路）业务和 PVC（永久虚电路）业务。但目前只采用 PVC 业务，如图 9.19 所示。

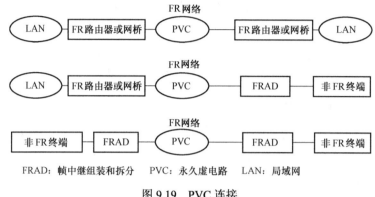

图 9.19　PVC 连接

2. 帧中继协议

帧中继网络协议不参与第 3 层处理，第 2 层的差错控制和流量控制也不过问，网络只进行 CRC 校验，丢弃出错的帧，完全的差错控制和重发留给终端去解决。帧中继的协议结构中含有两个操作平面：控制平面（C-plane）和用户平面（U-plane）。图 9.20 所示的就是帧结构，以下对其进行说明。

图 9.20　帧中继的帧结构

① F：标志位，以 8 位比特组 01111110 表示，表示一帧的开始和结束，帧结构中其余部分为比特填充区。在一些应用中，本帧的结束标志可以作为下一帧的开始标志。由于一帧中的比特填充区是不允许出现这样的序列的，所以当发端除 F 字段外，其余部分每连续 5 个"1"时要插入一个"0"用来区别标志位。

如原代码为：00111111 11011111 10011111 01100000

"0"插入以后应变为：00111110 11101111 1010011 11100110 0000

而数据进入接收端后，要做相应的处理，凡是在两个标志位之间的数据只要连续有 5 个"1"，之后的第 1 个"0"要去掉。

② A：地址字段，用于区别同一通路上的多个数据链路的连接，以便实现帧的复用/分路。其长度通常是 2 字节，最大可以扩展到 4 字节。

③ C：控制字段。LAPF 定义了 3 种类型的帧：
● 信息帧（I 帧），用来传送用户数据，但在传送用户数据的过程中，可以携带流量控制和差错控制，并且 LAPF 允许 I 帧使用 F 比特；
● 监视帧（S 帧），专门用来传送控制信息，当流量控制和差错控制不能搭乘 I 帧时，就用 S 帧来传送；
● 未编号帧（U 帧），用来传送控制信息和安排非确认方式传送用户数据。
④ I：信息字段。由整数倍的字节组成，包含的是用户数据比特序列。默认长度为 260 字节，网络应能支持协商的信息字段的最大字节数至少为 1598。
⑤ FCS：帧校验序列字段（FCS）。能检测出任何位置上 3 个比特以内的错误、所有奇数个错误、16 个比特之内的连续错误和量的突发性错误。

图 9.21 所示为帧中继对应于各层协议的连接示意图。

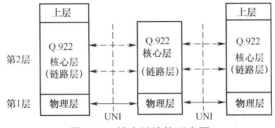

图 9.21　帧中继连接示意图

9.3.2　帧中继网络

我国在 CHINAPAC 的建设上引入的节点机具有 1.6Gbit/s 的吞吐量，引入的 ATM 机制能够提供信元处理、X.25 和帧中继业务。我国的北京、上海等城市都有独立的帧中继网络。典型的帧中继网络结构如图 9.22 所示，它支持各类用户的接入，包括在用户侧的 T1/E1 复用设备、路由器、前端处理机、帧中继接入设备等。

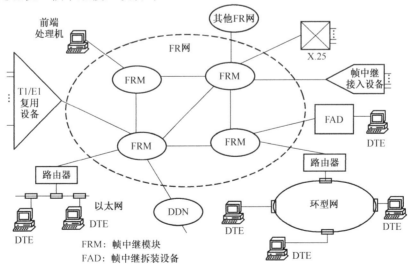

图 9.22　典型的帧中继网络

1. 帧中继独立组网

独立组建帧中继网络，建立专用于帧中继业务的帧中继节点，如图 9.23 所示。图中 CPE 是指用户宅用设备，FR 交换就是帧中继网的交换节点。

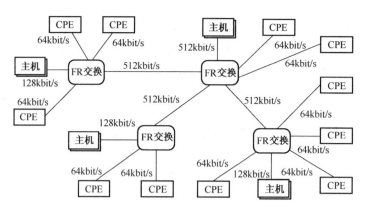

图 9.23 帧中继组网示意图

2. 基于 DDN 提供帧中继业务的组网

在 DDN 中的数字交叉设备上增加帧中继的软件和硬件功能，便可向用户提供帧中继业务。DDN 采用的是时分复用，帧中继复用可以认为是在 TDM 基础上的二次复用，如图 9.24 所示，也称混合复用。在 DDN 节点 A 和节点 B 之间的数字电路上，速率为 2.048Mbit/s，先通过节点的 TDM 复用，交叉连接，并在两个 FRM 之间开出一条 512kbit/s 的 TDM 连接电路，再由 FRM 在这条帧中继电路上进行帧中继复用。所以在集合信道上就同时存在时分复用电路和帧中继 PVC（永久虚电路）统计复用。目前 DDN 比较普及，可以利用空闲的带宽来开通帧中继业务。但 DDN 上，帧中继业务在实现 SVC（交换虚电路）的问题上是个难题，好在帧中继业务大多数应用于 LAN 的互连，用户对 SVC 的需求不大，所以利用 DDN 来开通帧中继业务还是比较现实而可取的。

图 9.24 混合复用示意图

3. 采用 ATM 技术组建帧中继网

用户终端设备采用帧中继接口，接入帧中继节点机，帧中继节点机的中继接口为 ATM 接口，交换机将以帧为单位的用户数据转为 ATM 信元在网上传送，在终端再还原为帧中继的帧格式传送给用户。采用这种基于 ATM 技术提供帧中继的方式，实际上是在通信两侧的交换机要完成帧中继→ATM 和 ATM→帧中继的互通功能，要进行相应协议的转换，如图 9.25 所示。IWF（互连功能单元）实现帧中继与 ATM 网络的互连。在 IWF 的网络侧，ATM 层符合 I.361；ATM 适配层 AAL5，符合 I.363；帧中继特定业务汇聚子层（FR-SSCS）符合 ITU-T 建议 I.365.1，它完成帧中继业务功能；在 IWF 的帧中继网络侧，链路层实现了 ITU-T 建议 Q.922 核心层功能。有关 ATM 技术将在第 11 章中详细介绍。

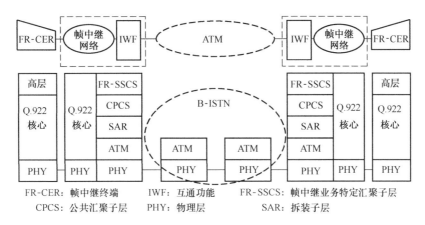

图 9.25 通过 ATM 提供帧中继业务示意图

4. 采用端口接入 FR 和 PSPDN 之间互通

采用端口接入 FR 和 PSPDN 之间互通，如图 9.26 所示，由读者自己分析。

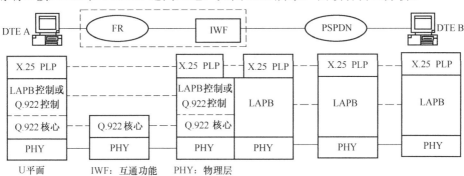

图 9.26 采用端口接入 FR 和 PSPDN 之间互通

9.3.3 帧中继应用

1. 帧中继最适合使用情况与接口规程

FR 最适宜用户需要数字通信速率为 64kbit/s～2Mbit/s。在城域网和广域网互连时，使用帧中继可以带来很多方便。如图 9.27（a）所示，有 4 个路由器与广域网相连，要想使任何一个局域网通过广域网与其他局域网进行通信，必须有 6 根（$2n-2=6$）长途专用线和 12（$3n$）条本地专用线，每个路由器也需要有 3 个出口端子。如果使用帧中继技术，只需在每个本地网处放一个帧中继交换机，再有一个组成广域网的中继交换机，长途专用线也只需 4 条，路由器端口也只需要一个，本地专用线也相应减少。这样，每两个帧中继交换机之间都建立起来一条永久性的虚电路，任何两个路由器的端口之间都可以进行通信。特别是在城域网节点增多时，这种组网优势才更为明显，如图 9.27（b）所示。

用户设备和网络接口设备之间的物理接口，通常提供以下之一的接口规程：

① X 系列接口，如 X.21 接口、X.21bis 接口等；

② V 系列接口，如 V.35、V.36、V.10、V.11、V.24 等；

③ G 系列接口，如 G.703，速率可为 2Mbit/s、8Mbit/s、34Mbit/s 或 155Mbit/s 等；

④ I 系列接口，如支持 ISDN 基本速率接入的 I.430 接口和支持 ISDN 一次群速率接入的 I.430 接口等。

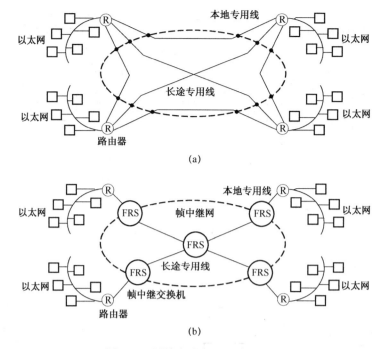

图 9.27 用帧中继实现局域网互连

2．帧中继用户接入方式

（1）二线（或四线）话带调制解调传输方式

目前最高速率通常可达 38.4kbit/s，有的高速调制解调器具有复用/分路功能，可为多个用户提供服务。这种方式主要适应要求速率低、距离较远的帧中继业务。

（2）基带传输方式

二线或四线传输，速率通常为 16kbit/s、32kbit/s、64kbit/s。具有时分复用的功能，将低于 64kbit/s 的子速率复接到 64kbit/s 的数据通路上，同时为多个用户提供接入服务。

（3）2B+D 线路终端（LT）传输方式

采用 ISDN 数字用户环路技术，在一对双绞线上进行双向数据传输，可为多个用户提供接入，适合于较近的用户（6km 之内的用户）接入使用。

（4）其他方式

如 HDSL、ADSL 等接入帧中继网络。

最后给出一个分组交换、帧中继和 DDN 的性能比较，如表 9.3 所示，供读者学习参考。

表 9.3 数据通信网络性能比较

性能参数	X.25	FR	DDN
OSI	下三层	下两层	物理层
复用方法	动态复用	动态复用	静态复用
所用协议	X.25	Q.922 等	无
差错控制	检查、重发	只检错	无
虚电路	SVC、PVC	PVC、SVC（暂无）	无（TDM）
DTE 速率	64kbit/s 2.4kbit/s 9.6kbit/s 4.8kbit/s 等	2Mbit/s $N\times$64kbit/s 9.6kbit/s 8～10Mbit/s 等	2Mbit/s $N\times$64kbit/s 9.6kbit/s

续表

性能参数	X.25	FR	DDN
中继最大速率	56/64kbit/s	2～34Mbit/s	2Mbit/s
网络时延	长（将近1s）	较短	短
分组或帧长度	128B、1598B 等	260B、1598B 等	无
信道要求	较低	较高	低
典型应用场合	交互式短报文	局域网互连	专线用户
控制突发能力	无	有	无
流量控制	第二/三层	高层协议	无

习 题 9

1. 简述 DDN 的组成及应用。
2. 简述公用分组数据通信网的基本构成和功能，它和 PSTN 最大的区别是什么？
3. 什么是分组交换虚电路？说明虚电路和逻辑信道的关系。
4. 简述 X.25 协议物理层、链路层和分组层的功能。
5. 为什么说"帧中继是分组交换的改进方式"？
6. 比较 DDN、FR 和 X.25 的优缺点。

第 10 章　计算机网络与软交换

下一代网络（NGN）不是现有电信网和 IP 网的简单延伸和叠加，而是整个网络框架的变革，是一种网络整体解决方案。而作为在 IP 基础设施上提供电信业务关键的软交换技术，是多种逻辑功能实体的集合，是业务呼叫、控制和业务供给的核心设备，也是全面向分组网演进的主要设备之一。本章首先介绍计算机网络及有关 IP 宽带技术，然后再介绍软交换及组网技术。

10.1　计算机网络

计算机网络，就是将分散的具有独立功能的多台计算机互相连接在一起，按照一定网络协议进行数据通信的计算机系统。广义的定义是指将地理位置不同的具有独立功能的多台计算机及其外部设备，通过通信线路连接起来，在网络操作系统、网络管理软件及网络通信协议的管理和协调下，实现资源共享和信息传递的计算机系统。

10.1.1　网络组成

通信子网、计算机网和互联网这 3 个概念是最容易混淆的。通信子网作为广域网的一个重要组成部分，通常由 IMP（Interface Message Processor）和通信线路所组成；通信子网和主机相结合构成计算机网络；而互联网一般是不同网络的相互连接，如局域网和广域网的连接、两个局域网的相互连接或多个局域网通过广域网连接等。而计算机通信网是指包含计算机网、互联网在内的，能够支持 IP/TCP 协议的数据通信网络。

1. 网络设备

计算机网络主要由集线器、网桥、中继器、路由器和交换机等设备组成，与 OSI 七层模型协议的对应关系如图 10.1 所示。另外，还要配备必要的服务器、工作站、网络接口卡或网卡、连接线、调制解调器等设备。以下将对各种网络设备做简单介绍。

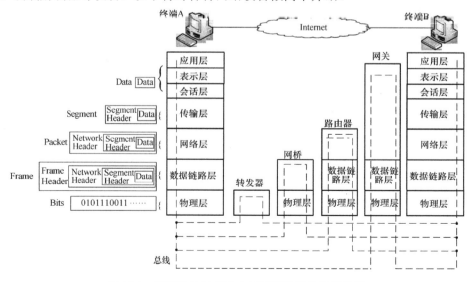

图 10.1　网络设备与 OSI 七层模型协议的对应关系

① 转发器（Repeater）：也称中继器，指物理层互连设备。物理层的连接，只是信息的复制，以增加两端的长度。在实际组网时，每种传输介质的传输距离都是有限的，如粗同轴电缆每一网段的最大距离为 500m、细同轴电缆为 180m、双绞线为 100m，超过这些距离，就需要利用转发器来扩展距离。转发器的功能就是将经过衰减而变得不健全的信号，经过整理、放大后，再继续传送。

集线器（Hub）也属于转接器或中继器，而交换式集线器则属于二层设备，每一端口都有其专用的带宽，如 100Mbit/s 的交换式集线器，指每个端口都有 100Mbit/s 的带宽。

图 10.2 给出了 3 种连接方式。其中，图 10.2（a）是传统的共享总线以太网，当主机 C 向 A 发送数据时，由于数据帧是在整个网络上广播的，其他主机也能收到该数据帧，最终发现目的地址不同，将数据帧丢弃；图 10.2（b）是采用普通的集线器，基本与图 10.2（a）相似，也是某一时刻只能有一个主机发送数据；图 10.2（c）是采用交换式的集线器，当主机 C 对主机 B 或主机 E 对主机 D 发送数据时，不会影响到其他主机。总容量为 $N\times10$Mbit/s，N 表示端口数，其中每个端口为 10Mbit/s。

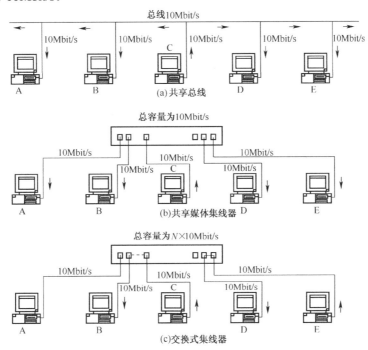

图 10.2　3 种连接方式

② 网桥（Bridge）：也称桥接器，指数据链路层的互连设备，链路层的帧中继用于连接局域网。传统的网桥只有两个端口，用于连接不同的网段。

网桥具有信号过滤的功能：对每个帧进行分析，根据信宿介质访问地址来决定数据的去向；网桥具有传输高层协议的透明性：在数据链路层上操作，无须检查高层的信息。

多端口的网桥称为二层交换机，简称交换机，以太网交换机也属于二层交换机。

③ 路由器（Router）：指网络层互连设备。网络层上实现网络的互连，是一种智能型节点设备，具有连接、地址判断、路由选择、数据处理和网络管理功能，并对数据报进行检测，决定发送方向。因为它处于网络层，一方面能够跨越不同的物理网络类型，如 DDN、ATM、以太网等，另一方面将整个互连网络分割成逻辑上相对独立的网络单位。

路由器是网络中进行网间连接的关键设备，其基本功能是把 IP 数据报传送到正确的网络中去，具体包括：IP 数据报的转发、寻径和传送；子网隔离，抑制广播风暴；维护路由表，并与其他路由器交换路由信息；IP 数据报的差错处理及简单的拥塞控制；实现对 IP 数据报的过滤和记忆等功能。

④ 网关（Gateway）：指网络层以上的互连设备。可连接不同工作协议的主机设备，通过对不同协议的转换，实现网间的互连，通常用于异型网的连接，要求顶层协议相同。

⑤ 交换机（Switch）：数据链路层或网络层以上的互连设备。多种交换机可提供路由转换、多协议转换、包交换等功能。目前有 ATM、以太网交换机或二层交换机、三层交换机、四层交换机、多层交换机等。通常说的网络交换机指二层交换机。

⑥ 服务器（Server）：大多数服务器是网络的核心（当然对等网也可以没有服务器）。作为普通的办公、教学等应用，服务器可以采用一般配置较高的普通计算机，如果条件允许，或应用要求高（如证券交易），则最好采用专用的服务器。专用网络服务器与普通计算机的主要区别在于：专用服务器具有更好的安全性和可靠性，更加注重系统的 I/O 吞吐能力等技术。

⑦ 网络适配器（Network Adapter）：是指网卡等连接设备，网卡属于二层设备，主要作用是将计算机数据转换为能够通过介质传输的信号。当网络适配器传输数据时，它首先接收来自计算机的数据，为数据附加校验及网卡地址的报头，然后将数据转换为可通过传输介质发送的信号。

⑧ 防火墙（Fire Wall）：在互联网的子网（或专用网）与互联网之间设置的安全隔离设施，可提供接入控制，干预两网之间各种消息的传递等，达到网络和信息安全的效果。

⑨ IP 交换（IP Switching）：其核心是 IP 交换机。IP 交换机可以由 ATM 交换机和 IP 交换控制器组成。

⑩ IP 电话（IP Phone）：在 IP 网上提供具有一定服务质量的语音业务的终端设备。

⑪ （IP 电话）网守 [(IP Phone) Gatekeeper]：也称关守，是在 IP 电话网上提供地址解析和接入认证的设备。

⑫ 传输介质（Medium）：这里的介质主要指网线，网线分为细同轴电缆、粗同轴电缆、双绞线和光缆等。

2．网络拓扑

计算机网络的拓扑结构如图 10.3 所示。图 10.3（a）为总线型网络，它在扩展用户时只需要添加一个接线器即可；图 10.3（b）为环型网络，它适用于 IEEE 802.5 的令牌环网；星型网络如图 10.3（c）所示，也可以说是以太网专用结构，它是目前在局域网中应用最为普遍的一种网络拓扑结构；复合型网络也称树型网络，如图 10.3（d）所示，是星型结构和总线型结构结合在一起的网络结构，这样的拓扑结构更能满足较大网络的拓展。

图 10.4 所示给出了常用的 3 种不同连线的以太网结构。

图 10.4（a）中的 AUI（Attachment Unit Interface，附加单元接口），是用来与粗同轴电缆连接的接口，它是一种 15 针接口，是在令牌环网或总线型网络中常见的端口之一。

图 10.4（b）中的 BNC（Bayonet Nut Connector，刺刀螺母连接器），是一种用于同轴电缆的连接器，是指同轴电缆接口。BNC 接口用于 75Ω 同轴电缆连接用，用于长距离传送的非平衡信号连接，常构成总线型网络。

图 10.4（c）中的 RJ-45（Registered Jack，注册的插座）型网线插头，广泛应用于局域网或 ADSL 宽带上网用户，以及网络设备间双绞线（称作五类线或网线）的连接。图 10.4（c）中，如果接入端是具有交换功能的集线器，就属于星型网络结构，否则就是总线型网络结构。

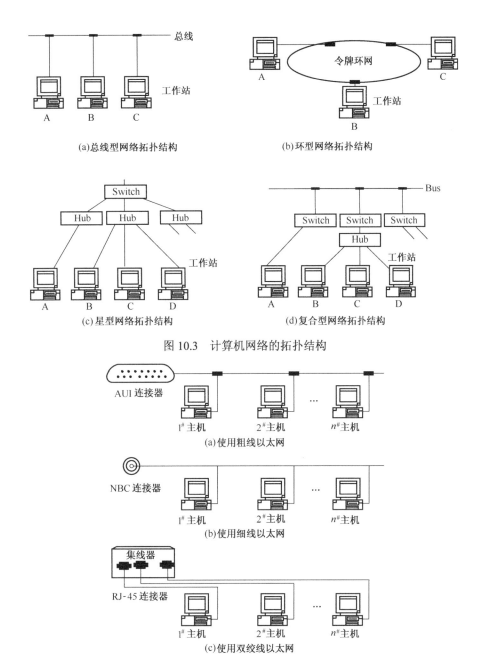

图 10.3 计算机网络的拓扑结构

图 10.4 3 种不同接线方案的以太网

10.1.2 网络协议体系

不同的厂家、各种型号的计算机,它们运行完全不同的操作系统,但 TCP/IP 协议族可以将它们互连,使它们能够互相进行通信。TCP/IP 是一个开放系统,是"全球互联网"或"因特网"的基础,这种网络体系结构如图 10.5 所示,下面将针对各层展开介绍。

1. 网络接口层

网络接口层包含数据链路层和物理层的全部功能,负责接收从网络层交来的 IP 数据报并将 IP 数据报通过低层物理网络发送出去,或者从低层物理网络上接收物理帧,抽出 IP 数据报,交给 IP 层。网络接口有两种类型:第 1 种是设备驱动程序,如局域网的网络接口;第 2 种是含自身数据链路协议的复杂子系统,如 X.25 中的网络接口。

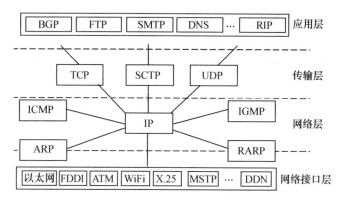

图 10.5　计算机网络协议体系结构

在 TCP/IP 协议族中，网络接口层主要负责 3 个任务：为 IP 模块发送和接收 IP 数据报；为 ARP 模块发送 ARP 请求和接收 ARP 应答；为 RARP 发送 RARP 请求和接收 RARP 应答。

（1）地址解析协议（ARP）

ARP（Address Resolution Protocol）为 IP 地址到对应的硬件地址之间提供动态映射。人们之所以用动态这个词，是因为这个过程是自动完成的，一般应用程序用户或系统管理员不必关心。它为两种不同的地址形式提供映射：32bit 的 IP 地址和数据链路层使用的任何类型的地址。ARP 数据格式如图 10.6 所示。

硬件地址类型	协议地址类型
硬件地址长度　协议地址长度	操作（请求/应答）
发送方硬件地址(第0～3B)	
发送方硬件地址(4～5B)	发送方IP地址(0～1B)
发送方IP地址(2～3B)	目的硬件地址(0～1B)
目的硬件地址(2～5B)	
目的IP地址(0～3B)	

图 10.6　ARP 数据格式

将一台主机的 IP 地址翻译成等价的硬件地址的过程只限于本网络解析。一个 ARP 消息被放在一个硬件帧后，被广播给网上所有的计算机，每台计算机收到该请求后，都会检查 IP 地址，与 IP 地址不匹配的计算机会丢弃收到的请求，不发任何回答信号。

ARP 消息有两类，分别是请求（ARP Request）和应答（ARP Reply）。

每个主机都对应一个 ARP 高速缓存（ARP Cache），里面有 IP 地址到物理地址的映射表，如果没有就运行 ARP 获取，其过程如图 10.7 所示，如 B→C。

① B 在本 LAN 中广播发送一个 ARP 分组，含有 C 的 IP 地址。
② 本 LAN 所有主机上运行的 ARP 进程都收到此 ARP 分组。
③ C 见到有自己的 IP 地址，就向 B 发送一个 ARP 相应分组，并附上自己的物理地址。
④ B 收到后，就将 C 的 IP 地址到物理地址的映射写入其 ARP Cache 中。
⑤ 然后 B 就可以发送 IP 数据报到 C 了。

（2）逆地址解析协议（RARP）

RARP 是那些没有磁盘驱动器的系统使用（一般是无盘工作站或终端）的，它需要系统管理员进行手工设置。在地址转换时，RARP 使只知道自己物理地址的主机能够得到 IP 地址，并需要有一个主机充当 RARP 进程的服务器。它的实现过程是从接口卡上读取唯一的硬件地址，然后发送一份 RARP 请求（一帧在网络上广播的数据），请求某个主机响应该无盘系统的 IP 地址（在 RARP 应答中），在获得 IP 地址后，就能够像其他工作站一样正常地访问网络了。

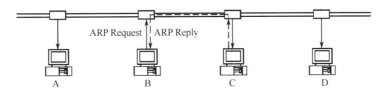

图 10.7　ARP 消息的传送过程

2．网络层

网络层简称 IP 层，网络层的主要功能是负责相邻节点之间的数据传送，包括 3 个方面。第一，处理来自传输层的分组发送请求：将分组装入 IP 数据报，填充报头，选择去往目的节点的路径，然后将数据报发往适当的网络接口。第二，处理输入数据报：首先检查数据报的合法性，然后进行路由选择，假如该数据报已到达目的节点（本机），则去掉报头，将 IP 报文的数据部分交给相应的传输层协议；假如该数据报尚未到达目的节点,则转发该数据报。第三, 处理 ICMP 报文：即处理网络的路由选择、流量控制和拥塞控制等问题。

以下介绍的网络层协议，主要有 IP、ICMP 和 IGMP 协议。

（1）IP 协议

① IP 地址

IP 地址就是给每个连接在 Internet 上的主机分配一个全球唯一的 32bit 地址，用点分十进制的记法来表示 IP 地址，其地址划分类型如图 10.8 所示，A 类到 E 类，共 5 类地址。

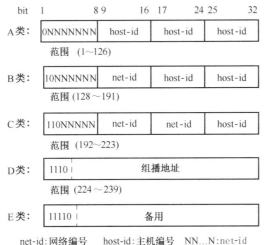

图 10.8　IP 地址类型

A 类、B 类和 C 类：是常用的地址。如果其 IP 地址为 127.x.x.x 和 127.0.0.1，表示回环地址和本地软件回送测试之用，即保留不分配；如果 IP 地址为全 0，常用于代表缺省网络，在路由器表中用于构造缺省路径。特殊 IP 地址的使用如表 10.1 所示。

D 类地址：为多目的地址，常用于 X.25 和 ATM 等这类点对点的协议网络中。

E 类地址：用于扩展和实验开发与研究。

表 10.2 列出了特殊 IP 地址的取值范围，常用地址的取值范围如表 10.3 所示。

表 10.1 特殊 IP 地址的使用

net-id	host-id	源地址	目的地址	说明
0	0	可以	不可	在本网络上的本主机
0	host-id	可以	不可	在本网络上的某个主机
全1	全1	不可	可以	只在本网络上广播（各路由器均不转发）
net-id	全1	不可	可以	对 net-id 上的所有主机进行广播
127	任何数	不可	可以	用作本地软件的回送测试（Loopback）

表 10.2 特殊 IP 地址的取值

127.0.0.1	保留作为环路测试地址
主机地址全为 0	网络地址，网络号为 172.16.0.0
节点地址全为 1	代表某个网段的广播地址 172.16.255.255
0.0.0.0	用于 Cisco（思科）路由器来指定默认路由
255.255.255.255	广播地址，广播网络上的所有节点
10.0.0.0 172.16.0.0~172.31.0.0 192.168.0.0~192.168.255.0	保留地址

表 10.3 IP 地址的取值范围

网络类型	最大网络数	最小网络地址	最大网络地址	最大主机数（每个网络中）
A	126	1	126	16 777 214
B	16 384	128.0	191.255	65 534
C	2 097 152	192.0.0	223.256.256	254

IP 地址主要特点概括如下。

● IP 地址分等级（网络号＋主机号）的好处：IP 地址管理机构在分配 IP 地址时只分配网络号（最开始按类，后来分子网）。路由器仅根据目的主机所连接的网络号来转发分组，这样就使得路由表中的项目数大幅度减少，从而减少路由表存储空间。

● IP 地址（或其中某个字段）和主机地理位置没有对应关系。IP 地址管理机构在分配 IP 地址时只分配网络号，实质是从地址管理机构到用户逐级提供路由支持。

● 所有 net-id 都是平等的。同一局域网上的主机或路由器的 IP 地址中的网络号必须是一样的。

● 两个路由器直接相连时，可以指明 IP（属于同一网段的 2 个 IP 地址），也可以不指明。

● 在 IP 地址中，可以将主机字节的一部分作为子网号（subnet-id），这样可以增加网络灵活性、减少广播流量、优化网络性能、简化管理、易于扩展网络、解决 IP 地址不足等问题。划分子网时，要为每台设备指定子网掩码，掩码取"1"的个数决定了网络地址的长度，具有相同的子网掩码的设备就处于同一个子网内。子网之间的路由与 Internet 中的路由相似。B 类地址子网及子网掩码的划分如图 10.9 所示，subnet-id 的长度可以在一定范围内取值。

为了转换子网掩码的方便，图 10.10 给出了十进制数和二进制数的转换。如某子网二进制表示掩码为：11111111.1111111.11111000.00000000，则转换为标准十进制点码：255.255.248.0。

② IP 数据报

IP 数据报的格式如图 10.11 所示，所有的 TCP、UDP、ICMP 及 IGMP 数据都以 IP 数据报格式传输。数据报中各项的含义如下。

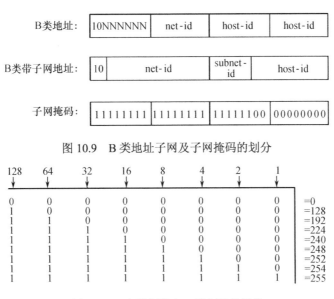

图 10.9　B 类地址子网及子网掩码的划分

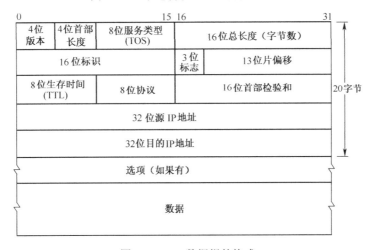

图 10.10　十进制数和二进制数的转换

图 10.11　IP 数据报的格式

版本：所使用的 IP 协议的版本，如使用的是版本号为 4 的 IP 协议，即 IPv4。

首部长度：指的是首部占 32bit 的字段，包括任选项。

TOS（Type Of Service）：即服务类型，字段包括一个 3bit 的优先权子字段（现在已被忽略）、4bit 的 TOS 子字段和 1bit 未用位（但必须置 0）。4bit 的 TOS 分别代表所采用的服务类型是最小时延、最大吞吐量、最高可靠性或最小费用的一种。4bit 中只能置其中 1bit。如果所有 4bit 均为 0，就意味着是一般服务。

总长度：指整个 IP 数据报的长度，以字节为单位。利用首部长度字段和总长度字段，就可以知道 IP 数据报中数据内容的起始位置和长度。由于该字段长 16bit，所以 IP 数据报理论上最长可达 65 535 字节，但是大多数的链路层都会要求对它进行分片。而且，主机也要求不能接收超过 576 字节的数据报。事实上大多数允许接收超过 8192 字节的 IP 数据报。

标识：唯一地标识主机发送的每一份数据报。通常每发送一份报文，其值就会加 1。对于发送端发送的每份 IP 数据报来说，其标识字段都包含一个唯一值，该值在数据报分片时被复制到每个片中。

标志：用其中一个比特来表示"更多的片"。除了最后一片外，其他每个组成数据报的片都要把该比特置 1。标志字段中有一个比特称为"不分片"位。如果将这一比特置 1，IP 将不对数据报进行分片；相反，如果数据报太长不能通过某节点时，则把数据报丢弃并发送一个 ICMP 差错报文（需要进行分片但设置了不分片比特）给起始端。

片偏移：指的是该片偏移原始数据报开始处的位置。另外，当数据报被分片后，每个片的总长度值要改为该片的长度值。当 IP 数据报被分片后，每一片都成为一个分组，具有自己的 IP 首部，并在选择路由时与其他分组独立。这些分片数据报将在接收端重新正确组装，恢复原始数据报。

TTL（Time to Live）：指数据报的生存时间，该字段设置了数据报可以经过的最多路由器数。TTL 的初始值由源主机设置（通常为 32 或 64 等），一旦经过一个处理它的路由器，其值就减 1。当该字段的值为 0 时，数据报就被丢弃，并发送 ICMP 报文通知源主机。

协议：指传输层使用何种协议，根据它可以识别传输层是哪个协议向 IP 传送数据。

首部检验和：是根据 IP 首部计算检验和码。它不对首部后面的数据进行计算。ICMP、IGMP、UDP 和 TCP 在它们各自的首部中均含有首部和数据检验和码。它能够体现数据报在传输过程中是否发生了错误。

源 IP 地址和目的 IP 地址字段：分别标明了发送端和接收端的 IP 地址。

数据报以前的一个字段是可选项，并非所有主机和路由器都支持这一项。

（2）ICMP 协议

ICMP 是 Internet 控制报文协议，ICMP 被认为是 IP 层的一个组成部分，它传递差错报文以及其他需要注意的信息。ICMP 报文帧结构如图 10.12 所示，它是通过 IP 封装后再送到数据链路层的。ICMP 报文格式如图 10.13 所示，不同类型的 ICMP 报文由类型字段（Type）和代码字段（Code）共同决定。具体定义由专表描述，表明 ICMP 报文是一份查询报文还是一份差错报文。

ICMP 的特点：与携带用户信息的数据具有完全相同的路由选择；不报告携带 ICMP 报文的数据报出现的误差；是不可靠的无连接服务。ICMP 具有以下功能。

图 10.12　ICMP 报文帧结构

图 10.13　ICMP 报文格式

① 检查目的站的可到达性与状态：主机或路由器向指定的站发送 ICMP ECHO 请求报文，请求报文包含一个可选的数据区；收到 ECHO 报文的机器应立即回应一个 ECHO 应答报文，应答报文包含请求报文中数据的复制，如 Ping。

② 目的端不可到达报告：向源发一个目的端不可到达报文，并丢弃数据报。

③ 拥塞和数据流控制：高速的计算机与低速的网络处理能力不匹配；多个计算机要同时通过一个网络的路由器等，发生拥塞的路由器为每个丢弃的数据报发送一个源抑制报文。

④ 改变路由请求：假定路由器是知道正确路由的。

⑤ 检测循环或过长的路由：一旦路由器因数据报的下一跳计数器为零或等待分段重组超时，就向源发回一个 ICMP 超时报文。造成生存期到还是超时等问题的主要原因是：出现循环路由；源和目的离得太远（超长）。

⑥ 报告其他问题：当路由或主机发现一个数据报的问题时（如不正确的数据报头），便向源发送端发送一个参数问题的 ICMP 报文，指针标识数据报中产生问题的字节。

⑦ 时钟同步和传送时间估计值：计算请求到目的地，被转换成为应答及返回所需的时间，计算网络传送时间，估计远程和本地时钟的区别。

⑧ 获得子网地址的掩码：为了了解本地网络使用的子网掩码，主机可向路由器发出一个地址掩码请求（Address Mask Request）报文，并可接收到一个地址掩码报文。

⑨ 用 ICMP 报文跟踪路由：利用 ICMP 超时报文发现目的地的一条路径上有路由器列表，如图 10.14 所示，如 A 经网络（30.0.0.0）发一个报文，生存期 TTL=1，到 R1 后 TTL 减 1，发现生存期到，就给源发一个超时报文，将目的列表等信号带回到源，源就知道 R1 的情况了，以此类推，就可以得出 R2 的 IP 情况。

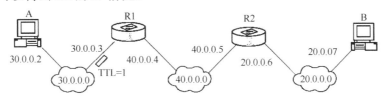

图 10.14 用 ICMP 报文跟踪路由

（3）IGMP 协议

Internet 组管理协议，IGMP 报文能够让一个物理网络上的所有系统知道主机当前所在的多播组。多播路由器需要这些信息，以便知道多播数据报应该向哪些接口转发。正如 ICMP 一样，IGMP 也被当作 IP 层的一部分。IGMP 报文通过 IP 数据报进行传输，它有固定的报文长度，没有可选数据。当 IP 首部中协议字段值等于 2 时，即表明该 IP 数据报为 IGMP 报文。IGMP 报文的具体格式如图 10.15 所示。

图 10.15 IGMP 报文的具体格式

4 位的版本字段指明 IGMP 当前的版本，目前这个值都是 1。

4 位的类型字段指明 IGMP 的消息类型，这个字段目前只有两个值，分别是 1 和 2。当该字段为 1 时，表示该 IGMP 消息是一个主机从属关系查询消息，它使路由器能够查询网络上多播组的成员。当该值为 2 时，表明该消息是一个主机从属关系报表消息，它使主机能够显示组中成员的关系，是对主机关系查询的响应。

校验和字段是一个包括 IGMP 数据字段的 16 位的校验和。

组地址字段指明多播组地址。当 IGMP 消息是主机从属关系查询消息时，该字段为 0；当 IGMP 消息是主机从属关系报表消息时，该字段中保存的是 IP 多播地址。

3．传输层

为保证数据传输的可靠性，传输层协议规定接收端必须发回确认，并且假定分组丢失，必须重新发送，以便在源节点和目的节点的两个进程实体之间提供可靠的端到端的数据传输。TCP/IP 模型最早提供传输控制协议（TCP）和用户数据报协议（UDP），而 SCTP（Stream Control Transport Protocol，流控制传输协议）是为了满足信令传输的多宿性要求而提出的一种新的传输层协议，多用在 3G、4G 以及软交换中。多宿是指一个 SCTP 可以通过多个 IP 地址到达，这样两个 SCTP 端点在建立偶联后，数据可以通过不同的物理通路进行传送。

（1）传输层控制协议（TCP）

TCP 是一个可靠的、可控的传输层协议，它将某节点的数据以字节流形式无差错地投递到互联网的任何一台机器上。TCP 负责流量控制和数据报排序，在彼此交换数据之前必须先建立一个 TCP 连接，在一个 TCP 连接中，仅有两方彼此通信。图 10.16 是 TCP 报头格式。

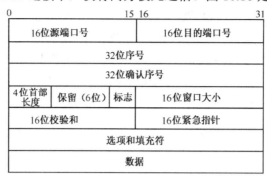

图 10.16　TCP 报头格式

16 位源端口号：指明发送数据主机上的应用程序所在的端口。

16 位目的端口号：指明接收数据主机上的对应应用程序所在的端口。

32 位序号：指明从 TCP 发端向 TCP 收端发送的数据字节流。

32 位确认序号：指明接收端希望接收的下一字节的序列号。

4 位首部长度：指明首部中 32bit（即 4 字节）的数目。所以 TCP 最多可以有 64 字节的首部（主要是选项字段的长度不固定）。如果没有选项字段，那么该值为 5。

6 位标志字段：从高位到低位依次是 URG（紧急指针）、ACK（确认序号有效）、PSH（接收方应尽快将报文交付应用层）、RST（重建连接）、SYN（同步序号，用来发起一个连接）和 FIN（发送端完成发送任务）。

16 位窗口大小：指明接收端准备接收的字节数目。

16 位校验和：是 TCP 报头数据的 16 位校验和。

16 位紧急指针：在标志字段中的 URG 位为 1 时，和序号字段中的值相加以识别出数据段中紧急数据的最后一个字节的序号。

选项和填充符字段：长度可变，最长为 40B，用于把附加信息传递给终端，或用来填充对齐其他选项，以保证 TCP 报文是 32bit 的整数倍。

数据字段：即为用户数据部分。

TCP 的工作过程可以描述如下：

① 发送端在发送数据前先将数据存放在发送缓冲区内，再用 TCP 建立一个段，段内包含指明该段序列号的报头。

② 该数据段送到网络层后封装成 IP 数据报，再传送给接收端。

③ 当 TCP 发出一个段后，就启动一个定时器，等待目的端确认收到这个段，此时该段仍保留在发送缓冲区内。如果不能及时收到一个确认，将重发这个段。

④ 接收端收到发送端的数据后，将发送一个确认，指明已经接收的字节数目。通常这个确认在推迟几分之一秒后发送。该确认中包含当前窗口的尺寸。

⑤ 发送端收到确认后，将确认的段从发送缓冲区删除，并重传未得到确认的段。确认将向前移动窗口以发送新的段。

（2）用户数据报协议（UDP）

UDP 是一个不可靠的、无连接的传输层协议，UDP 协议将可靠性问题交给应用程序解决。UDP 协议主要是面向请求/应答式的交易型应用，主要应用于那些对可靠性要求不高，但要求网络的延迟较小的场合，如 4G 用户面业务的传送。UDP 尽管不保证数据报能到达目的地，但当消息较短或是要求广播和多播时，还要采用 UDP 协议。UDP 报头格式如图 10.17 所示。

图 10.17 UDP 报头格式

16 位源端口号：指发送端应用程序所在的端口。

16 位目的端口号：指接收端应用程序所在的端口。

16 位 UDP 长度：指数据报的长度，最小 8 字节，即 UDP 报头长度。

16 位 UDP 校验和：是指覆盖了 UDP 首部和 UDP 数据的校验和。

（3）流控制传输协议（SCTP）

SCTP 是在 IP 网络使用的一种可靠的通用传输层协议，它通过借鉴 UDP 的优点解决了 TCP 的某些局限，已经逐渐发展成为一种通用的传输层协议。SCTP 除了具有 TCP 同样的功能之外，还具有更灵活的数据报格式，能更好地扩展以满足某些应用的需求。其主要特征如下：

① 内建多地址主机支持：SCTP 中的一对连接称为偶联（Association），偶联两端的主机节点（Endpoint）可以有多个网络地址，如 4G 控制面的信令的传送，就是采用 SCTP 多条偶联通路进行数据传输的。偶联就是两个端点通过 SCTP 协议规定的 4 次握手建立起来的逻辑通路（Pach），有的文献也称关联。

② 保留应用层消息边界：SCTP 保留上层数据信息的边界，上层数据信息称为"消息"，传输的基本单位为有意义的数据段。

③ 单个偶联（Association）多流机制：SCTP 允许用户在每个偶联中定义子流，数据在子流内按序传输。

SCTP 公共分组头和数据块格式如图 10.18 所示。

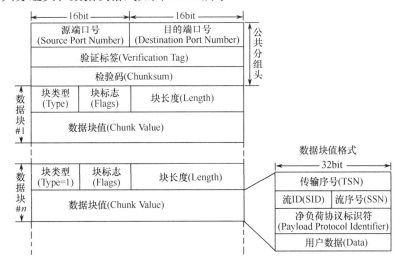

图 10.18 SCTP 公共分组头和数据块格式

① 公共分组头格式

源端口号（Source Port Number）：16bit，为发送端 SCTP 端口。

目的端口号（Destination Port Number）：16bit，为接收端 SCTP 端口。

验证标签（Verification Tag）：32bit，是偶联建立时本端端点为这个偶联随机生成的一个标识。

检验码（Chunksum）：32bit，ADLET-32 算法生成的一个校验码。

② 数据字段(Chunk)格式

块类型（Chunk Type）：8bit，指块值中的消息类型。

块标志（Chunk Flags）：8bit，其用法由块类型决定。

块长度（Chunk Length）：16bit，表示数据块的总长度，必须为 4 倍字节的整数倍。

块值（Chunk Value）：若块类型 Type=1 时，其值为用户数据，格式内容如下。

- 传输序号（TSN，Transmission Sequence Number）：32bit，表示该数据块的序号。
- 流 ID（Stream ID）：16bit，表示用户数据属于的流。
- 流序号（SSN，Stream Sequence Number）：16bit，表示流中的用户数据序号。
- 净负荷协议标识符（Payload Protocol Identifier）：32bit，是上层协议给定的一个标识符，表示某个应用。
- 用户数据（Data）：即为上层数据。

4．应用层

传输层的上一层是应用层，应用层包括所有的高层协议。早期的应用层有远程登录协议（Telnet）、文件传输协议（FTP）和简单邮件传输协议（SMTP）等。后来出现了一些新的应用层协议：如用于将网络中的主机的名字地址映射成网络地址的域名服务（DNS）；网络新闻传输协议（NNTP）和用于从 WWW 上读取页面信息的超文本传输协议（HTTP）等。由于篇幅所限，这里就不再展开介绍。

10.1.3 互联网及域名管理系统

多个网络相互连接构成的集合称为互联网。互联网又分为企业内部网（Intranet）、外部网（Extranet）和万维网（WWW 或 Web）等。

1．CHINANET

CHINANET 是中国公用计算机互联网，采用 TCP/IP 协议，并通过高速数字专线与国际 Internet 互连。CHINANET 与国内的企业网、校园网和各种局域网互连，构成中国的 Internet。CHINANET 与其他公用数据网和公用电话网互连，可以向所有客户提供 Internet 服务。CHINANET 由骨干网和接入网组成，并设立全国网管中心和接入网网管中心。CHINANET 能为用户提供多种连接方式，如图 10.19 所示。

骨干网是 CHINANET 的主要信息通路，主要负责转接全网的业务，并为接入网提供接入端口。CHINANET 最大的好处是将分组交换网、电话网与 DDN 网的用户互连在一起，直接实现了在 Internet 上的"对接"，CHINANET 提供了以下各种接入方式。

① 终端或局域网通过模拟或数字专线，采用 TCP/IP 协议接入 Internet。

② CHINADDN 网的终端或局域网用户利用 CHINADDN 或帧中继协议，通过 CHINADDN 网和相应的网关接入 Internet。

③ 分组交换网的终端或局域网用户专线或电话拨号方式，以 X.25 协议通过分组交换网和相应的网关接入 Internet。

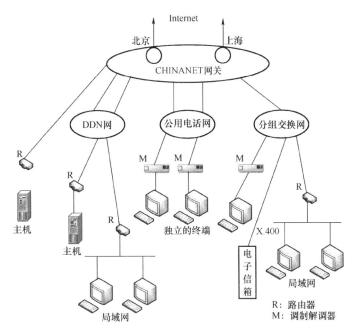

图 10.19 CHINANET 接入示意图

④ 个人终端用户通过公用电话网,采用拨号方式,以终端仿真方式,或利用串行线路网间协议及点到点协议,通过终端服务器接入 Internet。

2. DNS

Internet 中的 IP 地址唯一确定了一台主机,但使用 IP 地址很不方便,因此 Internet 采用了一种字符型命名方法,即用表示一定意思的字符串来标识主机地址,两者相互对应,当然主机名也要保持全网统一。而域名管理系统(DNS,Domain Name System)是一个分层的名字管理、查询系统,主要提供 Internet 上主机 IP 地址和主机名相互对应关系的服务。域名系统要由中央管理机构(NIC)将主机名字空间划分为若干部分,并将各部分的管理权授予相应的机构,各管理机构可以将管辖内的名字空间进一步划分成若干子部分,并将子部分的管理权再授予相应的子机构,以完成所属主机名和主机 IP 地址的管理。而域名通常就指一个管理、维护一组主机和名字的系统,如图 10.20 所示。

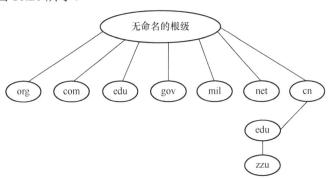

图 10.20 域名系统

可见,Internet 的域名系统主要由多级域名组成:无命名的根级、一级、二级及各子级域名。Internet 的名字空间为树状结构,树上的每一节点为一个确定指示的域。

根级:为一特殊的、由 NIC 管理的域,未命名。

一级域名：由根级（即 NIC）授权管理。一级域名通常有两种命名方式：一是按行业命名；一是按国家和地区命名，如表 10.4 所示。

表 10.4　一级域名的命名及含义

域名	com	edu	gov	mil	net	org	cn	…
含义	商业组织	教育组织	政府部门	军事部门	主要网络	各种组织	中国	…

其中 3 个字符表示的域名对应于各部门，2 个字符是按国别、地理位置划分的国家域名，如 cn 表示中国。

二级域名：是一级域名的进一步划分，如 cn 下又可参照一级域名中的行业分类再分为 edu、com 等。

子级域名：子级域名是二级域名的进一步划分，子级域名可小到管理一台主机，也可大到包含许多主机和进一步授权管理的子域，如郑州大学域名 zzu 就是中国 cn 的教育机构 edu 下的一个子域。

一个完整的域名，就是从根级域到当前域的所有组织名从右到左由"."分隔符连接。如郑州大学的完整域名为：zzu.edu.cn，其中：cn 为一级域名，edu 为 cn 下的二级域名，zzu 为 edu.cn 的子级域名。当郑州大学申请到 zzu.edu.cn 域名后，就可对郑州大学内所有主机的主机名进行管理，而完整的主机名应为：主机名.域名。例如，校内有两台叫做 fred 和 cree 的主机，分属于化学系（chem）和物理系（phy），其完整的主机名分别为：

```
fred.chem.zzu.edu.cn
cree.phy.zzu.edu.cn
```

机器名、域名全网必须唯一，但不同域名下可以使用相同的名字，如上例中两台机器都命名为 fred，但分属化学系和物理系，这是可以的。

```
fred.chem.zzu.edu.cn
fred.phy.zzu.edu.cn
```

【例 10.1】 说明 Internet 中通过域名的寻址过程，一个国外用户寻找一台叫 host.edu.cn 的中国主机，其过程如图 10.21 所示。

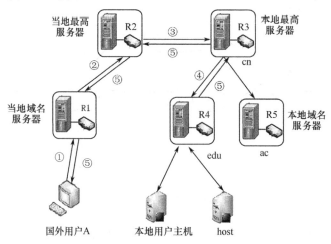

图 10.21　通过域名的寻址过程示意图

① 国外用户 A "呼叫" host.edu.cn，当地域名服务器受理并分析号码（经路由器 R1）。

② 由于当地域名服务器中没有中国域名资料，必须向上一级查询，图中当地域名服务器向当地最高域名服务器问询（经路由器 R2）。

③ 当地最高域名服务器检索自己的数据库，查到 cn 为中国的一级域名，则指向中国的本地最高域名服务器（经路由器 R3）。

④ 中国最高域名服务器分析号码，看到第 2 级域名为 edu，就指向本地的 edu 域名服务器，从图中可以看到 ac 域名服务器与 edu 域名服务器是平级的（经路由器 R5、R4）。

⑤ 经过 edu 域名服务器分析，看到第 3 级域名是 host，就将名为 host 主机的 IP 地址返送给主机 A。

10.1.4 MPLS 及宽带 IP 网

1. MPLS

标记交换（Tag Switch）是由 Cisco 公司提出的一种基于传统路由器的 ATM 承载宽带 IP 技术。而多协议标记交换（MPLS，Multi-Protocol Label Switch）是以 Cisco 的标记交换为基础，并吸收其他各种方案的优点，是 IP 与 ATM 结合的最佳解决方案之一，属于集成模式。数据在具有 MPLS 功能的网络中的传递过程如图 10.22 所示，包括以下 4 个步骤。

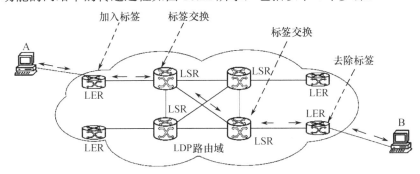

图 10.22 数据在具 MPLS 功能的网络中传递过程示意图

① 入口处的 LER（Label Edge Router，标记边缘路由器）接收到终端 A 的分组，完成第 3 层功能，决定需要哪种第 3 层的业务，并对分组进行标签粘贴。

② 使用传统的路由协议（如 OSPF、IGRP 等）建立到终点网路的连接，同时使用 LDP（标签分发协议）完成标记到终点网络的映射。

③ LSR（Label Switching Router，标记交换路由器）收到 LER 对带有标记的数据报后，不再进行任何第 3 层处理，只依据分组上的标签进行交换。如果使用该标记做索引在标记信息库 LIB 查找到与它匹配的相关新标记，则以查找到的信息替换 MPLS 的标记并将数据报转发到下一个 LSR 或 LER。

④ 在 MPLS 出口的 LER 上，将分组中的标签去掉后传送给终端用户 B 或继续进行转发。

这里简要说明 MPLS 包头的结构及在协议栈中的位置。IETF 标准文档中定义的 MPLS 包头，是插入在传统的第 2 层数据链路层包头和第 3 层 IP 包头之间的一个 32 位的字段，结构如图 10.23 所示。通常 MPLS 包头，包含 20bit 的标签字段（Label）；3bit 的实验字段 EXP，现在通常用作分组业务类型 CoS（Class of Service）；1bit 的 S，用于标识这个 MPLS 标签是否是最低层的标签；8bit 的 TTL 字段，即生存期（Time to Live）。MPLS 可以承载的报文通常是 IP 包，当然也可以改进直接承载以太包、ATM 的 AAL5 包、甚至 ATM 信元等。可以承载 MPLS 的二层协议，如 PPP、以太网、ATM 和帧中继等。

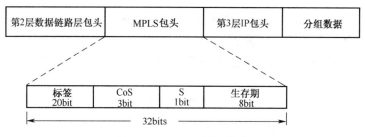

图 10.23 MPLS 标记格式

2．宽带 IP 网

宽带 IP 网是目前世界上最先进的网络构架平台之一，其典型的网络结构如图 10.24 所示，且具有以下特点：有足够的带宽；网络延时小，有利于多媒体应用的服务质量保证；宽带 IP 网具有良好的灵活性，易于扩充，接入方便；使用和管理非常简单等。

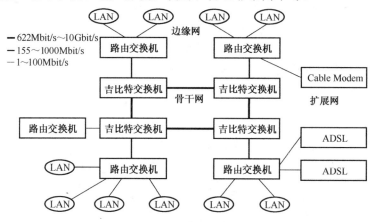

图 10.24 典型的宽带 IP 网络结构

宽带网络分析模型如图 10.25 所示。第 1 层就是宽带网络接口层，提供高速的数据传输平台。IP 服务层向 IP 用户提供高质量的、具有一定服务保证的 IP 接入服务。应用层提供接入形式（IP 接入和宽带接入）和服务内容形式。宽带 IP 网主流技术主要有 IP over ATM、IP over SDH、IP over WDM 等，关于 PTN（分组传输网）组建的宽带 IP 网，将在第 13 章介绍。

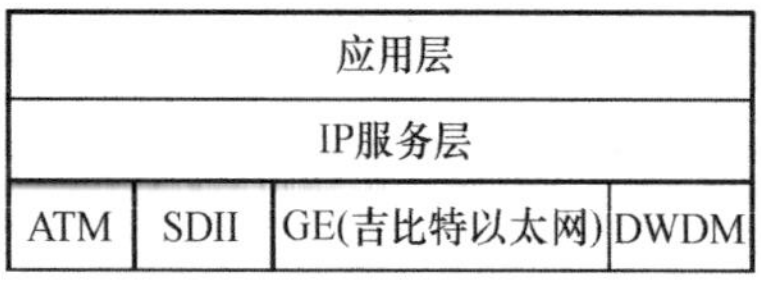

应用层			
IP 服务层			
ATM	SDII	GE（吉比特以太网）	DWDM

图 10.25 宽带 IP 网络的分层模型

千兆以太网 GE 也是一种以太网，其速度为普通以太网的 100 倍，是快速以太网的 10 倍。它保持了以太网的简单性和以太网的价格优势，具有简单实用、成本低廉的优点。

IP over SDH 是指在 SDH 网络上直接运行 IP 业务，IP over SDH 是 IP 数据报通过采用点到点协议（PPP）映射到 SDH 帧上，按各次群相应的线速率进行连续传输。当 SDH 升级为 MSTP（多业务传输平台）时，即可同时实现 TDM、ATM、以太网等多业务的接入。

IP over WDM，也可称为光因特网，将 G 位、T 位速率路由交换技术与密集波分复用（DWDM）技术结合，就可以完全抛开 ATM 和 SDH，在光纤上直接传送 IP 数据报。就 IP 业务而言，采用 IP over WDM 省去了 ATM 层的处理，传输效率比有 ATM 时提高了许多。在 IP over WDM 基本系统中，光纤直接连接光耦合器，耦合器把各波长分开或组合，其输入、输出都是简单的光纤连接器，把原波长内的数据送给 SDH 设备或高性能路由器。

IP over ATM 是优势互补,既发挥了 TCP/IP 协议的开放性和应用的广泛性,又利用了 ATM 速度快、容量大和可以支持多种业务的能力。

IP over ATM 就是将 IP 网叠加在 ATM 网上。该模式 ATM 的寻址方式是不变的,IP 的路由功能仍由 IP 路由器来实现,需要地址解析协议(ARP)实现媒体接入控制(MAC)地址与 ATM 地址的映射或 IP 地址与 ATM 地址的映射。IP 地址在网络边缘设备中被映射成 ATM 地址后,IP 数据报据此被传输到网络另一端的边缘设备。重叠模式和集成模式子网如图 10.26 所示。

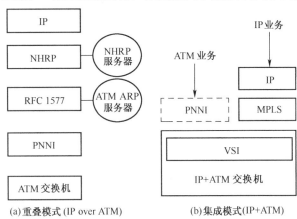

图 10.26　重叠模式和集成模式

表 10.5 给出了 IP over ATM、IP over SDH 和 IP over WDM/DWDM 3 种方案的多个性能参数的比较。IP over WDM 是最具生命力的技术,是骨干网的主导传送技术。

表 10.5　3 种方案的性能比较

项目参数	IP over ATM	IP over SDH	IP over WDM/DWDM
结构	复杂	较简单	很简单
带宽	中	中	高
效率	低	中	高
价格	高	一般	较低
传输性能	好	一般	好
维护管理	复杂	略简单	简单

10.2　软　交　换

国际软交换协会(ISC,International Softswitch Consortium)对软交换(Softswitch)的定义:软交换是提供呼叫控制功能的软件实体。软交换是一种功能实体,为 NGN 提供具有实时性业务要求的呼叫控制和连接控制功能,是 NGN 呼叫与控制的核心。

10.2.1　软交换系统

软交换的基本含义就是通过软件实现基本呼叫控制功能,为控制、交换和软件可编程功能建立分离的平面。软交换网络体系结构如图 10.27 所示,软交换网络具有基于分组,且开放的网络结构、业务与呼叫控制分离、可以快速提供新业务、业务与接入方式分离等特点。

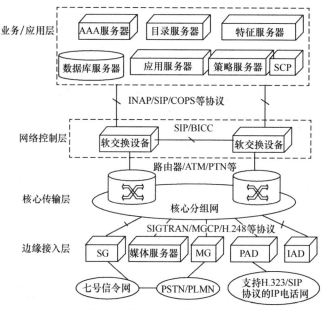

IAD：综合接入设备　AAA：认证、授权和计费
SCP：业务控制点　SG：信令网关　PAD：分组接入设备

图 10.27　软交换系统组成

软交换控制设备（Softswitch Control Device），也就是我们通常所说的软交换。它完成呼叫处理控制功能、接入协议适配功能、业务接口提供功能、互连互通功能、应用支持系统功能等。软交换所使用的主要协议：H.248/ MGCP（媒体网关控制协议）、SIP（会话初始协议）等。软交换作为一个开放的实体，与外部的接口必须采用开放的协议。软交换功能的实现是通过网关发出信令，控制语音和数据业务的互通。软交换的功能实体如图 10.28 所示，图中的媒体网关控制器就是软交换机。下面将介绍软交换系统的各部分功能。

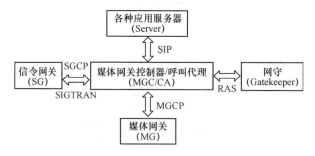

图 10.28　软交换的功能实体

① 信令网关（SG）：是 No.7 信令网与 IP 网的边缘接收和发送信令消息的信令代理，主要完成信令消息的中继、翻译或终接处理。信令网关可以和媒体网关集成在一个物理实体中，处理由媒体网关功能控制的与线路或中继终端有关的信令消息。

② 网守（GK）：主要完成用户认证、地址解析、带宽管理、计费等功能。可通过 RAS（注册：Registration，许可：Admission 和状态：Status）信令来完成终端与网守之间的登记注册、授权许可、带宽改变、状态和脱离解除等过程。实际上，网守是 H.323 系统中的功能实体，它控制一个或多个网关，引导两种不同网络之间语音电路的建立与分离。

③ 应用服务器（Server）：在 IP 网内向用户提供多种智能业务和增值业务。电信厂家多将传统业务综合在软交换之内，而将新业务由应用服务器来生成。如 3G 中的 MSC Server，就是一个兼顾传统业务和新业务的综合软交换设备。

④ 媒体网关控制器/呼叫代理（MGC/CA）：负责控制 IP 网络的连接（包括呼叫控制功能）。MGC/CA 是软交换的重要组成部分和功能实现部分。其中，MGC 是 H.248 协议关于 MG 媒体通道中呼叫连接状态的控制部分，可以通过 H.248 协议或媒体网关控制协议（MGCP）、媒体设备控制协议（MDCP）对 MG 进行控制，MGC/CA 之间通过 H.323 或者 SIP 协议连接。

⑤ 媒体网关（MG）：用来处理电路交换网和 IP 网的媒体信息互通。在 H.248 协议中，MG 实体完成不同网络间不同媒体信息的转换。按照媒体网关设备在网络中的位置及主要作用可分类如下。

中继网关（TG）：主要针对传统的 PSTN/ISDN 中 C4 或 C5 交换局媒体流的汇接接入，将其接入到 ATM 或 IP 网络，实现 VoATM 或 VoIP 功能。

接入网关（AG）：接入网关负责各种用户或接入网的综合接入，如直接将 PSTN 用户、以太网用户、ADSL 用户或 V5 用户接入。

住户网关（RG）：放置在用户住宅小区或企业的媒体网关，主要解决用户语音和数据（主要指 Internet 数据）的综合接入，以及解决视频业务的接入。

⑥ 媒体网关与软交换间的接口：该接口可使用媒体网关控制协议（MGCP）、IP 设备控制协议（IPDC，Internet Protocol Device Control）或 H.248/Megaco 协议。

⑦ 信令网关与软交换间的接口：该接口可使用信令控制传输协议（SCTP，Signaling Control Transmission Protocol）或其他类似协议。

⑧ 软交换间的接口：该接口实现不同软交换间的交互。此接口可使用 SIP-T 或 H.323 协议。

⑨ 软交换与应用/业务层之间的接口：该接口提供访问各种数据库、三方应用平台、各种功能服务器等的接口，实现对各种增值业务、管理业务和三方应用的支持。

⑩ 软交换与应用服务器间的接口：该接口可使用 SIP 协议或 API（如 Parlay API），提供对第三方应用和各种增值业务的支持功能。

⑪ 软交换与网管中心间的接口：该接口可使用 SNMP，实现网络管理。

⑫ 软交换与智能网的 SCP 之间的接口：该接口可使用 INAP（智能网应用部分），实现对现有智能网业务的支持。

⑬ IP 终端（IP Terminal）：目前主要指 H.323 终端和 SIP 终端两种，如 IP PBX、IP Phone、PC 等。

⑭ 其他支撑设备。如 AAA 服务器、大容量分布式数据库、策略服务器（Policy Server）等，它们为软交换系统的运行提供必要的支持。

10.2.2 软交换应用

1. 软交换与 H.323 系统互通

当软交换设备与 H.323 系统互通时，其互连点设在软交换设备与最低级网守之间，即通过软交换与 H.323 体系中的二级或一级（在没有二级网守的情况下）网守完成这两个网络体系之间的互通，互通示意如图 10.29 所示。

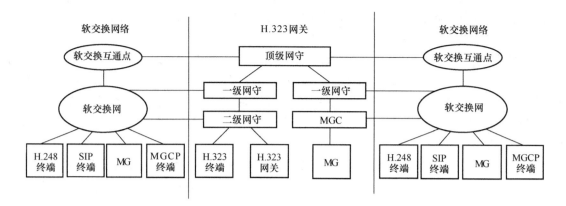

图 10.29 软交换与 H.323 系统的互通

下面以快速呼叫流程为例说明软交换设备与现有 IP 电话网互通时的通信流程。由软交换设备侧发起呼叫的流程如图 10.30 所示。

① 软交换设备向一级网守发送 LRQ（位置请求）进行地址解析。
② 地址解析通过后，一级网守发送 LCF（位置确认）。
③ 软交换设备向被叫网关发起呼叫建立请求（Setup）。
④ 网关向软交换设备发送呼叫进展消息（Call Proceeding）。
⑤ 网关同时向一级网守发送 ARQ（准入请求）消息。
⑥ 一级网守向网关发送认证通过消息 ACF（准入确认）。
⑦ 网关向软交换设备发送提示消息（Altering）。
⑧ 网关向软交换设备发送连接消息（Connect）。

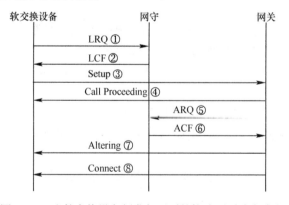

图 10.30 由软交换设备侧发起呼叫的快速呼叫建立流程

2. 中继媒体网关的应用

图 10.31 为利用中继媒体网关（TG）替代汇接局的中继应用情况。图中软交换替代了传统的 PSTN 的长途/汇接交换机，信令网关进行 No.7 信令和基于 SIGTRAN 的 IP 信令协议的转换和传输，中继媒体网关则在 MGC 的控制下完成 PSTN 到 IP 再到 PSTN 的媒体中继汇接连接。

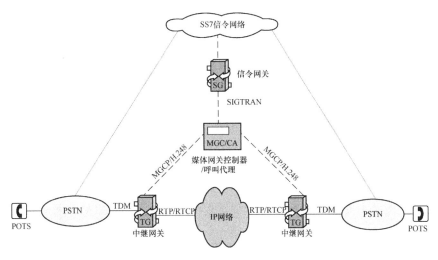

图 10.31　中继应用情况

习　题　10

1. 说明计算机网络设备与 OSI 七层模型的对应关系，如主机、适配器、路由器、网桥分别工作在哪些层？
2. 举例说明计算机网络拓扑结构。
3. 简述 IP 数据报组成字段的含义。IP 地址分几类？有哪些特殊的 IP 地址？
4. TCP、UDP 和 SCTP 有什么区别？TCP、UDP 和 IP 分别对应哪几层？
5. 路由器的主要作用是什么？每个端口是不是都要配置一个逻辑地址和物理地址？
6. 参考有关资料，对 IP over ATM、IP over WDM 等宽带 IP 网的性能进行比较分析。
7. 软交换主要完成哪些功能？
8. 概述软交换与 H.323 系统互通的流程。

第 11 章 异步传送模式（ATM）

早在 1983 年，法国邮电科学院与美国 AT&T 贝尔实验室同时提出了一种新的网络体系雏形，经过随后的研究，并制定出相应的规范，ITU-T 于 1991 年将这种网络体系正式命名为异步传送模式（ATM）。ATM 以单一的网络结构，综合地处理语音、视频、数据等多种信息，并支持各种新业务。目前，ATM 技术商用化程度在不断提高，包含在移动通信、互联网等领域，都得到了较为广泛的应用。本章主要介绍 ATM 参考模型、交换和信令，以及 ATM 组网等方面的技术。

11.1 ATM 技术

11.1.1 ATM 信元

1. ATM 定义

ATM（Asynchronous Transfer Mode）最初是从两个方向开始研究的，一种是从改进同步时分复用（STD）出发，提出异步时分复用（ATD）；另一种是从改进分组交换出发，提出快速分组（FPS）。ATM 技术是融合了电路交换传送模式、采用了时分统计复用和信息分组的设计思想发展而成。在网络构成和控制方式上，它与电路交换类似，但又改进了电路交换的功能，使其能够灵活地适配不同速率的业务。在信息格式和交换方式上，它与分组交换类似，但又改进了分组交换的功能，使其能够满足实时性业务的需求，适合在光纤大容量传输环境下的传送方式。

ITU-T 在 I.113 建议中定义：ATM 是一种传递模式，在这一模式中，信息被组织成信元（Cell），包含一段信息的信元不需要周期性地出现，从这个意义上讲，这种传递模式是异步的。

ATM 的异步传送模式采用面向连接的电路传送方式。在 ATM 中，将语音、数据及图像业务的信息分解成固定长度的数据块，加上信元头，形成一个完整的 ATM 信元。在每个时隙中放入 ATM 信元，ATM 信元在占用时隙的过程中采用时分统计复用的方式将来自不同信息源的信息汇集到一起，也就是说，每个用户不再分配固定的时隙，这样就不能靠时隙号来区别不同用户，而是靠 ATM 信元中的信元头来区别各个用户，网络根据信元头中的标记识别和转发信元。另外，在一帧中占用的时隙数也不固定，可以有一至多个时隙，完全根据当时用户通信的情况而定。而且各时隙之间并不要求连续，纯粹是"见缝插针"，其过程如图 11.1 所示。

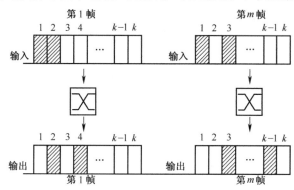

图 11.1 时隙的异步复用过程

2. 信元结构

ITU-T 在 I.361 建议中规定，一个 ATM 信元（Cell）长 53 字节，前面 5 字节称为信元头（Header），后面 48 字节称作信息段（Payload），是用户数据。与分组交换的分组相比，ATM 信元及其信元头格式要简单得多。ATM 信元实际上是将语音、数据及图像等所有的用户数字信息分解成固定长度的数据块，并在数据块前装配地址信息等，形成了 5 字节的信元头。这样再加上 48 字节的用户数据信息就构成一个了完整的 ATM 信元，ATM 的信元结构如图 11.2 所示。固定长度的 ATM 信元的优点是：固定长度的信元使交换和排队时延更容易预测；与可变长度的数据分组相比，ATM 信元便于用硬件处理，完成高速交换。

ATM 信元的信元头与分组交换的分组头相比，功能就简化了很多，如只对信元头进行差错控制，不进行逐段链路的检错和纠错，端到端的差错控制只在需要时由终端完成，而且只用 VPI/VCI 标识一个虚连接，无须源地址、目的地址和分组序号，信元顺序也由终端保证。在 ATM 通信网中，用户接口称作用户—网络接口（UNI），中继接口称作网络—节点接口（NNI）。它们对应于 ATM 两种不同信元头的信元格式。如图 11.3 所示为这两种信元头的结构图。在 ATM 信元中包含了如下几个域。

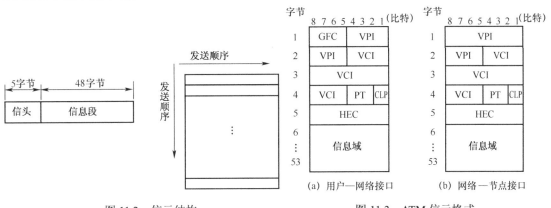

图 11.2 信元结构　　　　　图 11.3 ATM 信元格式

① 一般流量控制（GFC）：它由 4bit 组成，仅用于 UNI。用于流量控制或在共享媒体的网络中表示不同的接入。一般情况置为 0000。

② 虚通道标识符（VPI）：该字段在用户—网络接口由 8bit 组成，用于路由选择；可标识 256 个 VP。而在网络—节点接口由 12bit 组成，以增强网络中的路由选择功能；可标识 4096 个 VP。

③ 虚通路识别符（VCI）：它由 16bit 组成，可标识 65536 个 VC，用于 ATM 虚通路路由选择。VPI/VCI 一起标识一个虚连接。

④ 信息类型（PT）：该字段的长度为 3bit。用于标识净荷的类型，比特 3 为 "0" 表示为数据信元，为 "1" 表示为 OAM 信元；对数据信元，比特 2 用于前向拥塞指示，比特 1 用于 AAL5（ATM 适配层）；对 OAM 信元，后两比特表明了 OAM 信元的类型。

⑤ 信元丢失优先级（CLP）：该字段由 1bit 组成，用于表示信元丢失的等级，用于拥塞控制。CLP=0，网络尽力为其提供带宽资源，以防信元丢失；CLP=1，可根据带宽情况丢弃信元。

⑥ 信元头差错控制（HEC）：该字段是长度为 8bit 的 CRC 校验码，可提高信元头的传输可靠度，用于检测信元头的比特差错和信元定界。

11.1.2 ATM 协议模型

1. 模型结构

ITU-T 在 I.321 中定义了基于 ATM 网络的 B-ISDN 参考模型，给出的 ATM 分层参考模型如图 11.4 所示，它是一个立体分层模型（三面四层结构）。面用来描述网络中可以支持的不同功能，层用来描述网络功能的实现模型，并与 OSI 七层模型相对应。

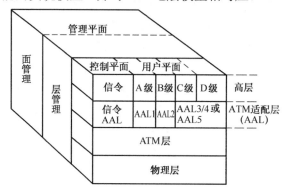

图 11.4 ATM 协议参考模型

① 从纵向看有 3 个功能平面：控制平面（Control Plane）、用户平面（User Plane）和管理平面（Management Plane），其主要功能如下。

控制平面：提供呼叫和连接的控制功能。涉及的主要是信令功能，它也采用分层结构负责建立网络连接和管理连接，处理寻址、路由选择和接续等相关功能，对网络动态的建立起到关键的作用。

用户平面：在通信网中传输端到端的用户数据、信息流量控制和恢复操作。采用分层结构提供用户信息传输功能。

管理平面：提供操作和管理功能，也管理控制面和用户面之间的信息交换。分面管理和层管理。其中，面管理（Plane Management）涉及包括网络故障和协议差错检测的层特定管理功能，主要是协调各面之间的运行，实现与整个系统有关的管理功能，面管理不分层；层管理（Layer Management）实现网络资源和相关协议参数的管理功能和协调功能，它也采用分层结构。

② 从横向看又可分成 4 层。

物理层（PHY，Physical Layer）：完成传输信息的功能。

ATM 层（ATM Layer）：完成交换、路由选择和复用功能。

ATM 适配层（AAL，ATM Adaptation Layer）：主要是做适配工作，以适应高层需要。

高层（High Layer）：根据不同的业务特点，完成高层服务功能。

控制平面、用户平面和管理平面使用物理层和 ATM 层工作，而 AAL 的使用取决于业务的应用要求。图 11.5 给出了 ATM 参考模型与 OSI 协议的对应关系，在后面的内容中要分别对各层展开介绍。

2. 物理层

物理层利用通信线路的比特流传送功能，实现传送 ATM 信元的功能。物理层包含两个子层：物理介质子层（PM，Physical Medium sublayer）和传输汇聚子层（TC，Transmission Convergence sublayer），这两个子层交换的数据要互相同步。

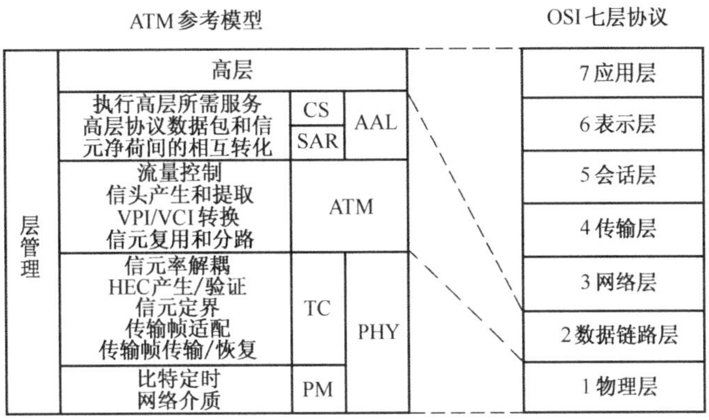

图 11.5 ATM 参考模型与 OSI 协议的对应关系

TC 负责将信元放入物理层的帧中，以及在帧中提取信元、信元定界、信头处理、信元速率去耦（去除发送方向插入的空闲信元）等。具体操作由物理层帧的类型确定，理想的传输系统为同步数字系列（SDH）。

PM 在导线或光缆上传递识别电信号和光信号，能将物理层的比特组转换成另一种比特流编码。PM 中关于专用网 UNI 的部分物理介质接口类型定义如表 11.1 所示。

表 11.1 专用网 UNI 物理介质接口类型

帧格式	比特流（Mbit/s）/波特率（Mbaud）	传输介质
信元流	25.6/32	UPT-3（非屏蔽对绞线）
STS-3C、STM-1	155.52Mbit/s	UPT-5、STP（屏蔽对绞线）
STS-3C、STM-1	155.52Mbit/s	MMF（多模）、SMF（单模）、同轴
STS-12、STM-4	622.08Mbit/s	MMF、SMF

3. ATM 层

ATM 层为 ATM 适配层和物理层之间提供接口，ATM 层只涉及信元的信元头功能，而不处理信息域的信息类型、业务时钟频率信息。ATM 层主要执行 ATM 网的交换功能，并在同一 ATM 层单元间传递信元。在始发端，它从 ATM 适配层接收 48 字节的信元信息，再加 4 字节首标（HEC 字节除外）组成 ATM 信元，然后将它传送到物理层进行 HEC 处理和传输。以下介绍 ATM 层的主要功能。

（1）信元的复用和解复用

信元复用/解复用在 ATM 层和物理层的 TC 层接口处完成，在源点负责对多个虚连接的信元进行复接和在目的端对接收的信元进行分解。发送端 ATM 层将具有不同 VPI/VCI 的信元复用在一起交给物理层；接收端 ATM 层识别物理层送来信元的 VPI/VCI，并将各信元送到不同的模块处理，若识别出信令信元就交由控制平面处理，若为 OAM 等管理信元则交由管理平面处理。

（2）有关信元头的操作

信元头操作在用户端填写 VPI/VCI 和 PT，负责源点产生信元头和宿点翻译信元头，在网络节点中为 VPI/VCI 翻译，负责在每个 ATM 节点对信元头进行标记/识别。用户信息的 VPI/VCI 值在连接建立时可由主叫方设置，并经过 ISDN 信令的 SETUP 消息通知给网络节点，由网络节点认可，也要由网络侧分配。

（3）一般流量控制

一般流量控制（GFC）由信元头的 GFC 比特控制，用于控制终端到网络的业务流量。由于在用户—网络接口定义了两套进程，即控制的和非控制的，因此也就有两级接续，即受控接续和非控接续。

（4）ATM 交换

ATM 层对接收的信元进行复用/分路，在发送侧将不同连接（虚电路）的信元复用成单一的信元流；在接收侧将接收来的信息流分路并恢复为各连接的信元。

4．AAL 层

（1）AAL 结构

AAL 介于 ATM 层和高层之间，它是为了使 ATM 层能适应不同类型业务的需要而设置的。AAL 不仅支持用户平面的高层功能，也支持控制平面和管理平面的高层功能。AAL 是高层协议和 ATM 层间的接口，转接高层协议与 ATM 之间的信息，有两个子层，即信元分段/重组子层（SAR）、汇聚子层（CS）。ATM 适配层结构如图 11.6 所示。

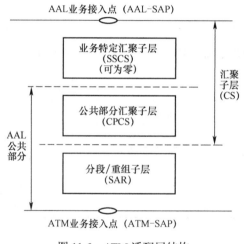

图 11.6　ATM 适配层结构

SAR 的功能是将高层协议来的信息分段为 ATM 信元传到 ATM 层，将 ATM 层来的信息重新组装成高层协议的格式送入高层。

CS 执行信息识别时钟恢复功能，针对某些 ATM 适配器类型，又分为与业务无关的公共部分汇聚子层（CPCS）和完成特定功能的业务特定汇聚子层（SSCS）。

（2）业务类别协议类型

各种应用功能根据其业务要求和话务特性分为若干业务等级。不同的 ATM 适配层定义于不同的业务等级，ITU-T 根据 3 个参数：源点和终点间定时关系、比特率（固定的或可变的）和接续方向（面向接续业务或无接续业务）来区分 ATM 业务。

ITU-T 提出 4 种不同的 AAL 层协议，以支持 ATM 网的 4 类业务，记作：AAL1、AAL2、AAL3/4、AAL5，业务上分别称为 A、B、C、D 共 4 类。AAL 业务分类如表 11.2 所示。

① A 类：固定的比特率（CBR）业务，ATM 适配器 1——AAL1，支持面向接续业务，其比特率是固定的，是对应源点和终点间具有定时关系的固定比特率面向连接业务，两路典型的 A 类业务是 64kbit/s 语音和动态图像。

表 11.2 AAL 业务分类

业务分类	A	B	C	D
AAL 分类	AAL1	AAL2	AAL3/4	AAL5
端对端定时	要求		不要求	
比特速率	固定	可变		
连接方式	面向连接			无连接
业务举例	固定比特率的语音、动态图像等	可变比特率的动态图像	数据传输	通过 WAN 的两 LAN 间数据传输

② B 类：可变比特率（VBR）业务，ATM 适配器 2——AAL2，支持面向接续业务，其比特率是可变的，如压缩的分组语音通信和压缩的视频传输，存在传递介质延迟特性，目前 AAL2 还没有完全解决，是对应源点和终点间具有定时关系的面向连接的可变比特率业务。

AAL2 规程设计用于支持延时敏感性的业务，如移动电话业务（13kbit/s 或 9.5kbit/s）、短分组或低速数据等。若要求传送 13kbit/s 的移动电话业务，形成一个信元所需要的时间为

$$48(Bytes) \times 8(bit)/13(kbit/s) = 29.5ms$$

也就是说，在这个间隔时间内可以复用的其他信元的个数共为

$$155.520(Mbit/s) \times 29.5(ms)/48(Bytes)/8(bit) = 11963$$

在这里，ATM 网的传送速率为 155.520Mbit/s。

③ C 类：面向接续数据业务，AAL3/4。用于文件传递和数据网业务，其接续是在数据被传送以前建立的。它是可变速率的，但没有介质延迟。AAL3/4 技术复杂，又提出 AAL5 来实现特殊业务。

AAL3/4 规程用于 C 类和 D 类业务，即 VBR 不要求维持源与目的地间定时关系的数据业务，如 X.25、帧中继、局域网等。

④ D 类：无接续数据业务。在数据传递前，其接续不会建立，常见业务为数据报业务和数据网业务。AAL3/4、AAL5 都支持此业务。此业务是对应源点和终点间不具有定时关系的可变比特率无接续业务，通过 WAN 的两个局域网间无接续数据传递，是此类业务的典型实例。

11.2 ATM 交换

11.2.1 虚连接及交换过程

1. 虚连接

ATM 是面向连接的，在信元头中有标识信元属于哪一个连接的字段。ATM 中的连接为虚连接，而且是在两个层次上建立的，即所谓的虚通道（VP, Virtual Path）和虚通路（VC, Virtual Channel），并在信元头中采用虚通道标识符（VPI, Virtual Path Identifier）和虚通路标识符（VCI, Virtual Channel Identifier）分别表示两个不同层次上的虚连接。VP 和 VC 都是用于描述 ATM 信元单向传输的路由，每个 VP 可以复用多个 VC，属于同一 VC 的信元群具有相同的 VCI；属于同一 VP 的不同 VC 具有不同的 VCI，而分属不同 VP 的 VC 可有相同的 VCI，VP 间具有不同的 VPI 值。VP、VC 和物理传输通道之间的关系如图 11.7 所示。

图 11.7　VP、VC 和物理传输通道之间的关系

ATM 连接和电路交换中的连接不一样,是一种虚连接,此虚连接建立在 VP、VC 两个等级上,一个物理信道由多个 VP 组成,一个 VP 又由多个 VC 组成。VP 由虚通道识别符(VPI)标识,VC 由虚通路识别符(VCI)标识。ATM 信元头中的 VPI/VCI 一起标识一个 ATM 虚连接。当发送端想要和接收端通信时,通过 UNI 发送一个要求建立连接的控制信号,接收端通过网络收到该控制信号并同意建立连接后,一个虚连接(虚电路)就会被建立。不同的虚电路由虚通道标识符(VPI)和虚通路标识符(VCI)共同标识。通常情况下,ATM 连接是双向的,两个方向上的 VPI/VCI 被赋予相同的值,但 VPI/VCI 值不是端到端的概念,一般是相对一段连接而言的,即不同连接段的 VPI/VCI 可以不同。虚电路建立后,需要传送的信息被分割成 53 字节的信元,经网络送到接收端,若发送端有一个以上的信息需要同时发送,则根据相同程序建立到达各自接收端的不同虚电路,信息便可交替地送出。在虚电路中,两个相邻交换点之间 VPI/VCI 值保持不变,此两点之间形成一条 VC 链路(VCL),多段 VC 链路衔接形成 VC 连接(VCC)。虚电路的建立方式有两种。一是通过网管平台建立半永久的连接,称为永久虚连接(PVC),是一种静态虚连接,PVC 必须手工配置,不能进行大量 PVC 配置。二是通过信令动态地建立虚连接,称为交换虚连接(SVC),它由终端用户或终端应用发起连接请求,系统临时建立。

2．VP 和 VC 交换

在 ATM 中,一个物理传输通道可以包含若干个 VP,一个 VP 又可以容纳上千个 VC,ATM 的信元交换可以在 VP 级进行,也可以在 VC 级进行,VP 交换和 VC 交换的过程如图 11.8 所示。

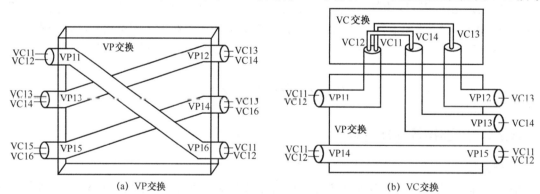

图 11.8　VP 交换和 VC 交换的过程

由图 11.8 可见,VP 交换即虚通道(VP)单独进行交换,交换时,交换节点根据 VP 连接的目的地,将输入信元的 VPI 值改为下一个导向端口可接收信元的新 VPI 值,从而把一条 VP 上所有的 VC 链路全部转送到另一条 VP 上去,而这些 VC 链路的 VCI 值都不改变。其物理实现比较简单,通常只是传输通道中将某个等级的数字复用线交叉连接。VC 交换则要虚通道(VP)和虚通路(VC)同时进行交换,即 VPI/VCI 都要改为新值。

VP 交换和 VC 交换在网络节点内部进行,将输入的 VPI/VCI 改变为输出的 VPI/VCI 就可以完成信元的交换。我们一般所称的 ATM 交换机都包括了 VP 交换和 VC 交换,但有些交换机只提供 VP 交换，VP 交换也称为交叉连接，因此这类 ATM 交换机也称为交叉连接设备。

例如，如图 11.9 所示，用户 A 要向用户 B 发送数据，ATM 网络设备根据信元的 VCI 和 VPI 值，查询端口路由表，计算出到接收端 ATM 网络设备端口相对应的 VCI 和 VPI 值，并将信元 VCI 和 VPI 的值变得与其一致，然后发送到出端口。接收端的 ATM 网络设备根据同样的原理找到接收端的 ATM 终端设备，改变信元 VCI 和 VPI 的值将其发送。接收端的 ATM 终端设备完成信元到用户数据的转化，交给用户 B。但是在交换之前，两端必须建立一个连接。ATM 交换分为 VP 交换和 VC 交换两种，VPI 和 VCI 仅在两个物理节点间具有局部意义，VP 交换只改变 VPI 的值不改变 VCI 的值；VC 交换既要改变 VPI 的值，又要改变 VCI 的值。

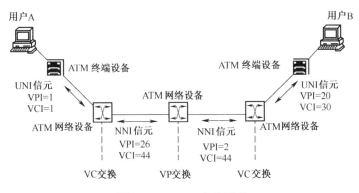

图 11.9 VC/VP 交换原理

信元进入交换节点后，信元头中的 VPI/VCI 被迅速提取并读出，然后查找翻译表（路由连接表和标识变换表），将它们的新值填入，信元被送入新值所对应的 VC/VP 链路输出完成交换。

11.2.2 交换机及信令

1. ATM 交换机

由于 ATM 交换机在不同网络中的地位不同，因此它们的主要功能各异，但从基本结构上看，都可分成控制模块、交换模块、业务接口模块和 ATM 接口模块等功能模块，如图 11.10 所示。

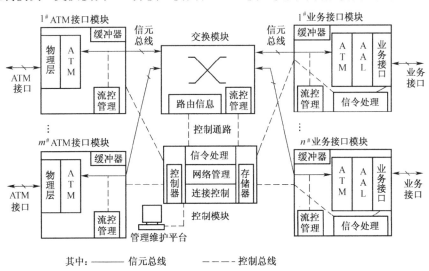

图 11.10 ATM 交换机功能模块

图 11.10 给出了 ATM 交换机功能模块。控制通路模块完成 ATM 信令处理、资源管理、流

量中的连接控制、设备及网络管理等；交换模块提供信元交换通路，将信元从一个端口交换到另一个端口，从一个 VC/VP 交换到另一个 VC/VP；业务接口模块提供具体业务相关的接口，完成业务接口的处理、AAL 层的功能，业务接口层的处理包括物理层和数据链路层甚至更高层的功能；ATM 接口模块提供标准的 ATM 接口，完成物理层、ATM 层的功能等。

2. ATM 信令

UNI 是 ATM 端点站和网络之间的分界点。NNI 是两个公用网络之间的分界点，也可以是两个专用网络的分界点，还可以是一个交换机到交换机的接口。对 UNI，ATM 信令适配层（SAAL）功能支持 ATM 层以上的可变长度信令消息交换，并将高层信令消息适配到 ATM 信令单元，如图 11.11（a）所示。对 NNI，ITU-T 建议中称 B-ISDN 网络信令功能模块为 B-ISDN 用户部分（BISUP），其传送机制仍称 MTP。高层局间信令协议 BISUP，源于 No.7 的 ISDN 用户部分（ISUP）。支持 BISUP 有两种选择，一种是如图 11.11（b）所示的直接经过 ATM、SAAL 和 MTP-3 支持 BISUP；另一种选择是通过现有的 No.7 网，即 MTP-1、MTP-2 和 MTP-3 支持 BISUP，如图 11.11（c）所示。

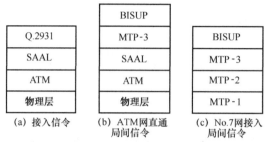

图 11.11 ATM 网信令协议图

11.3 ATM 组网

11.3.1 ATM 网络及接口

ATM 终端系统（又称 ATM 站点）包括 ATM 的用户设备，可以是主机（工作站、服务器等）、互连设备（桥接器、路由器等），这些设备必须配置 ATM 适配卡，获得一个 ATM 网络地址。ATM 适配卡有不同速率和不同接口，以满足不同需要。

ATM 网络由 ATM 交换机和传输介质组成，其中传输介质主要是双绞线和光纤，其系统结构如图 11.12 所示。ATM 交换机则被划分为多个档次，包括 ATM 骨干交换机、ATM 边缘交换机和 ATM 接入（企业）交换机，它们各有其适用的范围和功能。

在网络结构上，ATM 网之间及与终端设备之间通过各种接口进行互连，如图 11.13 所示。

11.3.2 基于 ATM 的综合业务

ATM 通常与 SDH 或 PDH 结合在一起组成 B-ISDN (Broadband Integrated Services Digital Network，宽带综合业务数字网)，其网络环境由 ATM 终端系统和 ATM 网络组成。以 ATM 为多业务承载平台的 B-ISDN 结构如图 11.14 所示。ATM 技术组网可以作为现存的和将来可能出现的网络统一支撑平台，提供多种接入手段和统一的网络管理，是一个完整的端到端的多业务架构，可灵活配置各种网络，具有很强的互连能力。

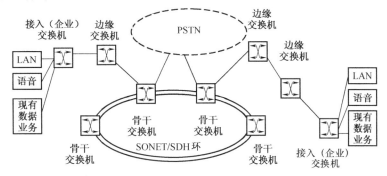

图 11.12　ATM 网络系统结构

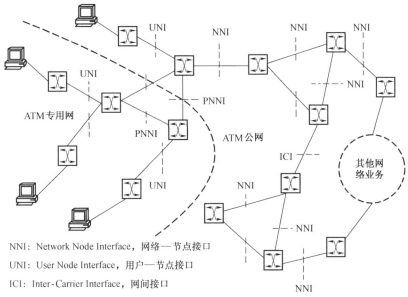

NNI：Network Node Interface，网络—节点接口
UNI：User Node Interface，用户—节点接口
ICI：Inter-Carrier Interface，网间接口
PNNI：Private Network Node Interface，专用网节点接口

图 11.13　ATM 网络接口示意图

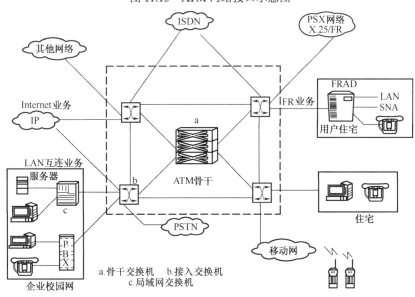

a.骨干交换机　b.接入交换机
c.局域网交换机

图 11.14　基于 ATM 的综合业务网络

11.3.3 基于 ATM 的 IP

ATM 网络的主要应用有高速的局域网互连、IP 业务互连、LAN 连接等。IPoA（IP over ATM，基于 ATM 的 IP）网络结构如图 11.15 所示。在这种情况下，将虚拟局域网的所有终端都连接到 ATM 网络上，任意两个有通信要求的 IPoA 终端间必须建立 PVC，ATM 网络的网关是一个路由器。网络内的地址解析都通过连接到内网的 ARP 服务器来实现。

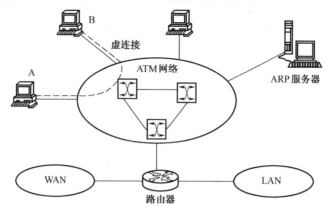

图 11.15　IPoA 结构

主机 A 和主机 B 之间如果要实现 IP 数据交互，首先要配置一条 PVC。主机 A、B 分别将自己的 IP 地址回应给对方，于是双方均在自己的系统中建立对方的 IP 地址和 PVC 的映射表，当然，该表中还有其他作出回应的主机 IP 地址和 PVC 的映射。主机 A 如果有以目的地为主机 B 的 IP 数据包，主机 A 的 ATM 层在收到该数据包转化后的 AAL-PDU 就会根据主机 B 的 IP，查找 IP 地址和 PVC 的映射表，索引出相应的 PVC，并据此填写 ATM 信元头中的 VPI/VCI。该信元即可由 ATM 网络传送到主机 B。ATM 信元交换是面向连接的，SVC 通过信令建立和拆除连接，PVC 相当于半永久连接，VPI/VCI 表由人工维护。

习　题　11

1. 为什么说"ATM 技术是融合了电路交换传送模式、采用了时分统计复用和信息分组的设计思想发展而成的"？
2. 简述 ATM 协议参考模型。
3. 说明 VC/VP 交换原理。
4. ATM 交换机在网上是如何分类的？
5. 根据图 11.9，说明终端 A 到 B 的 VC/VP 交换过程。
6. 第三代移动通信中应用了 ATM 技术，查找有关资料进行说明。

第 12 章　第四代移动通信网

随着 3GPP 协议的演进，从 2G 的 GSM 经过 GPRS 过渡，到达了 3G 的 UMTS，又演进到当前 4G 的 LTE，从而使移动网络实现了广域覆盖、高速无线数据传输和与因特网的融合。LTE 是 UMTS 技术标准的长期演进，无线接入网仅有节点 eNode B 的扁平化 IP 网络架构，可提供用户面和控制面协议的功能。随着 4G 的普及，LTE 已成为 4G 技术的代称。本章主要介绍 LTE 总体结构、OFDM 原理、LTE 网络以及 MIMO 等技术。

12.1　LTE 概述

12.1.1　LTE 介绍

LTE（Long Term Evolution，长期演进）系统，引入了 OFDM（Orthogonal Frequency Division Multiplexing，正交频分复用）和 MIMO（Multi-Input & Multi-Output，多输入多输出）等关键技术，它与 3G 相比较，增加了显著的频谱效率和数据传输速率，而扁平化、简单化的网络结构减少了网络节点，也降低了网络部署和维护成本。

LTE 是 3G 的演进，其移动网演进过程如图 12.1 所示。LTE 主要优势表现为以下几点。

① 具有更高的带宽和容量，能够满足在一定范围内可变带宽的需求。支持多种带宽分配：1.4MHz，3MHz，5MHz，10MHz，15MHz 和 20MHz 等，且支持全球主流 2G/3G 频段和一些新增频段，因而频谱分配更加灵活，系统容量和覆盖也显著提升。

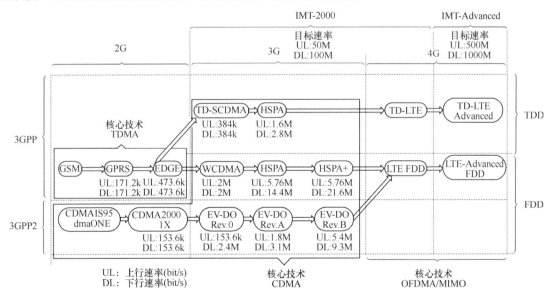

图 12.1　移动技术向 LTE 的演进过程

② 具有更高的数据传输速率。频谱效率达到 3GPP R6 的 2～4 倍，提高了小区边缘用户的传输速率。例如，给定 20MHz 带宽，天线为 2×2 MIMO，在调制方式为 64QAM 情况下，下行峰值速率为 100Mbit/s，上行峰值速率为 50Mbit/s。在高速移动情况下可达 2Mbit/s。

③ 具有更大的覆盖范围。具体表现在：半径为 5km 以内的小区最佳；5～30km 范围，可接受性能下降；最远支持 100km 范围的小区。

④ 具有更稳定的移动性支持。移动台在低于 15km/h 的低速环境中，保持平稳，不受速度影响；对 15～120km/h 能保持高性能；对 120～350km/h，甚至 500km/h 保持连通。

⑤ 具有更低的传输时延。具体表现在：降低了传输时延；用户面时延（单向）小于 5ms；控制面时延小于 100ms。

⑥ 具有更低的运营成本。支持下一代 Internet（IPv6），且全 IP 网络；具有较高的灵活性，能自适应地进行资源分配；所需设备更加轻便，建网成本可以大幅度降低。

12.1.2 LTE 双工方式

LTE 系统有两种制式：FDD-LTE 和 TDD-LTE（同 TD-LTE），即频分双工和时分双工系统。FDD-LTE 系统空中接口上、下行传输，采用一对对称的频段接收和发送数据，而 TDD-LTE 系统上、下行则使用相同的频段，在不同的时隙上传输。相对于 FDD 双工方式，TDD 有着较高的频谱利用率，图 12.2 是 FDD/TDD 空中接口传输示意图。

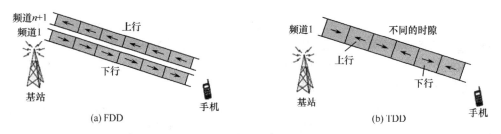

图 12.2 FDD/TDD 空中接口传输示意图

TDD（时分双工）：收发信共用一射频频点，是时分双工，上、下行链路使用不同的时隙来进行通信。TDD 就是在这一个时段（占用一个或多个时隙）进入，在下一个时段输出。

FDD（频分双工）：收发信使用一个不同的射频频点来进行通信。FDD 是双向通道，是两个频段，所以称为频分双工。FDD 模式的特点是在分离的两个对称频率信道上，系统进行接收和传送，用保护频段来分离接收和传送的信道。所谓保护频段，也称双工频率间隔，就是指频分双工方式下，下行和上行之间的频率间隔宽度。一般情况下，下行频率高于上行频率，即：下行频率＝上行频率＋双工间隔。

FDD/TDD 二者技术的主要区别在空中接口的物理层，如帧结构、时分设计、同步等，但也有 70%的相同度，在较高层的设计都是一样的。FDD/TDD 技术特点概括如下。

① 使用 TDD 技术时，只要基站和移动台之间的上、下行时间间隔不大，小于信道相干时间，就可以根据对方的信号来估计信道特征。而对于一般的 FDD 技术，一般的上、下行频率间隔远大于信道相干带宽，几乎无法利用上行信号估计下行，也无法用下行信号估计上行。这一特点使得 TDD 方式的移动通信体制在功率控制以及智能天线技术的使用方面有明显的优势。但也是正因为这一点，TDD 系统的覆盖范围半径相对要小，由于上、下行时间间隔的缘故，基站覆盖半径明显小于 FDD 基站。否则，小区边缘的用户信号到达基站时会造成不同步。

② TDD 技术可以灵活地设置上行和下行转换时刻，用于实现不对称的上行和下行业务带宽，有利于实现明显上、下行不对称的互联网业务。但是，这种转换时刻的设置必须与相邻基站协同进行。

③ TDD 与 FDD 相比，可以使用零碎的频段，因为上、下行由时间区别，不必要求带宽对

称的频段。

④ TDD 技术不需要收发隔离器，只需要一个开关即可。

⑤ TDD 移动台的移动速度受限制。在高速移动时，多普勒效应会导致快衰落，速度越高，衰落变换频率越高，衰落深度越深，因此必须要求移动速度不能太高。

例如，在使用 TDD 的 TD-SCDMA 系统中，在当时芯片处理速度和算法的基础上，当数据速率为 144kbit/s 时，TDD 的最大移动速度可达 250km/h，它与 FDD 系统相比，还有一定的差距。一般 TDD 移动台的移动速度只能达到 FDD 移动台的一半，甚至更低。

⑥ 发射功率受限。如果 TDD 要发送和 FDD 同样多的数据，但是发射时间只有 FDD 的大约一半，这要求 TDD 的发送功率要大。当然，同时也需要更加复杂的网络规划和优化技术。

12.1.3 EPS 系统架构

EPC（Evolved Packet Core，演进分组核心网），是指核心网；EPS（Evolved Packet System，演进分组系统）是指整个网络体系；SAE（System Architecture Evolution，系统架构演进）侧重网络架构技术。因此，LTE 与 E-UTRAN（Evolved UMTS Terrestrial Radio Access Network，演进的 UMTS 陆地无线接入网）、SAE 和 EPS 存在着一定的映射关系。由于 LTE 名称使用起来比 E-UTRAN 更简单明了，因此 LTE 就成为整个 4G 系统的名称，类似于 3G 的 UTRAN（UMTS Terrestrial Radio Access Network，UMTS 陆地无线接入网）也被 WCDMA 等名称代替一样。

EPS 是由无线网（LTE）、演进的分组核心网（EPC）和用户终端（UE）结合而成的，即 EPS = UE + E-UTRAN + EPC。EPS 的系统结构如图 12.3 所示。其特点为：全 IP 网络结构扁平化、媒体面和控制面分离、与传统网络互通。以下将对 EPS 的 LTE 网元、EPC 主要网元和相应接口进行简要介绍。

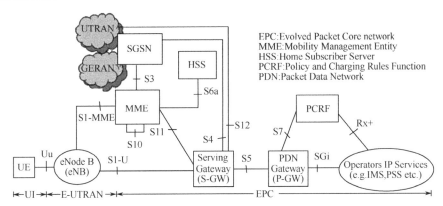

图 12.3 EPS 系统架构

1. E-UTRAN（LTE）

eNode B（简称为 eNB）是 LTE 网络中的无线基站，也是 LTE 无线网的唯一网元，负责与空中接口相关的所有功能。LTE 的 eNB 除了具有原来 Node B 的功能之外，还承担了原来 RNC 的大部分功能，包括物理层功能、MAC 层功能（包括 HARQ）、RLC 层（包括 ARQ 功能）、PDCP 功能、RRC 功能（包括无线资源控制功能）、调度、无线接入许可控制、接入移动性管理，以及小区间的无线资源管理功能等。

eNB 主要功能包含：维护与终端间的无线链路，同时负责无线链路数据和 IP 数据之间的互相翻译；无线资源管理功能，包括无线链路的建立和释放、无线资源的调度与分配等；部分移动性管理功能，包括配置终端进行测量、评估终端无线链路质量、决策终端在小区间的切换等。eNB 大致相当于 2G 中 BTS 与 BSC 的结合体，或 3G 中 Node B 与 RNC 的结合体。

2. EPC 主要网元

TD-LTE EPC 网元从功能角度可以分为控制面网元、用户面网元、用户数据管理网元、策略和计费控制网元等。其中，控制面网元为 MME（Mobility Management Entity，移动性管理设备），主要用于接入控制和移动性管理；用户面网元包括 S-GW（Service-Gateway，服务网关）和 P-GW（PDN-Gateway，PDN 网关），主要用于承载数据业务；用户数据管理网元为 HSS（Home Subscriber Server，归属签约用户服务器），存储 LTE 用户数据、鉴权数据等；策略控制网元为 PCRF（Policy and Charging Rules Function，策略和计费控制功能），主要用于 QoS 策略控制和计费控制。

（1）MME

MME 是 LTE 接入下的控制面网元，主要负责用户接入控制、业务承载控制、寻呼、切换控制等控制信令的处理。MME 功能与网关功能分离，这种控制平面/用户平面分离的架构，有助于网络部署、单个技术的演进以及全面灵活的扩容。

MME 相当于 2G/3G 核心网 SGSN 设备中的控制面功能，SGSN 作为 2G/3G 核心网分组域的主要网元，负责接入控制、移动性管理等控制面功能的同时，还承担了数据转发的用户面功能；MME 是负责 LTE 接入下接入控制和移动性管理的纯控制面网元，主要功能包括：

① 接入控制，包括鉴权、加密和许可控制；

② 移动性管理，支持具有 LTE 能力的用户接入网络，该功能保证了 MME 对 UE 当前位置的跟踪和记录；

③ 会话管理功能，包括管理 EPC 承载的建立、修改和释放等；与 2G/3G 网络互操作时，完成 EPC 承载与 PDP（Packet Data Protocol，分组数据协议）上、下文之间的有效映射；

④ 网元选择功能，根据 APN（Access Point Name，接入点的名称）和用户签约数据选择合适路由，切换/重选场景下选择合适的源或目的 MME/SGSN 设备等。

（2）S-GW

即服务网关，作为本地基站切换时的锚定点，主要负责以下功能：在基站和公共数据网关之间传输数据信息；为下行数据包提供缓存；基于用户的计费；数据路由和转发、寻呼触发、合法监听等。

S-GW 相当于 2G/3G 网络中 SGSN 的用户面功能，但不具有 SGSN 在 2G/3G 网络中移动性管理等控制面功能。

（3）P-GW

即 PDN 网关，作为数据承载的锚定点，提供以下功能：包转发、包解析、合法监听、基于业务的计费、业务的 QoS 控制、负责和非 3GPP 网络间的互连，以及基于用户的包过滤功能，UE 的 IP 地址分配功能，上、下行传输层的分组标记等功能。

P-GW 相当于 2G/3G 网络中的 GGSN，充当外部数据连接的边界网关。

（4）PCC

PCC（Policy and Charging Control，策略和计费控制），是在现有移动分组核心网上叠加的一套端到端策略控制架构，支持 2G/3G/LTE 的融合控制。也就是当用户使用网络时，网络对用户采取的一些措施，例如提升或限制用户速率。主要包含两个单元：PCRF 和 PCEF。

PCRF（Policy and Charging Rule Function，策略和计费控制单元）是 PCC 系统的"大脑"，是策略的管理单元，根据策略通过判断用户或业务是否符合"规定"，并指挥网络对符合规定的用户或业务采取相应措施。而在 2G/3G 环境下，该功能位于 GGSN。

PCEF（Policy and Charging Enforcement Function，策略和计费执行单元）是 PCC 系统的"手"，是策略的执行单元，主要用于将用户、业务信息准确地传递到 PCRF，以及根据 PCRF 下发的指令，对用户或业务采取相应的措施。在 LTE 环境下，该功能位于 P-GW/GGSN；在 2G/3G 环境下，该功能位于 GGSN。

（5）HSS

HSS 是 2G/3G 网元 HLR 的演进和升级，用于 4G 网络，主要负责管理用户的签约数据及移动用户的位置信息。HSS（Home Subscriber Server，归属地用户服务器）与 MME 相连，用于 4G 网络，保存用户相关数据及位置信息，采用 Diameter 协议。而 HLR 用于 2G/3G 网络，与 MSC/SGSN 相连，采用 MAP 协议。

3．接口

SGs：是 MME 和 MSC 之间的接口，完成联合位置更新、寻呼、SMS 等业务，相当于 2G/3G 中的 Gs 口。

X2-C：基站间（eNB－eNB）控制面接口，基于 X2-AP 协议，相当于 3G 中的 Iur 口。

X2-U：基站间（eNB－eNB）用户面接口，基于 GTP-U 协议，相当于 3G 中的 Iur 口。

Rx：LTE 新增接口，是 PGW 和 PCRF 之间的接口，传送控制面数据，如传递 QoS 策略和计费规则等，相当于 2G/3G 中的 Gx 口。

SGi：是 P-GW 和数据网 OIS（Operators IP Services，IP 服务运营商）之间的接口，建立隧道，传送用户面数据。相当于 2G/3G 中的 Gi 口。

S1-MME：eNB 与 MME 之间的控制面接口，提供 S1-AP 信令的可靠传输，基于 IP 和 SCTP 协议。这个接口相当于 2G 中的 Gb 口、3G 中的 Iu 口，负责无线接入承载控制。

S1-U：eNB 与 S-GW 之间的用户面接口，提供 eNB 与 S-GW 之间用户面 PDU 传输，基于 UDP/IP 和 GTP-U 协议。相当于 2G 中的 Gb 口、3G 中的 Iu 口，用于传送用户数据和相应的用户平面控制帧，同时在切换过程中负责 eNB 之间的路径切换。

S3：在 UE 活动状态和空闲状态下，为支持不同的 3G 接入网络之间的移动性，以及用户和承载信息交换而定义的接口点，基于 SGSN 之间的 Gn 接口定义。

S4：核心网和作为 3GPP 锚点功能的 S-GW 之间的接口，为两者提供相关的控制功能和移动性功能支持。该接口基于定义于 SGSN 和 GGSN 之间的 Gn 接口。

S5：LTE 新增接口，是 S-GW 和 P-GW 之间的接口，负责 S-GW 和 P-GW 之间的用户平面数据传输和隧道管理功能的接口。用于支持 UE 的移动性而进行的 S-GW 重定位过程。基于 GTP 协议或基于 PM IPv6（Proxy Mobile IPv6，代理移动 IPv6 协议）。

S8：LTE 新增接口，是 S-GW 和 P-GW 之间的接口，和 S5 类似，漫游场景下 S-GW 和 P-GW 之间的接口。

S6a：MME 和 HSS 之间用以传输签约和鉴权数据的接口。相当于 2G/3G 中的 Gr 口，是 MME 和 HSS 之间的接口。

S7：基于 Gx 接口的演进，传输服务数据流的 PCC（Policy and Charging Control，策略与计费控制）信息、接入网络和位置信息。

S10：MME 之间的接口，用来跨 MME 的位置更新、切换、重定位和 MME 之间的信息传输，相当于 2G/3G 中的 Gn 口。

S11：MME 和 S-GW 之间的接口，控制相关 GTP（GPRS 隧道协议）隧道，并发送下行数据指示消息。相当于 2G/3G 中的 Gn 口。

S12：UTRAN 和 S-GW 之间的接口，用于用户之间的数据传输。该接口使用 SGSN 和 UTRAN 之间或 SGSN 和 GGSN 间所定义的 GTP-U 协议。

4．EPS 网络结构

LTE 网络相对于传统网络而言，在传输上所具有的特点是：传输网络扁平化，由于 eNB 直接连接到核心网（MME/S-GW），从而简化了传输网络结构，降低了网络迟延；相邻 eNB 之间组成网状网络，形成 MESH 网络结构（无线网状网），也称多跳网络（Multi-hop）；LTE 从空中接口到传输信道全部 IP 化，所有业务都以 IP 方式承载。

如图 12.4 所示，LTE 的组网分为两部分，一部分是 eNB 到传输网络边缘设备之间的网段，另一部分是从传输网络的边缘设备到核心网的各个网元之间的网段。在这里，以太网交换机（Ethernet Switch）通过划分不同的 VLAN 来实现对各个网元的分割，也可以用三层交换机替换，划分为不同的子网。这里的传输网（Transport Network），具体可以通过 PTN（分组传输网）来实现，或 MSTP 等传输系统，以实现传输信道的全 IP 化。LTE 针对传输网络有以下几个方面的需求。

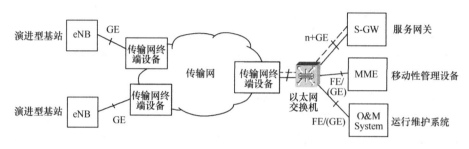

图 12.4　LTE 网络结构

① 带宽需求：由于 LTE 提高了无线终端的速率，相应的 LTE 基站对于传输网络的带宽以及连接数需求也就相应增加。

② 同步需求：LTE 传输网络需要支持时钟同步，包括：物理层同步，如同步以太网；基于 NTP（Network Time Protocol，网络时间协议），以及 1588V2 协议的同步，1588V2 作为一种主从同步系统，是用来使网络中的各个计算机时间同步的一种协议；导航卫星系统 GNSS（Global Navigation Satellite System），目前有美国的 GPS、俄罗斯的 GLONASS、欧洲的 Galileo、中国的北斗，以保证基站间的时钟频率偏差不能超过 ±0.05ppm。

③ QoS 需求：LTE 采用全 IP 化传输，对于 LTE 传输网络，尤其是 Backhaul（回程线路）网络来说，IP 化传输的服务质量必须保障。这主要体现在两个方面：传输网络的迟延和传输网络对于不同业务的 QoS 保障。

④ 冗余需求：LTE 基站的传输端口应该支持冗余功能，在传输链路或者传输设备出现故障的情况下，能够实现快速的线路保护功能。核心网设备的冗余保护一般通过 S1-Flex 技术实现，一个 eNB 可以与多个核心网设备（MME/S-GW）建立 S1 接口，这些核心网设备组成资源池，当其中一个设备出现故障时另外一个设备将接替其为用户服务。

⑤ 安全需求：在 eNB 配置为多模基站（2G/3G/LTE），以及实现网络共享功能时，不同网络的数据流隔离，如 3G 的业务和信令流与 LTE 的业务和信令流，以及不同运营商的数据流之间也需要实现隔离与保护。

⑥ 接口需求：根据 LTE 系统应用的不同场景，其 eNB 传输接口应支持 GE/FE，STM-1，xDSL，或者 E1 接口类型。

⑦ 协议需求：支持 IPv4/IPv6 双协议栈，实现常用协议功能，以太网接口支持 VLAN 功能，E1、xDSL 接口支持 pppMUX、MLPPP、MCPPP 功能，支持 IP 包头压缩功能。

⑧ 地址需求：eNB 支持一个或者多个 IP 地址的配置，通过网络管理配置地址，支持 IPv4 和 IPv6 地址的自动配置。

12.1.4 协议栈与物理信道

1. E-UTRAN 协议栈

E-UTRAN 控制面的无线接入协议体系如图 12.5 所示。该接入系统分为 3 层：一层（L1）为物理层（PHY，Physical Layer）；二层为媒体接入控制协议子层（MAC，Medium Access Control）、无线链路控制协议子层（RLC，Radio Link Control）和分组数据汇聚协议子层（PDCP，Packet Data Convergence Protocol）；三层为无线资源控制协议层（RRC，Radio Resource Control）。而高层的 NAS（Non-Access Stratum，非接入层）协议，用于处理 UE 和 MME 之间信息的传输。在接入网络侧的协议，除 NAS 外，其他的协议层都终止于 eNB，而 eNB 至 MME 在传输层是 SCTP（Stream Control Transmission Protocol，流控制传输协议）。

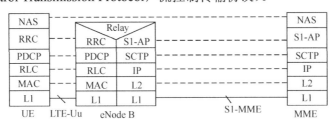

图 12.5 控制面协议栈

用户面协议栈如图 12.6 所示，完成业务数据流在空中接口的收发处理，协议栈包括 PDCP、RLC、MAC 和 PHY 四个协议子层。而在传输层 eNB 至 S-GW，以及 S-GW 到 P-GW 传输层走的是 UDP，UDP 上面的是 GPRS 隧道协议（GTP，GPRS Tunnel Protocol），用于连接公网 IP。

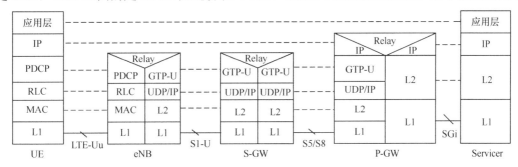

图 12.6 用户面协议栈

以上协议栈中，SCTP 或 UDP 所基于的网络层为内部 IP。

2. LTE 物理信道

信道分为上行信道和下行信道，并分为逻辑信道、传输信道和物理信道。图 12.7 为下行信道的映射关系，图 12.8 为上行信道的映射关系。下面对物理信道进行说明。

PDSCH（物理层下行共享信道）：承载下行业务数据、寻呼消息，采用 64QAM 等。

PBCH（物理层广播信道）：承载广播信息，固定占用载波信道中间的 6 个 RB，采用 QPSK。

PDCCH（物理层下行控制信道）：承载信道分配和控制信息，采用 QPSK。

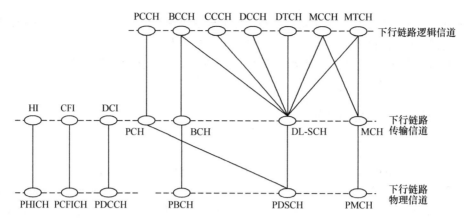

图 12.7 下行信道的映射关系

PCFICH（物理层格式指示信道）：承载 PDCCH 在子帧占用的符号数目，采用 QPSK。
PHICH（请求指示信道）：承载 HARQ/ACK/NACK，采用 BPSK，支持码分多路信道。
PMCH（物理层多播信道）：承载多播信息，采用 QPSK，16QAM 或 64QAM。
PUSCH（物理层上行共享信道）：承载上行业务数据和上行控制信息，采用 QPSK 等。
PUCCH (物理层上行控制信道)：承载上行控制信息（UCI），采用 BPSK 或 QPSK 编码。
PRACH (物理层随机接入信道)：用于终端发起与基站的通信，确定接入终端身份等。

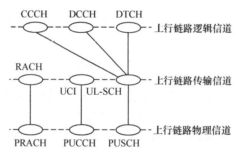

图 12.8 上行信道的映射关系

12.2 OFDMA 技术

12.2.1 OFDMA 原理

1. OFDM 多载波系统实现

OFDMA（Orthogonal Frequency Division Multiple Access，正交频分复用多址）技术，是多载波调制技术之一，它将一个宽频信道分成若干个正交子信道，将高速数据信号转换成并行的低速子数据流，调制到每个子信道上进行传输。由于 OFDMA 将整个频带分割成许多子载波，将频率选择性衰落信道转化为若干平坦衰落子信道，从而能够有效地抵抗无线移动环境中的频率选择性衰落。由于子载波重叠占用频谱，OFDM 能够提供较高的频谱利用率和较高的信息传输速率。通过给不同的用户分配不同的子载波，OFDMA 提供了天然的多址方式，并且由于占用不同的子载波，用户间满足相互正交，没有小区内干扰。在子载波分布式分配的模式中，可以利用不同子载波频率选择性衰落的独立性而获得分集增益。

OFDMA 是一种多载波传输，其基本结构如图 12.9 所示，就是将系统带宽 B 分为 N 个窄带的信道，输入数据分配在 N 个子信道上传输。系统首先把一个高速的数据流 $\{S_n\}$，经过串/并转换，分解为 N 个低速的子数据流，然后对每个子数据流进行调制（符号匹配）、滤波（波形形成 $g(t)$），然后再去调制相应的子载波，构成已调信号，最后将各支路信号合成为 $s(t)$ 后输出。

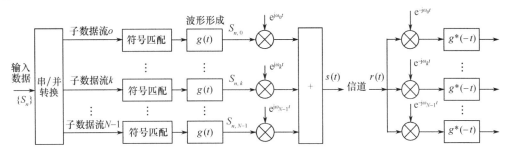

图 12.9 多载波传输结构

OFDM 信号的符号长度 T_s 是单载波系统的 N 倍。OFDM 信号由 N 个子载波组成，子载波的间隔为 Δf（$\Delta f = 1/T_s$），所有的子载波在 T_s 内是相互正交的。在 T_s 内，第 k 个子载波可以用 $g_k(t)$ 来表示，$k = 0, 1, \cdots, N-1$。

$$g_k(t) = \begin{cases} e^{j2\pi k \Delta f t} & \text{当 } t \in [0, T_s] \text{ 时} \\ 0 & \text{当 } t \notin [0, T_s] \text{ 时} \end{cases} \quad (12.1)$$

实现正交要满足 3 个条件：相邻子载波间隔为 $1/T_s$；有相同调制符号时间 T_s；在时间 T_s 内有整数倍的波形数目。图 12.10 是在 OFDM 系统中 4 个不同频率载波的时域分布图，每个子载波在一个 OFDM 符号周期内都包含整数个周期，并且相邻两个子载波之间相差 1 个周期，说明它们的相邻频率之差都是相等的。图中所有的子载波都具有相同的幅值和相位，但在实际应用中，根据数据符号的调制方式的不同，每个子载波的幅值和相位可能是不同的。

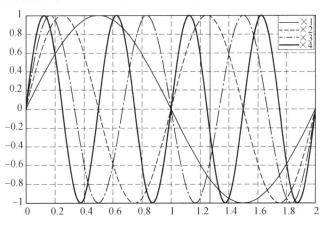

图 12.10 OFDM 四载波符号周期时域分布

OFDM 频域示意如图 12.11 所示，从频域上可以发现，各子载波是互相正交的，且各子载波的频谱有 1/2 的重叠。OFDMA 可以获得更高的频谱效率和更好的抗衰落性能。

OFDM 系统实现框图如图 12.12 所示。输入已经过调制（符号匹配）的复信号 $S_{n,k}$，进行 IDFT（离散反傅里叶变换）或 IFFT（快速反傅里叶变换）形成 $S_{n,i}$，再经过并/串变换，然后插入保护间隔，形成 $s_n(t)$，最后经过数模变换后，形成 OFDM 调制后的信号 $s(t)$。该信号经过传输信道后，接收到的信号 $r(t)$ 经过模数变换，去掉保护间隔以恢复子载波之间的正交性，再经过串/并变换和 DFT 或 FFT 后，恢复出 OFDM 的调制信号，最后经过并/串变换后，还原出输入的符号。

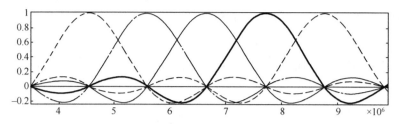

图 12.11　OFDM 频域示意图

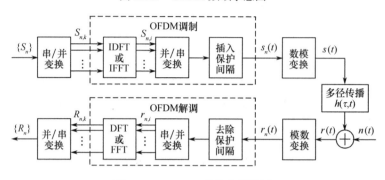

图 12.12　OFDM 系统实现框图

一个 OFDM 符号是多个经过调制的子载波的合成信号，其中每个子载波都可以分别使用不同的调制方式，如 BPSK、QPSK、16QAM 等调制方式进行调制。假定各子载波上的调制符号可以用 $S_{n,k}$ 来表示，n 表示 OFDM 符号区间的编号，k 表示第 k 个子载波，则第 n 个 OFDM 符号区间内的信号可以表示为

$$s_n(t) = \frac{1}{\sqrt{N}} \sum_{k=0}^{N-1} S_{n,k} g_k(t-nT) \tag{12.2}$$

因此，总的时间连续的 OFDM 信号可以表示为

$$s(t) = \frac{1}{\sqrt{N}} \sum_{n=0}^{\infty} \sum_{k=0}^{N-1} S_{n,k} g_k(t-nT) \tag{12.3}$$

发送信号 $s(t)$ 经过信道传输后，到达接收端的信号用 $r(t)$ 表示，其采样后的信号为 $r_n(t)$。只要信道的多径时延小于码元的保护间隔 T_g，子载波之间的正交性就不会被破坏。

2. 保护间隔和循环前缀

OFDM 为了更好地消除符号间干扰（ISI, Inter-Symbol Interference），在每个 OFDM 符号之间插入保护间隔（GI, Guard Interval），GI 长度的设定要大于无线信道中的最大时延扩展，这样一个符号的多径分量就不会对下一个符号造成干扰，图 12.13 给出了多径时延与保护间隔示意图。但由于加入的空白时间导致载波间不正交，所以造成了子载波间干扰（ICI, Inter-Carrier Interference），因此需要使用循环前缀（CP, Cyclic Prefix）来解决这个问题。采用循环前缀填充保护间隔的方法，消除由于多径所造成的 ICI，添加 CP 的作用是避免载波间干扰，保证不同子载波的正交性。采用将一个 OFDM 符号的最后长度为 T_g 的数据复制填充到保护间隔的位置，以保证在解调的 FFT 周期内，相应的 OFDM 符号的延时副本内，所包含的波形的周期个数也是整数个，这样各个子载波之间的周期个数之差始终为整数个，因时延小于保护间隔 T_g 的时延信号，也不会在解调过程中产 ICI。

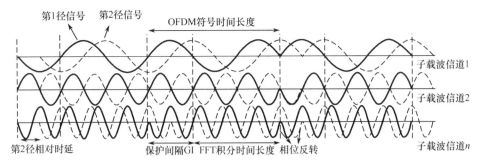

图 12.13　多径时延与保护间隔示意图

一个 OFDM 符号的形成过程是：首先，在若干个经过数字调制的符号后面补零，构成 N 个并行输入的样值序列，然后再进行 IFFT 运算。其次，IFFT 输出最后 T_g 长度的样值，被插入到 OFDM 符号的最前面。图 12.14 给出了保护间隔的插入过程。

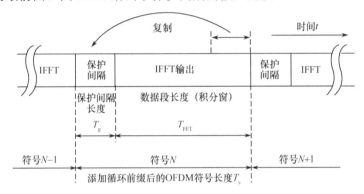

图 12.14　保护间隔的插入过程

3. 符号映射与 CQI 索引

图 12.12 中的输入符号 S_n，可以是经过 MPSK 或 MQAM 调制的符号。而 LTE 用得最多的是 QAM，是一种矢量调制，将输入比特先映射到一个复平面（星座）上，形成复数调制符号，然后将符号的 I、Q 分量（对应复平面的实部和虚部，也就是水平和垂直方向）采用幅度调制，分别调制在载波上。对于 MQAM 信号，$S_n=a_n+jb_n$，式中 a_n，b_n 的取值为 $\{\pm1, \pm3, \cdots\}$，是由输入比特组决定的符号。如 $M=16$，则 a_n，b_n 的取值为 $\{\pm1, \pm3\}$，具有 16 个样点，每个样点表示一种矢量状态，16QAM 就有 16 态，每 4 位二进制数规定了 16 态中的一态，16QAM 中规定了 16 种幅度和相位的组合，可以映射到给定的子载波上传输。

16QAM 的每个符号和周期传送 4 比特，如图 12.15（b）所示，可以在星座图中，找到任意一个点的位置（$b_3b_2b_1b_0$）。另外在图 12.15 中，还给出了 QPSK、64QAM 的星座图。而在实际移动通信中，要选择哪一种编码方式，就要根据信道质量的信息反馈，即 CQI（Channel Quality Indicator，信道质量指标）来确定。由 UE 测量无线信道质量的优劣，形成 CQI，并且每 1ms 或者是更长的周期，报送给 eNB，eNB 就是基于 CQI 来选择不同的调制方式，以对应数据块的大小和数据速率，如表 12.1 所示给出了 CQI 索引简表，无线信道越好，CQI 索引取值越高，编码速率及效率就越高。例如 CQI index=1，则调制方式为 QPSK，由图 12.15（a）可以看出每载波上的编码比特为 2，所以编码效率为

$$\frac{(\text{编码速率}\times 1024)\times 2}{1024} = 78\times 2/1024 = 0.1523$$

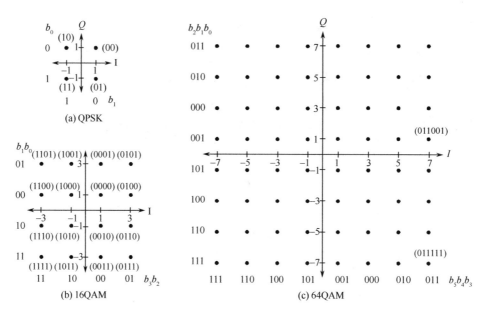

图 12.15 QAM 的星座分布图

表 12.1 CQI 索引简表

CQI 索引	调制方式	编码速率×1024	编码效率
1	QPSK	78	0.1523
2	QPSK	120	0.2344
9	16QAM	616	2.4063
14	64 QAM	873	5.1152
15	64 QAM	948	5.5547

12.2.2 OFDM 系统参数

1. OFDM 系统中 PAR

LTE 上行采用 SC-FDMA（Single Carrier FDMA，单载波 FDMA）技术，其原因是，多载波带来的高 PAR (Peak-to-Average Ratio，峰值平均功率比)，会影响终端的射频成本和电池寿命。SC-FDMA 是一种特殊的多载波复用方式，同样具有多载波特性，但是由于其有别于 OFDM 的特殊处理，使其具有单载波复用相对较低的 PAR 特性。

从时域上观测，如果一个周期内的信号幅度峰值和其他周期内的幅度峰值是不一样的，那么每个周期的平均功率和峰值功率也是不一样的。在一个较长的时间内，峰值出现的最大瞬态功率，通常概率取为 0.01%时，峰值功率与系统总的平均功率的比就是 PAR。由于 OFDM 符号是由多个独立的经过调制的子载波信号相加而成的，这样的合成信号就有可能产生比较大的峰值功率，由此 PAR 可以被定义为

$$\text{PAR} = 10\lg \frac{\max\{|s_{n,i}|^2\}}{E\{|s_{n,i}|^2\}} \quad (12.4)$$

式中，$s_{n,i}$ 表示经过 IFFT 运算之后得到的输出信号。以只包含 4 个子载波的 OFDM 系统、每个子载波采用 16QAM 调制为例，对于所有可能的 16 种 4 比特码字（即从 0000 到 1111）来说，一个符号周期内的 OFDM 符号包络功率值可以参见图 12.16，其中横坐标表示十进制的码字，

纵坐标表示码字对应的包络功率值。从图中可以看到，在 16 种可能传输的码字中，有 4 种码字（0、5、10、15）可以生成最大值为 16W 的 PAR，并且，由于各子载波相互正交，因而 $\max\{|s_{n,i}|^2\}=16$，$E\{|s_{n,i}|^2\}=4$，这种信号的 PAR 是 $10\lg 16/4=6.02$dB。由于当这种变化范围较大的信号通过系统时，会产生非线性失真等现象，且同时也增加了 A／D 和 D／A 转换器件的复杂度。影响系统 PAR 的主要因素有：基带信号的峰均比，如 QAM 调制的基带信号，PAR 就不为 0，而 QPSK 调制的基带信号，PAR 为 0；多载波功率叠加带入的峰均比；载波本身带来的峰值因子。

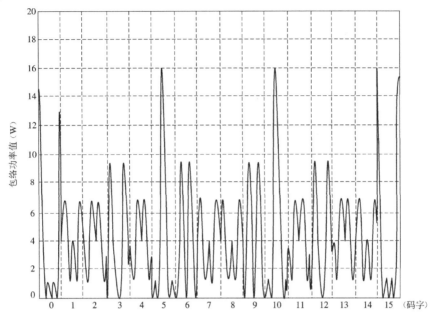

图 12.16　4 比特码字的 OFDM 符号包络功率值

在扩频通信中的 CDMA、WCDMA、TD-SCDMA 都存在峰均比，由于调制信号的不同如 QPSK、QAM 等，其峰均比也有差异。CDMA 信号单载波在所有通道都开满的情况下为 13dB，WCDMA 信号单载波为 10.26dB，TD-SCDMA 为 12dB。OFDM 中，N 载波的峰均比最大值是单载波的 N 倍。

2. OFDM 系统中的同步

由于 OFDM 系统内存在多个正交子载波，其输出信号是多个子信道信号的叠加，因而子信道的相互覆盖对它们之间的正交性提出了严格的要求。无线信道时变性的一种具体体现就是多普勒频移，多普勒频移与载波频率以及移动台的移动速度都成正比。OFDM 系统除了要求严格的载波同步外，还要求发送端和接收端的抽样频率一致，即为样值同步，以及 IFFT 和 FFT 的起止时刻也要求一致，即符号同步。图 12.17 中说明了 OFDM 系统中的同步要求，并且大概给出各种同步在系统中所处的位置。

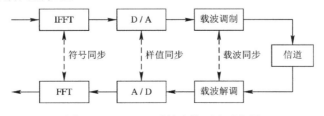

图 12.17　OFDM 系统内的同步示意图

3. OFDM 系统基本参数

OFDM 基带系统需要考虑的基本参数有：带宽（Bandwidth）、比特率（Bit Rate）和保护间隔（GI）。其中，GI 的时间长度通常为应用移动环境信道的时延扩展均方根值的 2～4 倍。为了减少由于插入保护比特所带来的信噪比损失，希望 OFDM 符号周期长度要远大于 GI 长度。但符号周期长度任意大，OFDM 系统中要包括更多的子载波数，从而导致有限的子载波间隔相应减少，系统的实现复杂度增加，系统的 PAR（峰均比）也会加大。一般选择符号周期长度是 GI 的 5～6 倍，这样由插入保护比特所造成的信噪比损耗只有 1dB 左右。在确定了符号周期和保护间隔之后，子载波的数量可以直接利用 3dB 带宽除以子载波间隔（即去掉保护间隔之后的符号周期的倒数）得到，或者可以利用所要求的比特速率，除以每个子信道的比特速率来确定子载波的数量。因此，每个信道中所传输的比特速率就可以由调制类型、编码速率和符号速率来确定。

【例 12.1】 要求设计 OFDM 系统，应满足如下条件：比特率为 25Mbit/s，可容忍的时延扩展为 200ns，带宽小于 18MHz。要求说明并确定 OFDM 系统的有关参数。

【解】 200ns 的时延扩展就意味着 GI 的有效取值应为：200×4=800ns=0.8μs。OFDM 符号周期长度（含保护间隔）可选保护间隔的 6 倍，即 6×800ns=4.8μs，其中由保护间隔所造成的信噪比损耗小于 1dB。子载波间隔取 4.8-0.8=4μs 的倒数，即 250kHz。

确定子载波个数，先根据所要求的比特速率，计算出 OFDM 符号速率，即每个 OFDM 符号需要传送比特位：(25Mbit/s)/[1/(4.8μs)]=120bit。为了完成这一点，分析如下两种选择：一是利用 16QAM 和码率为 1/2 的编码方法，这样每个子载波可以携带 4bit，其中 2bit 为有用信息，因此需要 120/2=60 个子载波；另一种选择是利用 QPSK 和码率为 3/4 的编码方法，这样每个子载波可以携带 2bit，其中 1.5bit 是有用信息，因此需要 120/1.5=80 个子载波。然而 80 个子载波就意味着带宽为 80×250kHz=20MHz，大于所给定的 18MHz 带宽要求，为了满足这个带宽的要求，子载波数量不能大于 18/0.250=72。因此，采用 16QAM 和 60 个子载波的方法可以满足要求，在富裕的子载波上补零，然后利用 64 点的 IFFT/FFT 来实现调制和解调。

为了帮助分析有关参数，表 12.2 给出了 IEEE 802.11a 中的调制方式，从表中可以看出载波与 OFDM 符号的对应关系。比如数据速率为 54Mbit/s 时，采用 64QAM 调制方式，每载波的编码比特则为 6；如果编码率为 3/4，每个 OFDM 符号中的编码比特为 288，每个 OFDM 符号中的数据比特则为 288×3/4=216。

表 12.2 IEEE 802.11a 中的部分调制方式

数据速率 (Mbit/s)	调制	编码率(R)	每载波上的编码 比特(N_{BPSC})	每个 OFDM 符号中 的编码比特(N_{CBPS})	每个 OFDM 中的 数据比特(N_{DBPS})
6	BPSK	1/2	1	48	24
12	QPSK	1/2	2	96	48
48	64-QAM	2/3	6	288	192
54	64-QAM	3/4	6	288	216

12.3 LTE 技术

12.3.1 技术释义

多址技术：LTE 下行的为 OFDMA，上行为基于 OFDM 传输技术的 SC-FDMA。
双工方式：TD-LTE 支持 TDD；FDD-LTE 支持 FDD。

信道带宽：LTE 每载波带宽可以为 1.4、3、5、10、15、20MHz 等，多适用于 TDD。

时间单元：$T_s=1/(15000\times 2048)$s，即 $0.326\mu s$。T_s 表示的是 LTE 一个符号的采样基本时间，其中 15kHz 为子载波带宽，采样点为 2048 个。

资源单元：对于每一个天线端口，一个 OFDM 或者 SC-FDMA 符号上的一个子载波对应的一个单元叫做资源单元，这种 LTE 上、下行传输使用的最小资源单位，也叫做资源粒子（RE，Resource Element）。

物理资源块：在一个时隙中，频域上连续宽度为 180kHz 的物理资源，称为一个物理资源块（PRB，Physical Resource Block）。也可以这样理解，LTE 在进行数据传输时，将上、下行时频域物理资源组成资源块（RB，Resource Block），作为物理资源单位进行调度与分配。

循环前缀：循环前缀分为两种，一种是常规循环前缀（Normal CP），一个时隙里可以传 7 个 OFDM 符号；另一种是扩展循环前缀（Extended CP），一个时隙里可以传 6 个 OFDM 符号。Extended CP 可以更好地抑制多径延迟造成的符号间干扰、载频间干扰，但是一个时隙只能传 6 个 OFDM，它和 Normal CP 相比的代价是更低的系统容量，通常在 LTE 中默认使用 Normal CP。如果使用子载波个数和符号个数表示，一个 PRB 所含 RE 的个数如表 12.3 所示。

表 12.3　一个 PRB 所含 RE 表

子载波间隔	CP 长度	子载波个数	OFDM/SC-FDMA 符号个数	RE 个数
$\Delta f=15$kHz	常规 CP	12	7	84
	扩展 CP	12	6	72

资源栅格（Resource Grid）：一个时隙中传输的信号，所占用的所有资源单元构成一个资源栅格，它包含整数个 PRB，也可以用包含的子载波个数和 OFDM 或 SC-FDMA 符号个数来表示。

12.3.2　LTE 帧结构

1．TDD 帧结构

TDD 帧结构如图 12.18 所示。一个无线帧为 10ms，由两个半帧构成，每个半帧又可以分为 5 个子帧，其中子帧 1 和子帧 6 由 3 个特殊时隙构成，其余子帧由 2 个时隙构成。

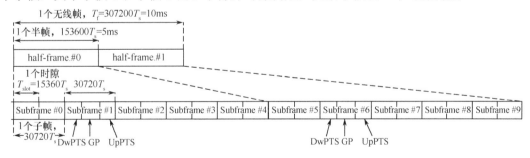

图 12.18　TDD 帧结构类型

TD-LTE 系统无线帧，支持 5ms 和 10ms 的下行到上行切换周期。如无线帧的两个半帧中都有特殊子帧，即子帧 1 和子帧 6 都是特殊子帧，说明每个半帧中各有 1 个下行到上行切换周期，长度为 5ms。5ms 周期时，一个 10ms 无线帧中的两个 5ms 的半帧对称使用。

每一个半帧，由 8 个常规时隙和 3 个特殊时隙构成，特殊时隙所在的子帧称为特殊子帧。

每一个无线帧，只有第一个半帧中有特殊子帧，即只有子帧 1 是特殊子帧，说明无线帧中只有 1 个下行到上行切换周期，长度为 10ms。

特殊子帧由3个特殊时隙组成：DwPTS（Downlink Pilot Time Slot，下行导频时隙），完成UE（User Equipment，用户终端）下行接入功能；GP（Guard Period，保护时隙），是信号发送转向接收的缓冲，GP是不传输数据的，GP越大，浪费的空中接口资源也就越多；UpPTS（Uplink Pilot Time Slot，上行导频时隙），完成UE上行随机接入功能。DwPTS和UpPTS的长度可灵活配置，但要求DwPTS、GP以及UpPTS的总长度为1ms。

TD-LTE的子帧配置共7种，见表12.4。其中，D：下行子帧，U：上行子帧，S：特殊子帧。TD-LTE支持灵活的上、下行时隙配置，目前3GPP规定TD-LTE系统支持7种上、下行时隙配置，可以满足各种业务和场景对不同的上行、下行数据传输量的需求。

表12.4 物理层帧结构（上、下行配置）

上、下行配置	DL→UL切换点周期	子帧序号									
		0	1	2	3	4	5	6	7	8	9
0	5ms	D	S	U	U	U	D	S	U	U	U
1	5ms	D	S	U	U	D	D	S	U	U	D
2	5ms	D	S	U	D	D	D	S	U	D	D
3	10ms	D	S	U	U	U	D	D	D	D	D
4	10ms	D	S	U	U	D	D	D	D	D	D
5	10ms	D	S	U	D	D	D	D	D	D	D
6	5ms	D	S	U	U	U	D	S	U	U	D

子帧0和5以及DwPTS永远预留为下行传输。在5ms的转换周期情况下，UpPTS、子帧2和子帧7预留为上行传输。在10ms的转换情况下，DwPTS在两个半帧中都存在，但是GP和UpPTS只在第一个半帧中存在，在第二个半帧中的DwPTS长度为1ms。UpPTS和子帧2预留为上行传输。子帧7到子帧9预留为下行传输。共有7个DL/UL配置比例：3/1, 2/2, 1/3, 6/3, 7/2, 8/1, 3/5。灵活的上、下行时隙配比，可以支持非对称业务和其他业务应用等，更有利于FDD/TDD双模芯片和终端的实现。

我们知道，TD-LTE系统为了克服多径时延带来的符号间干扰和载波间干扰，引入了CP作为保护间隔。根据不同的CP场景，特殊子帧中的DwPTS、GP和UpPTS配置略有不同。

CP长度与小区的覆盖半径有关，一般场景下可配置成正常CP，即可满足覆盖要求；小区半径较大的场景（如广覆盖等）需求下，可配置为扩展CP。

TD-LTE特殊子帧配置见表12.5，共有9种方式，可适应不同场景的应用。若采用常规CP，包含14个OFDM符号；若采用扩展CP，包含12个OFDM符号。上、下行时隙配比和特殊子帧配比，可以调整峰值速率大小。

表12.5 特殊子帧的16种配置

特殊子帧配置	常规CP			扩展CP		
	DwPTS	GP	UpPTS	DwPTS	GP	UpPTS
0	3	10	1	3	8	1
1	9	4	1	8	3	1
2	10	3	1	9	2	1
3	11	2	1	10	1	1
4	12	1	1	3	7	2
5	3	9	2	8	2	2
6	9	3	2	9	1	2
7	10	2	2	—	—	—
8	11	1	2	—	—	—

例如，如果上、下行业务比例比较均衡，可采用上、下行时隙配置 1，即在一个 10ms 的无线帧内，共有 4 个下行子帧、4 个上行子帧和 2 个特殊子帧；而在某些下行业务比重相对较大的热点区域，可采用上、下行子帧配置 2，即在一个 10ms 的无线帧内，共有 6 个下行子帧、2 个上行子帧和 2 个特殊子帧。

2. 资源块 RB（或 PRB）

一个资源块 RB 在频域上的带宽为 180kHz，由 12 个带宽为 15kHz 的连续子载波组成；在时域上为一个时隙，实际上在常规 CP 就是连续的 7 个 OFDM 符号（在扩展 CP 情况下为 6 个），时间长度为 0.5ms。一个 RB 由若干个 RE 组成。所以 1 个 RB 在时频上，就是 1 个 0.5ms、带宽为 180kHz 的载波。根据 TD-LTE 各带宽的不同，每个时隙对应的 RB 个数也不相同，如当信道带宽为 1.4MHz 时，RB 的个数为 6。RE 为 RB 内的各个时频单元，以 (k, l) 来表征，k 为子载波，l 为 OFDM 符号。下行链路资源块 RB 结构如图 12.19 所示。

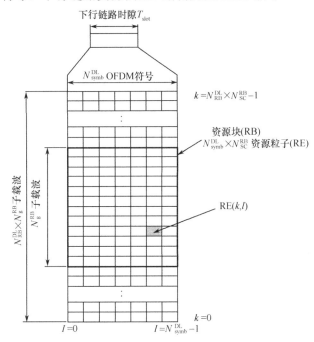

图 12.19 下行链路资源块 RB 结构

一个 OFDM 符号的数据承载能力取决于调制方式，如采用 QPSK、16QAM 和 64QAM 调制方式，分别对应的比特位为 2、4、6 个。在 20MHz 带宽的正常情况下，可以分为 20MHz/180kHz=111 个 RB，要减去冗余部分，而最后可用的 RB 也就是 100 个。在计算 RB 时，一般留出总带宽的 10%作为冗余部分，以用于带宽保护使用，比如 20MHz 的带宽实际 RB 占用 18MHz，以此类推：带宽分别为 1.4MHz、3MHz、5MHz、10MHz、15MHz 和 20MHz 时，对应的 RB 为 6、15、25、50、75 和 100 个。在 1.4MHz 带宽时，为 6 个 RB，则为最小频宽，是因为 PBCH、PSCH、SSCH 信道最少也要占用 6 个 RB。

3. 下行速率

下行 OFDMA 的多用户资源分配如图 12.20 所示，OFDMA 的多载波传输方式将频谱划分为时频二维资源，就是频域的子载波和时域的符号间隔。而上行采用 SC-FDMA 的多用户资源分配，不同用户在同一传输间隔占用不相交的子带，同一用户在不同传输间隔可以占用不相同的子带。

LTE 下行采用 OFDM 技术，从图 12.20 可以看出，一个时隙（0.5ms）内传输 7 个 OFDM 符号，即在 1ms 内传输 14 个 OFDM 符号，一个资源块（RB）有 12 个子载波，即每个 OFDM 在频域上占有 15kHz，所以 1ms 内（2 个 RB）的 OFDM 个数为 168（14×12）个，假设每个 OFDM 采用 64QAM 编码，则每个 OFDM 符号中包含 6bit。根据以上这些条件，以下给出 20MHz 带宽时下行速率的计算。

<OFDM 包含的 bit>×<1ms 中的 OFDM 数>×<20MHz 带宽的 RB 数>×<1000ms/s>
=6×168×100×1000=100800000bit/s=100Mbit/s

可以看出，LTE 在 20MHz 带宽下，可以达到的速率为 100Mbit/s。

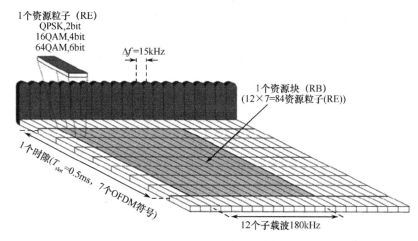

图 12.20 下行 OFDMA 的多用户资源分配

4．FDD 帧结构

FDD 帧结构相对于 TDD 就比较简单，如图 12.21 所示。每一个无线帧长度为 10ms，分为 10 个等长度的子帧，每个子帧又由 2 个时隙构成，每个时隙长度均为 0.5ms。对于 FDD，在每一个 10ms 中，有 10 个子帧可以用于下行传输，并且有 10 个子帧可以用于上行传输。上、下行数据传输在频域上是分开的，也就是说在不同的频带里传输，使用的是成对频谱。

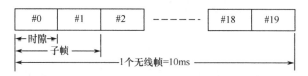

图 12.21 FDD 帧结构类型

12.3.3 HARQ 技术

1．HARQ 概述

利用无线信道的快衰特性，可以进行信道调度和速率控制，但总是有一些不可预测的干扰导致信号传输失败，因此需要使用 FEC（Forward Error Correction，前向纠错编码）技术。FEC 基本原理是在传输信号中增加冗余，即在信号传输之前加入校验比特（Parity bits）。这样信道中传输的比特数目将大于原始信息比特数目，从而在传输信号中引入冗余。另外一种解决传输错误的方法是使用自动重传请求（ARQ）技术。在 ARQ 方案中，接收端通过错误检测，判断接收到的数据包的正确性，如果是正确的，就通过发送 ACK 告知发射机；否则，就通过发送 NACK 告知发射机，发射机将重新发送。

如果将 FEC 与 ARQ 结合起来使用，称为混合自动重传请求，即 Hybird ARQ，或 HARQ。HARQ 使用 FEC 纠正所有错误的一部分，并通过错误检测判断不可纠正的错误。错误接收的数据包则被丢掉，接收机请求重新发送相同的数据包。LTE 物理层中 HARQ 发送，会有一个速率匹配的操作过程，图 12.22 给出的是 eNode B 中 HARQ 操作，要经过两次速率匹配，具体步骤如下：①将信息码送到码率为 $1/n$ 的 Turbo 编码器，产生系统比特流和（n-1）个奇偶校验比特流；②将奇偶校验比特流进行第 1 次速率匹配后，同系统比特流一起并行存入虚拟 IR 缓冲区；③输出缓冲区信息进行第 2 次速率匹配后，形成 HARQ 子帧，交至物理信道。

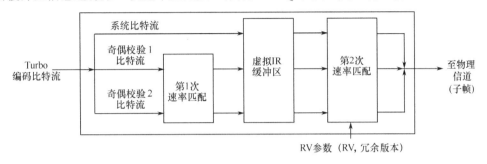

图 12.22　eNode B 中物理层的 HARQ 操作

传统 ARQ：接收端接收数据块，并解编码；根据 CRC 解校验，得到误块率；如果数据块误块率高，则丢弃；接收端要求发送端重发完整的数据块。

混合 HARQ：接收端接收数据块，并解编码；根据 CRC 解校验，得到误块率；如果误块率较高，暂时保存错误的数据块；接收端要求发送端重发；接收端将暂存的数据块和重发的数据混合后再解编码。混合 HARQ 数据块的收发过程如图 12.23 所示，Packet1 就是暂存的数据块，等收到新的 Packet1 混合后再解编码。

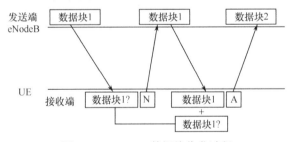

图 12.23　HARQ 数据块收发过程

同步 HARQ：每个 HARQ 进程的时域位置被限制在预定义好的位置，这样可以根据 HARQ 进程所在的子帧编号，得到该 HARQ 进程的编号。

异步 HARQ：不限制 HARQ 进程的时域位置，一个 HARQ 进程可以在任何子帧。异步 HARQ 可以灵活地分配 HARQ 资源，但需要额外的信令指示每个 HARQ 进程所在的子帧。

自适应 HARQ：可以根据无线信道条件，自适应地调整每次重传采用的资源块（RB）、调制方式、传输块大小、重传周期等参数。

非自适应 HARQ：对各次重传均用预定义好的传输格式，收发两端都预先知道各次重传的资源数量、位置、调制方式等资源，避免了额外的信令开销。

2．HARQ 进程

LTE 采用多个并行的停等 HARQ 协议。所谓停等，就是指使用某个 HARQ 进程传输数据包后，在收到反馈信息之前，不能继续使用该进程传输其他任何数据。单路停等协议的优点是比较简单,但是传输效率比较低,而采用多路并行停等协议,同时启动多个 HARQ 进程,可以弥补传输效率低的缺点。其基本思想在于同时配置多个 HARQ 进程,在等待某个 HARQ 进程的反馈信息过程中,可以继续使用其他的空闲进程传输数据包,以确定并行的进程数目要求保证最小的 RTT 中任何一个传输机会都有进程使用。RTT(Round Trip Time,往返时延)定义为重传的数据与上一次传输同样数据之间的时间间隔的最小时延。

这里以 FDD 的下行传输为例说明下行 HARQ RTT 与进程数,如图 12.24 所示。RTT 包括下行信号传输时间 T_P、下行信号接收时间 T_{sf}、下行信号处理时间 T_{RX}、上行 ACK/NACK 传输时间 T_P、上行 ACK/NACK 接收时间 T_{sf}、上行 ACK/NACK 处理时间 T_{TX},即

$$RTT = 2 \times T_P + 2 \times T_{sf} + T_{RX} + T_{TX}$$

那么进程数等于 RTT 中包含的下行子帧数目,即

$$N_{proc} = RTT / T_{sf}$$

可以发现,在不考虑信号的收发时间和处理时间时,RTT = $2 \times T_P$,即信号传输一个来回的时间总和。从图中可以看出,FDD 收/发是在不同的频域信道上进行的。

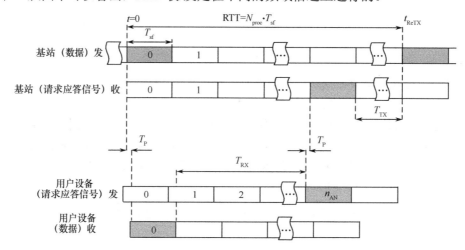

图 12.24 下行 HARQ RTT 与进程数(FDD)

TDD 下行传输如图 12.25 所示。这里是以下行 HARQ 进行说明的,其 RTT 大小不仅与传输时延、接收时间和处理时间有关,还与 TDD 系统的时隙比例、传输所在的子帧位置有关。进程数目为 RTT 中包含的同一方向的子帧数目。在这里,假设从子帧 0 开始,时隙比例为 DL:UL = 3:2,基站侧的处理时间为 $3*T_{sf}$,终端侧的处理时间为 $3*T_{sf} - 2*T_P$。对于都从子帧 0 开始的数据传输,而对应于不同的时隙比例,其 RTT 以及进程数目是不同的;当然在相同的时隙比例下,不同子帧位置开始的数据传输,其 RTT 以及进程数目也不同。

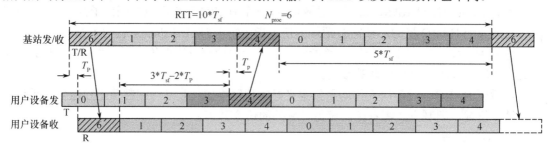

图 12.25 下行 HARQ RTT 与进程数(TDD)

12.3.4 天线技术

1. OFDM 收发机及分集技术

（1）OFDM 收发机

图 12.26 是结合前面介绍的 OFDM 理论，给出了 OFDM 收发机框图。在发射端，首先对比特流进行 QAM 或 QPSK 调制，然后依次经过串/并变换和 IFFT 变换，再将并行数据转化为串行数据，加上保护间隔，形成 OFDM 码元。在组帧时，需加入同步序列和信道估计序列，以便接收端进行突发检测、同步和信道估计，最后输出正交的基带信号。

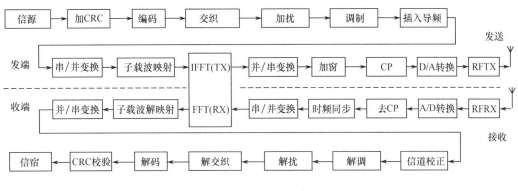

图 12.26 OFDM 收发机框图

在接收端，当接收机检测到信号到达时，首先进行同步和信道估计。当完成时间同步、小数倍频偏估计和纠正后，经过 FFT 变换，进行整数倍频偏估计和纠正，此时得到的是 QAM 或 QPSK 已调数据。对该数据进行相应的解调，就可得到比特流。

（2）分集技术

时间分集：即在多个不同的时隙上传输相同的信息，在时间域内提供多个信号的副本。

频率分集：通过在不同的载波频率上发送相同信息，在频率域内提供多个信号的副本。

空间分集：利用多根天线在不同的位置上发送和接收相同的信息，在空间域内提供信号的副本。为了保证多个发送或多个接收信号副本所经历的衰落独立，要求各根天线之间的距离足够大。

为提高可靠性，同一信息经过正交编码后从两根天线或多根天线（STBC），或者多个频率（SFBC）上发送出。MIMO 模式分为分集和复用，其中分集主要是提升小区覆盖，而复用主要是提升小区容量。基于 MIMO 的空间分集技术是 LTE 系统的关键技术之一，也是未来通信发展的核心技术。

2. MIMO 技术

MIMO（Multiple-Input Multiple-Output，多输入多输出）表示在发送端和接收端，均使用多根天线进行数据的发送和接收，其发射端和接收端均采用多天线（或阵列天线）和多通道，可以产生多个并行的信道，且每个信道上传递的数据不同，从而提高信道容量。利用公共天线端口，LTE 系统可以支持单天线发送（1x）、双天线发送（2x）以及 4 天线发送（4x），从而提供不同级别的传输分集和空间复用增益。

多天线技术包括 SDM（Spatial Division Multiplexing，空分复用）等技术。当一个 MIMO 信道都分配给一个 UE 时，称之为 SU-MIMO（单用户 MIMO）；当 MIMO 数据流空分复用给不同的 UE 时，称之为 MU-MIMO（多用户 MIMO）。SDM 支持 SU-MIMO 和 MU-MIMO。

从图 12.27 中可以看到，随着技术的不断进步，多天线是以后发展的大趋势。

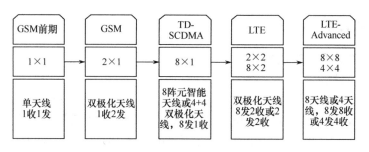

图 12.27 天线发展历程

（1）下行 MIMO

下行 MU-MIMO：将多个数据流传输给多个不同的用户终端，多个用户终端以及 eNB 构成下行 MU-MIMO 系统。下行 MU-MIMO 可以在接收端通过消除/零陷的方法，分离传输给不同用户的数据流；可以通过在发送端采用波束赋形的方法，提前分离不同用户的数据流，从而简化接收端的操作。LTE 下行，同时支持 SU-MIMO 和 MU-MIMO 模式。

下行链路自适应：指 AMC（Adaptive Modulation and Coding，自适应调制编码），通过 QPSK、16QAM 和 64QAM 等不同的调制方式和不同的信道编码率来实现。

下行链路多天线传输信道如图 12.28 所示，它给出了有关码字、层、资源粒子映射和天线端口的大致关系。

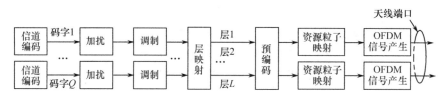

图 12.28 下行链路多天线传输信道

① 码字（Code Words）是指来自上层的数据流进行信道编码之后的数据。不同的码字区分不同的数据流，其目的是通过 MIMO 发送多路数据，实现空间复用。LTE 码字最大数目是 2，与天线数目没有必然关系，但是码字和层之间却有着固定的映射关系。经过 FEC（前向纠错）编码和 QAM 调制的数据流，形成于 QAM 调制模块的输出端。也可以假定一个码字只能有一个码率（如 1/3 码率）和 种调制方式（如 16QAM）。

② 扰码（Scrambling Codes）是用一个伪随机码序列对扩频码进行相乘，对信号进行加密，是有规律的随机化处理后的信码。

③ 调制映射（Modulation Mapper）是指 OFDM 通过把高速串行数据映射到并行的多个子载波上，使每一资源块中包含符号（Symbol）的调制方式都一样。

④ 层（Layer）是由于码字数量和发送天线数量可能不相等，需要将码字流映射到不同的发送天线上，因此需要使用层进行映射。

在使用单天线传输、传输分集以及波束赋形时，层数目等于天线端口数目；

对于空间复用来说，天线的层数定义为 MIMO 信道矩阵的秩（Rank），也就是独立虚拟信道的数目，层数目等于空间信道的 Rank 数目，即实际传输的流数目；

对于 QAM 调制，数据流形成于码字到层映射模块的输出端。一个层的峰值速率可以等于或低于一根传输天线的峰值速率。此外，不同的层可以传输相同或不同的比特信息。

例如，对于 4 发 2 收的天线系统，在不同的信道环境下，其天线的层数可能是 1 或 2，最大不会超过接收和发送两端天线数目的最小值，在这里也就是不能大于 2。

⑤ 层映射（Layer Mapping）是把调制后的数据流（code word）分配到不同的层上。层映射实体有效地将复数形式的调制符号映射到一个或多个传输层上，从而将数据分成多层。根据传输方式的不同，可以使用不同的层映射方式。在不同配置环境下，层数与天线端口数的关系如表 12.6 所示。

表 12.6　在不同配置环境下的层数与天线端口数

配置	层数（L）	天线端口数（P）
单天线配置	$L=1$	$P=1$
发射分集	$L=P$	$P\neq1$（2 或 4）
空间复用	$1\leqslant L\leqslant P$	$P\neq1$（2 或 4）

⑥ 秩（r）：若定义 R 为单根天线的峰值速率，则发送端可以达到的峰值速率为 rR。对于空间复用，秩等于层数。

例如，LTE 目前支持最大层数 $L=4$，最大码字数 $Q=2$，通过查表 12.7 得出：第 1 码字对应于第 1 层和第 2 层，第 2 码字对应于第 3 层和第 4 层，也可以知道它的秩和层数相等并为 4，有 4 个天线端口。秩分别为 1、2、3 和 4 的情况，如图 12.29 所示，这样对码字、秩、层和天线端口的关系也就会一目了然了。

表 12.7　码层映射表

层数（L）	码字数目（Q）	映射关系
1	1	第 1 码字→第 1 层
2	1	第 1 码字→第 1 层；第 1 码字→第 2 层
2	2	第 1 码字→第 1 层；第 2 码字→第 2 层
3	2	第 1 码字→第 1 层；第 2 码字→第 2 层和第 3 层
4	2	第 1 码字→第 1 层和第 2 层；第 2 码字→第 3 层和第 4 层

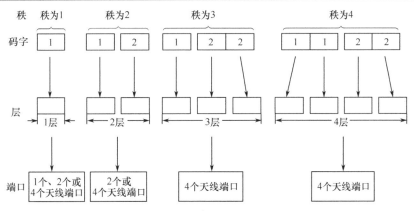

图 12.29　天线口的对应关系

⑦ 预编码（Precoding）技术，就是一种在发射端利用信道状态信息，对发送符号进行预处理，以提高系统容量或降低系统误码率为目的的信号处理技术。

⑧ 波束赋形（Beamforming），又称为空域滤波，是一种使用传感器阵列定向发送和接收信号的信号处理技术。

⑨ 资源粒子映射（RE Mapping），就是把物理信号的符号映射到相应的 RE 上，通过 OFDM 调制产生的 OFDM 符号，然后通过天线端口（Antenna Port）映射发送出去。

⑩ OFDM 符号生成（OFDM Signal Generation）就是对基带信号进行傅里叶反变换，然后对离散信号进行 D/A 转换，此时就产生了基本的 OFDM 符号。

例如，LTE 中下行 PDSCH 的发送过程可以简单概括为：对于来自上层的数据，进行信道编码和速率适配，形成码字；对不同的码字进行调制，产生调制符号；对于不同码字的调制信号进行层映射；对于层映射之后的数据进行预编码，然后映射到天线端口上发送。

（2）上行 MU-MIMO

上行链路多天线传输：上行链路一般采用单发双收的 1×2 天线配置，也可以支持 MU-MIMO，即每个 UE 使用一根天线发射，而多个 UE 组合起来使用相同的时频资源以实现 MU-MIMO。

上行 MU-MIMO：不同用户使用相同的时频资源进行上行发送（单天线发送），从接收端来看，这些数据流可以看作来自一个用户终端的不同天线，从而构成了一个虚拟的 MIMO 系统，即上行 MU-MIMO。

上行链路 3 种自适应方法：自适应发射带宽、发射功率控制、自适应调制和信道编码率。目前，LTE 系统上行仅支持单天线发送，可以采用天线选择技术提供空间分集增益。

3．LTE 支持 MIMO 方案

LTE 支持 MIMO 方案分为：波束赋形（Beamforming），基于非码本（Codebook）和 DRS（Dedicated Reference Signal，专用参考信号），主要用于中低速的业务信道；预编码（Precoding），基于码本和公共导频，主要用于中低速的业务信道分集；SFBC（Space Frequency Block Code，空频块码）基于空时编码，用于控制信道和高速业务信道。其中：

FDD 的 MIMO 方案——预编码（Precoding）：接收端根据信道估计得到的信道信息，按照某种准则从码本中选取最优的预编码码字，然后将该码字的序号反馈给发射端，发射端根据反馈的序号从码本中选取相应的预编码码字进行预编码操作。

TDD 的 MIMO 方案——波束赋形：利用信道的互易性，生成下行发送加权向量，通过调整各天线阵元上发送信号的权值，产生空间定向波束，将无线电信号导向期望的方向。波束赋形的应用：扩大系统的覆盖区域，提高系统容量，提高频谱利用效率，降低基站发射功率，节省系统成本，减少信号间干扰与电磁环。

12.4　LTE 组网

12.4.1　VoLTE 架构

1．VoLTE 网络架构

LTE 网络提供的是分组数据通信，就是只有 PS 域，没有 CS 域。语音和数据业务，如视频流媒体、宽带上网、移动游戏等均承载于 IP 分组数据网络上。3GPP 提出了基于 IMS（IP Multimedia Subsystem，IP 多媒体子系统）的语音业务，VoLTE（Voice over LTE，LTE 网络直传）是一种全 IP 传输技术，语音数据业务全部承载在 4G 网络中，不需要 2G/3G 网，实现了语音、数据业务在 4G 网络下的统一，从而能够极大地降低呼叫建立时延，能提供高质量的语音视频通话，在语音呼叫阶段的同时也能使用 LTE 网络。

基于 IMS 的 VoLTE 网络架构如图 12.30 所示。VoLTE 的网络架构及关键网元主要包括无线

接入、LTE 网络和 IMS 核心网，因此实现语音通话是由 PS 域承载的。在 eNB、MSS、MME 等网元升级的基础上，增加 TAS、SBC、IP-SM-GW 等新的网元。实现 VoIP 语音业务时，由 EPS 系统提供承载，由 IMS 系统提供业务控制，以能实现多样化多媒体业务的需求。IMS 由 6 部分构成：业务层，运营支撑层，控制层，互通层，接入承载控制层，接入网络层。以下介绍 IMS 的各网元功能，而个别网元没有在图中给出。

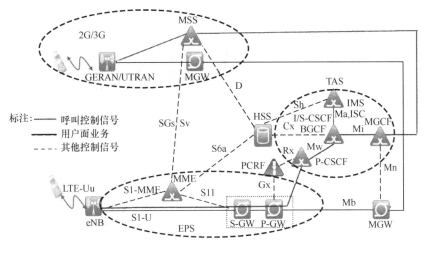

图 12.30　VoLTE 网络架构

（1）P-CSCF

P-CSCF（Proxy-Call Session Control Function，代理呼叫会话控制功能）是 IMS 与用户连接的第一个实体网元，是 SIP 信令的代理服务器，负责接收请求并向后传递。

P-CSCF 的功能：转发用户注册请求给 I-CSCF；与 PDF 功能交互；在 UE 和 S-CSCF 中转发相关信息；向计费单元发送相关计费信息；对 SIP 信令消息的安全性和完整性进行保护；对发起的紧急业务进行检测，对发起地和目的地的有效性进行验证。

（2）I-CSCF

I-CSCF（Interrogating Call Session Control Function，查询呼叫会话控制功能），负责接收来自网络内部的任何指向寄存器的连接，是 IMS 网络内部接触点，所有用户连接都需要经过 I-CSCF，一个网络中可能有多个 I-CSCF。

I-CSCF 的功能：用户发起 SIP 注册请求，I-CSCF 向 HSS 请求获取该用户归属的 S-CSCF 地址；用户漫游时，作为用户接入归属网络的锚点；向计费单元发送相关计费信息；具有隐藏网络拓扑、配置和能力的功能。

（3）S-CSCF

S-CSCF（Servicing Call Session Control Function，服务呼叫会话控制功能）是 IMS 的业务控制核心，处于归属网络中，同一网络中可以有多个 S-CSCF。

S-CSCF 的功能：处理用户注册请求，记录注册用户的 IP 地址；通过 IMS 中的 AKA（Authentication and Key Agreement，鉴权与密钥协商）对用户进行鉴权；将被叫信息路由到 P-CSCF，主叫信息路由到 BFCF 或 AS；负责紧急呼叫处理和任务控制。

AKA 机制是由 IETF 制定的，并被 3GPP 采用，用于 3G 的鉴权机制，IMS 也沿用了这种机制的原理和核心算法，故称之为 IMS-AKA 机制，主要用于用户认证和会话密钥的分发，它的实现基于一个长期共享密钥（KEY）和一个序列号（SQN），它们仅在 HSS 与 UE 中可见。

（4）BGCF

BGCF（Breakout Gateway Control Function，出口网关控制功能）在 IMS 网络中主要负责控制与公共交换电话网（PSTN）之间的呼叫。

BGCF 的功能：选择与公共电话交换网或 CS（电路域）接口连接的网络；通过被叫的号码为 IMS 选择到公共电话交换网或 CS 的 MGCF。

（5）MGCF

MGCF（Media Gateway Control Function，媒体网关控制功能）是 IMS 用户与电路域用户之间通信的网关控制器，MGC 通过与 CSCF 通信，控制媒体信道在 IMS-MGW 中的连接。

MGCF 的功能：执行 IMS 与电路域的互通，也就是在 No.7 的 ISDN 部分（ISUP）和 IMS 呼机控制协议之间执行协议转换；也对不同域之间的协议进行转换，比如通过 MGCF 完成 SIP 与 ISUP、BICC 之间的相互转换。

IM-MGW (IP Multimedia Gateway，IP 多媒体网关)负责 IMS 与 PSTN/CS 域之间的媒体流互通，提供 CN/CS（3G 核心网/电路域）和 IMS 之间的用户面链路，支持 PSTN/电路域 TDM 承载和 IMS 用户 IP 承载的转换。主要功能是承载和媒体处理。在 IMS 终端不支持 CS 端编码时，IM-MGW 完成编解码的转换工作。IM-MGW 也可以在 MGCF 的控制下完成呼叫的连续。

（6）TAS

TAS（Telephony Application Server，电话业务应用服务器）采用升级改造，TAS 部署 MMTel、SCC AS、Anchor AS、IM-SSF 处理 VoLTE 业务，支持 VoLTE。

MMTel（Multimedia Telephony，多媒体电话），为 VoLTE 用户提供多媒体电话基本业务和补充业务。

SCC AS（Service Call Continuity Application Server，服务集中化和连续性应用服务器），实现 VoLTE 的被叫域选择，eSRVCC 过程中的信令控制。

Anchor AS（锚定服务器），LTE 用户通过 CS 网络接入并且作为主叫，此锚定过程称为 Anchor AS 主叫锚定；LTE 用户通过 CS 网络或 LTE 网络接入并且作为被叫，称为 Anchor AS 被叫锚定。被叫锚定提供被叫用户锚定至 IMS 的功能。

IM-SSF（IP Multimedia-Service Switch Function，智能业务触发网关）：用于触发现有 SCP，实现智能网业务逻辑。

（7）SBC

SBC（Session Border Controller，会话边界控制器），新建一对 SBC，并部署 ATCF / ATGF、P-CSCF 功能，支持 VoLTE 和 eSRVCC。现有网络的 P-CSCF 和 SBC 分别独立设置，VoLTE IMS 网络中的 SBC 面向 VoLTE 手机用户，需支持 eSRVCC，P-CSCF 需支持 Rx 接口，SBC 作为 VoLTE 承载的代理节点和入口点，若同时支持 ATCF/ATGW 锚定节点功能，可减少用户从 4G 切换到 2G 或 3G 时的媒体重建时间，保障用户平滑的系统间漫游通话体验。

ATGW（Access Transfer Gateway，接入传输网关）：在 SRVCC 切换过程中，保持当前会话路径并在切换后重新接入。

ATCF（Access Transfer Control Function，接入传输控制功能）：用于控制 eSRVCC 中的 ATGW。

（8）PCRF

PCRF（Policy and Charging Rule Function，策略和计费规则功能）包含策略控制决策和基于流计费控制的功能，PCRF 接收来自 PCEF 的输入，向 PCEF 提供关于业务数据流检测、门控、基于 QoS 和基于流计费的网络控制功能，并结合 PCRF 的自定义信息作出 PCC 决策。

PCEF(Policy and Charging Enforcement Function,策略和计费执行功能)主要包含业务数据流的检测、策略执行和基于流的计费功能。

PCC(策略与计费控制)主要联合 P-CSCF(AF 功能点)以及 GGSN/P-GW(PCEF 功能点)完成策略控制决策和基于流进行计费控制的功能。

(9)IP-SM-GW(IP-Short Message-Gateway)提供 IMS 短消息与传统电路域短消息的互通,以及即时消息和短消息之间的互通。

(10)其他新增网元

MRFC(Multimedia Resource Function Controller,多媒体资源控制器):支持与承载多媒体资源相关业务的控制。

MRFP(Multimedia Resource Function Processor,多媒体资源处理器):按照 MRFC 要求实现对多媒体资源的提供。

SLF(Subscription Locator Function,签约数据定位功能):通常内置在 HSS 中,是一种 HLR 地址解析机制。

综上所述,VoLTE 相对于传统的 CSFB,在网络架构上有很大的不同。不仅如此,eNB、HSS、MSS、MME、P-GW、S-GW、PCRF 等,都需要在现网上进行升级改造,才能实现 VoLTE。

2.VoLTE 网络精简架构

为了更清晰地理解 VoLTE,这里给出了 VoLTE 网络精简架构,如图 12.31 所示,由 US 侧、无线侧、EPC 域、IMS 域和 CS 域 5 个部分构成。

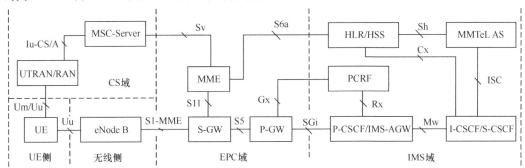

图 12.31　VoLTE 网络精简架构

(1)US 侧:VoLTE 用户终端,需要支持 CSFB(CS FallBack,CS 域回落)和 SVLTE(Simultaneous Voice and LTE,支持 LTE 与语音网同步)等基本功能。

(2)无线侧:eNode B 负责无线资源管理功能,包含对 IP 头压缩及数据加密等。

(3)EPC 域:主要配合 IMS 系统完成 P-CSCF 发现,初始附着的信令默认承载建立,语音及视频业务专有承载的建立等。通常采用专门的 IMS APN(接入点名称)来提供语音业务,为信令和语音提供特定的 QCI(Class Identifier,QoS 等级标识)承载,以衡量提供给 SDF(服务数据流)的包转发行为的标度值,如丢包率、包延迟预算等。LTE 有 9 种不同的 QCI,在 VoLTE 业务中主要用到了 QCI 1、QCI 2、QCI 5,而普通的数据业务主要是 QCI 8/9。IMS 信令使用 QCI 5,语音业务使用 QCI 1、QCI 5、QCI 8/9,视频电话业务使用 QCI 1、QCI 2、QCI 5、QCI 8/9。

(4)CS 域:MSC/MSC Server 升级支持 eSRVCC 功能,通过与 MME 之间的 Sv 接口实现 VoLTE 语音业务的连续性,满足通话过程移出 LTE 覆盖区,保证业务的连续性,使通话平滑切换到 2G/3G 网络。

(5) IMS 域：主要完成呼叫控制、业务连续性及域选择等功能。其中，P/I/S-CSCF 支持鉴权、信令安全性保护、信令压缩等，MMTel-AS 支持多媒体电话及补充业务，包括呼叫控制、会议电话等。而基于鉴权、业务一致性及域选择的要求，需要 HLR/EPC/IMS-HSS 三个设备进行融合。基于 Gx/Rx 重同步需求、I/S-CSCF 到融合 HSS 寻址需求，以及 USIM（Universal Subscriber Identity Module，全球用户识别卡）导出通用域的寻址需求，都需要 DRA（Diameter Routing Agent，路由代理）设备能够对 IMSI（International Mobile Subscriber Identification Number，国际移动用户识别码）或带 IMSI 的 IMPU(IP Multimedia Public Identity，IP 多媒体公共标识)进行路由寻址。

12.4.2　LTE 混合组网

运营商使用的 LTE 语音过渡方案是 CSFB 和 SVLTE。CSFB 是电路域语音回落，开机驻留在 LTE，需要语音业务时，将由 LTE 回落至 2G/3G 网提供；SVLTE 是终端同时驻留在 2G/3G 和 LTE 网络，语音业务由 2G/3G 提供，数据业务优选 LTE 提供，SVLTE 为终端实现方案，其本身对网络无升级要求，为满足业务数据互操作，需对 2G 进行相关升级，但对终端定制要求较高。图 12.32 是包含 VoLTE、语音回落在内的混合组网，表 12.8 是涵盖 2G、3G 在内的混合组网接口表。

表 12.8　混合组网参考接口

功能域	接口名称	接口类型	连接网元	承载协议
PS（分组域）	S1-MME	信令	MME-eNB	GTP-C
	S1-U	数据	SAE GW-eNB	GTP-U
	S11	信令	MME-SAE GW	GTP-C
	SGi	数据	SAE GW-VoLTE SBC	应用层协议
	SLg	信令	MME-LSP(GMLC)	Diameter
	SLs	信令	MME-LSP(eSMLC)	SCTP
	Sv	信令	MME-eMSC	GTP
PCC（策略控制和计费）	Rx	信令	PCRF-VoLTE SBC	Diameter
	Gx	信令	PCRF-SAE GW	Diameter
IMS（IP 多媒体子系统）	Gm	信令	VoLTE UE-VoLTE SBC	SIP
	Mw	信令	VoLTE SBC-xCSCF	SIP
	Mx	信令	xCSCF-IBCF	SIP
	Mg	信令	I-CSCF/S-CSCF-MGCF	SIP
	Mj	信令	BGCF-MGCF	SIP
	Mw/I2	信令	xCSCF-eMSC	SIP
	ISC	信令	xCSCF-IMS AS	SIP
	Ut	信令	UE/VoLTE-代理网关	XCAP

续表

功能域	接口名称	接口类型	连接网元	承载协议
用户数据	Cx	信令	HSS-xCSCF	Diameter
	Sh	信令	HSS-IMS AS	Diameter
	Zh	信令	HSS-业务代理网关	Diameter
	SLh	信令	HSS-LSP	Diameter
	S6a	信令	HSS-MME	Diameter
	C/D	信令	HSS-eMSC/GMSC	MAP
	J	信令	HSS-IP-SM-GW	MAP
CS（2G/3G电路域）	Nc	信令	MSC-MSC	BICC
	CAP	信令	IMS SSF/MSC-智能网 SCP	Camel
	Gr	信令	SGSN-HSS	MAP

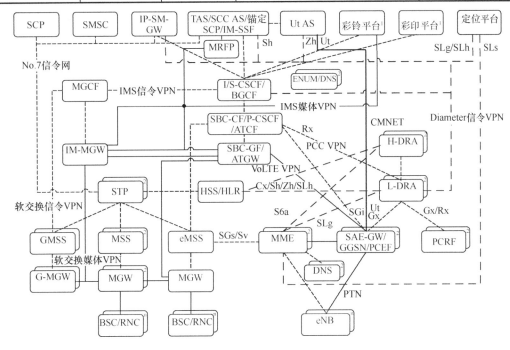

图 12.32　LTE 混合组网

混合组网融合了传统 2G/3G 网络，图中的接口及对应的协议可以参考表 12.8，其中：

Diameter 协议是 RADIUS（Remote Authentication Dial In User Service，用户远程拨入认证服务）协议的升级；

DRA（Diameter Routing Agent，路由代理）节点，负责 LTE Diameter 协议目的地址翻译和转接，实现 LTE 用户的鉴权、位置更新、计费管理；

XCAP（The XML Configuration Access Protocol，XML 配置访问协议），是一种存储在服务器上的 XML 格式的应用层协议，它允许客户端来操作应用程序配置数据；

GTP（GPRS Tunnelling Protocol，GPRS 隧道协议），可分解成 3 种独立的协议：GTP-C、GTP-U 及 GTP，使用相同的信息结构，但各有独立的功能；

SIP（Session Initiation Protocol，会话初始协议），用于基于 IP 的多方多媒体通信；

BICC 是一个控制与承载分离的信令协议，对 ISUP 协议进行了修改，它不直接对媒体资源进行控制，而是通过标准的承载控制协议（H.248 协议等）对这些资源进行控制。

习 题 12

1. 结合 FDD-LTE 和 TD-LTE，说明 FDD、TDD 都有哪些技术特点？
2. EPS 都是由哪些部分构成的？并说明其功能。
3. 说明 OFDM 是怎样消除符号间干扰（ISI）的？说明插入保护间隔（GI）长度是根据什么确定的？
4. 一个资源块 RB 是怎样确定的？举例说明 20MHz 可以划分为多少个 RB，并计算其采用 16QAM 编码时，能提供的最大下行速率是多少？
5. 举例说明执行 HARQ 协议的进程应用。
6. LTE 层数 $L=3$，码字数 $Q=2$ 时，可配多少个天线端口？
7. LTE 网络中的语音传输问题是怎样解决的？列举 VoIP 的实现方案。

第 13 章 分组传输网（PTN）

随着大客户专线、大数据和语音、视频的 IP 化业务推进，以及大带宽业务的不断涌现，对承载网提出了更高的需求，一个基于全分组承载的新一代多业务传输网（PTN）就呼之欲出。PTN 继承了传统传输网 SDH/MSTP 等优点，为网络运营商提供了全业务的承载方案，并通过 PTN 承载 TDM 电路的业务，使承载网逐步走向 PTN+OTN+WDM，并向全面分组化演进。本章将通过移动网的承载，介绍 PTN 业务模型、伪线仿真和组网等技术。

13.1 PTN 技术

13.1.1 PTN 优势

PTN 开发最初有两个方向：一是以华为为代表的 MPLS-TP；二是以北电为代表的 PBT（Provider Backbone Transport，运营商骨干网传输），现今这两个方向已逐步趋于一致。PTN 为了传输 SDH 的客户 TDM 业务，以及移动网基站的需求，专门开发了时钟同步系统。以下从几个方面介绍 PTN 技术的优势。

（1）PTN 提出管道化的承载理念

基于管道进行业务配置、网络管理与运维，实现承载层与业务层的分离。在 PTN 的管道化理念中，业务层始终位于承载层之上，两者之间具有清晰的结构和界限。在管道化承载中，业务的建立、拆除都依赖于管道，完全面向连接，以保证业务质量。各个节点的转发，依照事先规划好的规定动作完成，无须路由器功能的查表、寻址等动作，保证传输路径具有最小的时延和抖动。

PTN 以"管道+仿真"的思路，可以满足移动网络演进中的多业务需求。众所周知，TDM、ATM、IP 等各种通信技术，将在演进中长期共存，PTN 采用统一的分组管道，实现多业务适配、管理与运维，从而满足共存的要求。

（2）变刚性管道为弹性管道，提升网络承载效率

TDM 移动承载网采用 VC（Virtual Container，虚容器）刚性管道，带宽独立分配给每一条业务并由其独占，效率较低。PTN 采用由标签交换生成的弹性分组管道 LSP（Label Switch Path，标签交换通道），带宽可灵活地释放和实现共享，网络效率得到提升。

（3）由于管道化的承载，简化了业务配置、网络管理与运维工作

PTN 以集中式的网络控制管理，替代传统 IP 网络的动态协议控制，移动承载网的特点是网络规模大、覆盖面积广、站点数量多。移动承载网的 IP 化，继承了 TDM 承载网的运维经验，网管实现可视化。

（4）植入时钟同步技术，具有了移动承载 IP 化过程中的电信级能力

时钟同步是移动承载的必备能力，而传统的 IP 网络都是异步的，移动承载网在 IP 化转型中必须要解决这个问题。所有的移动制式都对频率同步有要求，如 TD-SCDMA 和 CDMA2000，LTE 也有对相位同步的要求。

（5）丰富的保护倒换机制，保证网络高可靠

PTN 系列分组传输设备支持基于硬件的营运管理与维护检测机制，支持丰富的环网保护倒换机制，满足业务端到端保护倒换时间小于 50ms 的电信级倒换要求，保证了网络可靠性。

（6）可以提供大规模组网能力

PTN 系列分组传输设备是通过 E1、STM-1、FE、GE、10GE、40GE、100GE 等丰富的业务接口，实现 2G/3G/LTE/大客户专线等各类业务的统一接入，采用 PWE3 仿真技术，实现对这些业务的统一承载，能够高效满足各种应用场景的承载需求。

目前的 PTN 系列分组传输设备，可支持单端口 100GE 和 40GE 等，同时还具备大规模组网的能力，完全可以满足多业务时代组建大型网的需求，如 2G 和 3G 网络长期共存、LTE 部署迅速，使得传输网需要满足不同业务、不同带宽的承载需求。

（7）实现了各种业务的统一承载

通过 PTN 组建的一个大型传输网，可以实现对现代通信业务，包含移动业务、大客户专线等各种业务的统一承载。PTN 系列分组传输设备，还支持同步以太、IEEE 1588V2 等多种时钟同步能力，支持端到端 QoS 能力，提供网络资源管理，综合提高带宽利用率。

13.1.2 技术释义

CE（Customer Edge device，用户边缘设备），PTN 有接口直接与 SP（Service Provider，服务商）用户设备连接，它可以是路由器或交换机，也可以是一台主机。

PE（Provider Edge，网络边缘），即边缘路由器，是服务提供商网络边缘设备。PE 设备用来在网络边缘与用户设备 CE 直接相连。

P（Provide，网络核心），服务提供商网络中的骨干路由器，不直接与 CE 相连，只需要具备基本的 MPLS（多协议标记交换）转接能力。

Site，指相互之间具备 IP 连通性的一组 IP 系统，并且这组 IP 系统的 IP 连通性不需要服务商提供网络实现，Site 通过连到服务提供商网络，一个 Site 可以包含多个 CE，但一个 CE 只能在一个 Site 中。

VLL (Virtual Leased Line，虚拟专线)，又称端到端的伪线仿真，是一种端到端的二层业务承载技术。

backhaul（回程线路），又称信号隧道，指的是一种配置，就是将电话信令通过分组交换网络，从一个媒体网关到达另一个媒体网关的可靠传输。

VPN（Virtual Private Network，虚拟专用网络），是专用网络的延伸，这种点对点专用连接的方式，就是通过共享或公共网络，在两个终端之间收发数据，实际上就是传输中的专线。

MPLS（Multi-Protocol Label Switching，多协议标签交换），是一种在开放的通信网上利用标签引导的数据高效传输技术，这里的多协议是指不但可以支持多种网络层面上的协议，还可以兼容多种数据链路层面的协议。

T-MPLS（Transport MPLS，传输多协议标签交换）是一种面向连接的分组传输技术，在传输网络中，将客户信号映射进 MPLS 帧，并利用 MPLS 机制进行转发，同时增加了传输层的基本功能，例如连接和性能监测、生存性（保护恢复）、管理和控制面等。在 T-MPLS 的基础上，又推出了 MPLS-TP（MPLS Transport Profile）标准，它可以在 T-MPLS 标准上平滑升级，也有可能成为 PTN 的最佳技术体系。

E-Line（以太专线），是基于 MPLS 的 L2 VPN（二层透传 VPN）业务。E-Line 业务，即点到点业务，是指客户有两个 UNI 接入点，彼此之间是双向互通的关系。

QoS（Quality of Service，服务质量），指一个网络能够利用各种基础技术，为指定的网络通信提供更好的服务能力，是用来解决网络延迟和阻塞等问题的一种安全机制。

SLA（Service-Level Agreement，服务等级协议），是指关于网络服务供应商和客户间的一份合同，其中定义了服务类型、服务质量和客户付款等术语。

PWE3（Pseudo-Wire Emulation Edge to Edge，边缘到边缘的伪线仿真），是通过分组传输网（IP/MPLS）提供隧道，便于仿真 IMA、Ethernet 等业务的二层 VPN 协议，通过此协议可以将传统的网络与分组交换网络连接起来，实现资源共享和网络的拓展。

IMA（Inverse Multiplexing ATM，ATM 反向复用），是 ATM 反向多路复用，这一技术使通过多条 E1（2.048Mbit/s）线路，复用成高带宽 ATM 信元流传输，使 E1 的线路设备可以享受到 ATM 的许多优点，如：服务质量、可扩展性，以及可方便混合传输数据、语音和视频流，而不需要建设 T3、E3 和 SONET/SDH 等宽带传输设备。IMA 是解决 3G 传输接口的方法之一，它通过 155Mbit/s 接口，将 ATM 信元反向复用封装在 E1 中，在 E1 内部实现信元的统计复用。也可以考虑通过 SDH 网络对 IMA E1 进行 SDH 复用，例如，实现多基站的 E1 在 RNC 侧，通过信道化 155Mbit/s 与 RNC 的对接，以简化 RNC 机房的 2Mbit/s 电缆。

13.1.3　PTN 的网络分层

PTN 的网络分层结构如图 13.1 所示，主要由 3 层网络组成，分别是传输介质层、虚通路（VP）层和虚通道（VC）层。对于采用 MPLS-TP 技术的 PTN 而言，VC 层即 PW（伪线）层；VP 层即为标签交换路径 LSP 层。传输介质层可采用以太网、SDH 等传输技术。客户业务层在 PTN 网络的最上层，可以是绑定的多个客户或是基于端口的客户。

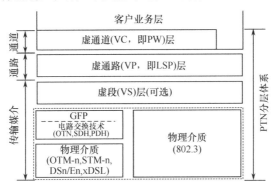

图 13.1　PTN 的网络分层结构

13.1.4　PTN 网元分类

PTN 网元可分为网络边缘节点（PE）和核心节点（P）两种类型，如图 13.2 所示。用户边缘设备（CE）是进出 PTN 网络业务层的源、宿节点，在 PTN 网络的两端成对出现。P 节点是在 PTN 网络内部进行 VP 隧道转发的网元。PE 和 P 描述的是对客户业务、VC（PW）、VP（LSP）的逻辑处理功能。对于一个指定的分组网络传送业务，PE 或 P 的功能只能被一个特定的 PTN 网元所承担。但从任何一个 PTN 网元上来看，可以同时承载多条分组传输网业务，因而该 PTN 网元可以是 PE，也可以是 P。

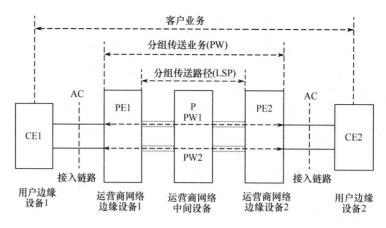

图 13.2 PTN 网元的逻辑分类

13.1.5 PTN 网络分域

PTN 根据端口在网络中所处的位置，划分为 UNI（User-Network Interface，用户—网络接口）和 NNI（Network-Network Interface，网络—节点接口）。UNI 是用户设备与网络之间的接口，直接面向 CE。PTN 网络可以分成不同的管理域，某个 PTN 网络或子网（核心网、汇聚网、接入网）均可以形成一个管理域。管理域的物理连接分为两种，同一域内的物理连接和不同域间的物理连接，分别称为域内接口（IaDI）和域间接口（IrDI）。

若 PTN 网元支持多段伪线（MS-PW）功能，可将 PE 网元进一步细分为进行 PW 终结的 PE（T-PE）和 PW 交换的 PE（S-PE）两类网元。不同类型的 PTN 网元，在 PTN 网络域内和域间的分布位置如图 13.3 所示。

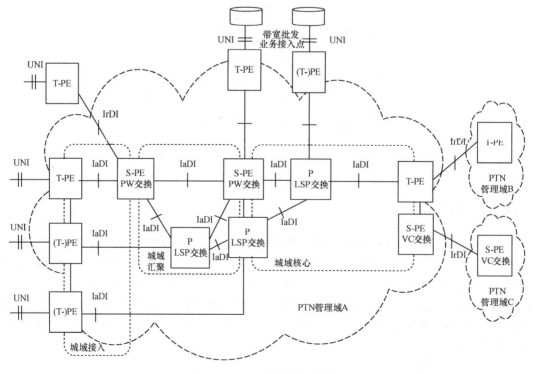

图 13.3 PTN 的网络分域结构

PE 或 T-PE 网元在 PTN 网络内的位置：位于 PTN 网络边缘，负责与客户网络连接，通过

UNI 接口接入客户业务；位于两个 PTN 管理域之间，如图中的 PTN 管理域 A 和 B 之间，提供基于 IrDI 的 NNI 互连接口，通过 MS-PW 方式互通。

S-PE 网元在 PTN 网络内的位置：位于 PTN 管理域 A 内，仅进行 LSP 交换的 P 节点与同时进行 LSP 和 MS-PW 交换的 S-PE 节点之间，通过 IaDI 接口互连；位于 PTN 管理域 A 和 PTN 管理域 C 之间，两个 S-PE 节点之间通过基于 IrDI 的 NNI 接口互连，通过 MS-PW 方式互通。

P 网元在 PTN 网络内的位置：P 网元仅位于一个 PTN 管理域内，进行 LSP 的交换操作。

13.1.6　PTN 业务传输模型

NNI 一般为网络中两个 PTN 设备之间的接口。图 13.4 给出了 PTN 的业务传输模型，以下对各部分进行说明。

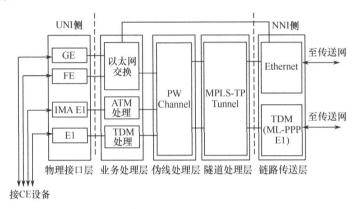

图 13.4　PTN 业务传输模型

1．物理接口层

当物理层采用 TDM 时，通过 ML-PPP（Multilink-PPP，多链路点对点协议）接入，它是作为 PPP 功能的扩展协议。通过 ML-PPP，路由器和其他访问设备可以合并多条 PPP 链路到一个逻辑数据管道。PPP 在网络部署方面存在局限性，即一次只处理一条链接，而 ML-PPP 则不受该限制，可以将多个 PPP 链路进行捆绑，增加设备间传输的可用带宽。

当物理层为以太网络时，物理接口接收到以太网数据信号，提取以太网帧，区分以太网业务类型，并将帧信号发送到业务处理层的以太网交换模块进行处理。

接收方向：物理接口层接收由用户设备送来的物理信号（电信号或光信号），提取信号信息，并区分业务类型后，发往相应的业务处理层进行处理。

发送方向：物理接口层接收由业务处理层送来的业务信号，根据信号类型，选择物理通道类型，并转换成在传输介质上传输的信号后，通过物理接口发往用户设备。

2．业务处理层

业务处理层根据不同的业务类型和业务规则，对不同业务进行相应处理。它采用 PWE3 技术，支持以 TDM、ATM/IMA、FE、GE 等多种形式接入业务。

3．伪线处理层

对客户报文进行伪线封装（包括控制字），并提供承载各种仿真后业务数据的方法。针对不同的仿真业务统一封装成报文格式为 PWE3 的仿真客户信号特征，指示连接特征；从 PWE3 报文中解封装，恢复出不同的仿真业务。

4．隧道处理层

对 PW 进行隧道封装，完成 PW 到隧道的映射，提供分组业务转发的路径。一条隧道可承载多条伪线，通过 PW 标签区分 MPLS-TP 隧道内的不同伪线。

5．链路传输层

提供分组业务转发的路径，主要针对以太网或 TDM（E1）业务进行分组转发。

13.1.7 PTN 业务处理模型

图 13.5 给出了 PTN 业务处理模型的体系结构，包括数据平面、管理平面和控制平面，含满足多业务承载的包交换核心，以及支持时钟/时间同步，以满足各种应用环境的需求。

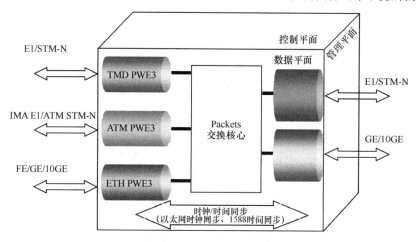

图 13.5　PTN 业务处理模型的体系结构

图 13.6 给出了 PTN 与 SDH 业务模型的对应关系。PTN 分为物理层、数据链路层、Tunnel（隧道）层、PW（伪线）层和仿真业务层，对应于 SDH 的物理层、再生段/复用段层、服务层、路径层。这里所提到的层不是严格意义上的 7 层协议，如果放在一个具体业务网络中来看，传输网所处的位置也各不相同，一层或二层居多。上层功能的实现依赖于相邻下层提供的服务，低层与高层同时有故障产生时，低层故障的消除是处理高层故障的基础，如：物理层故障引发的告警，会屏蔽其他层故障引发的告警。SDH 的告警是由字节承载上报的，而 PTN 告警则是由协议控制上报的。

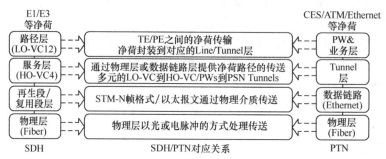

图 13.6　PTN 与 SDH 业务模型的对应关系

在业务模型中，PW 可类似于 VC12（低阶虚容器），Tunnel 类似于 VC4（高阶虚容器）管道，CES 表示电路仿真业务，也就是传统的 E1。

当物理层为以太网时,所提供的业务处理模型如图 13.7 所示。在 NNI 侧,通过以太网接口,直接与分组传输网相连接。在 UNI 侧,可以接入各种设备,包含分组设备和 TDM 设备,接口有 GE、FE 等数据接口,也有 E1、IMA E1 等电路接口。

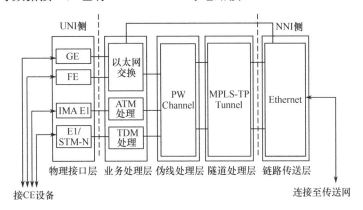

图 13.7 业务处理模型(以太网)

当物理层采用 TDM 时,通过 ML-PPP 封装。业务模型如图 13.8 所示。在 NNI 侧,通过 ML-PPP 接口,直接与 TDM 传输网络相连接,如常见的 E1、STM-N 接口。在 UNI 侧,可以接入各种设备,包含分组设备和 TDM 设备,接口有 GE、FE 等数据接口,也有 E1、IMA E1 等电路接口。

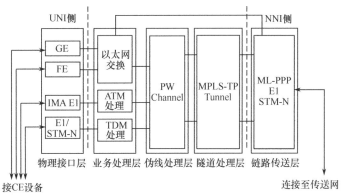

图 13.8 业务处理模型(TDM)

目前,PTN 主要用于承载基站回传业务和集团客户专线业务。其中,基于 PWE3 的伪线仿真技术,以及 1588 时间同步、以太网的同步技术的应用,如 2G 基站的 TDM 业务,对传输网络的主要要求是建立时隙通道,实现 0.05ppm 的时钟同步精度,并要求达到业务中断时间小于 50ms 的电信级保护,PTN 可以有效地进行 2G 基站回传业务的传输。PTN 是通过仿真电路方式,实现 TDM 电路传输的。

13.2 PTN 伪线仿真

13.2.1 PWE3 技术

PTN 通过 PWE3,实现端到端的伪线,为 ATM、帧中继、低速 TDM 和 SDH 等各种业务,通过包交换网络(PSN)传递,在 PSN 网络边界提供端到端的虚链路仿真。

1. PWE3 原理

PWE3 指定了在 PSN 上提供仿真业务的封装、传输、控制、管理、互连和安全等一系列规范。它是在包交换网络上仿真电信网络业务的基本特性，以保证其仿真业务透传 PSN 而性能不受影响。简言之，PWE3 就是在分组交换网络上搭建一个"通道"，实现各种业务的仿真及传输。在 PTN 网络中，能真实地模仿 ATM、以太网、低速 TDM 电路和 SDH 等业务的基本行为和特征，通过 PWE3 技术将传统的传输网络与分组交换网络互连起来，从而实现资源的共享和传输网络的拓展。

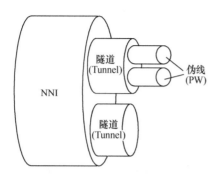

图 13.9 NNI 侧端口的隧道与伪线关系示意图

PWE3 是一种端到端的二层业务承载技术，属于点到点方式的 L2 VPN。在 PSN 网络的两台 PE 中，它以 LDP（Label Distribution Protocol，标记交换协议）、RSVP（Resource Reservation Protocol，资源预留协议）作为信令，通过 MPLS 隧道等模拟 CE 端的各种二层业务，如各种二层数据报文、比特流等，使 CE 端的二层数据在 PSN 网络中透明传递。

图 13.9 给出了 NNI 侧端口原理示意图，图中的隧道提供端到端，也就是 PE 的 NNI 端口之间的连接。PW 称作"伪线"，Tunnel 称作"隧道"，伪线如同具体的电线，隧道如同地下管道，通信的全程就是多根电线穿过管道，也就是多个 PW 穿越 Tunnel，PW 装的就是的端到端具体业务。

伪线用来封装客户业务，不同的客户业务由不同的伪线承载。UNI 侧端口原理与 NNI 侧端口类同，UNI 口不存在复用，PE 设备的一个 UNI 口只接入一个用户，也就是说不按 VLAN 区分 UNI 口接入的用户，PE-PE 之间的连接有 QoS 保证，不同用户业务在 PE-PE 之间传输时，各业务的保证带宽都得到保障，PE-PE 之间的以太网连通性为点到点（P2P）。

2. 功能

PWE3 的主要功能：对信元或者特定业务比特流在入端口进行封装，在出端口进行解封装，并携带它们通过 IP/MPLS 网络进行传输；在隧道端点建立 PW，包括 PW ID 的交换和分配；管理 PW 边界的信令、定时、顺序等与业务相关的信息；业务的告警及状态管理等。

应用智能业务感知功能，就是将承载各类业务的关键要素，从一个 PE 运载到另一个或多个 PSE；并通过分组交换网络上的一条虚拟线专用通道，对多种业务进行仿真，可以传输这些业务的净荷，可以是 ATM、FR、HDLS、PPP、TDM、Ethernet 等组成的业务网。这里提到的专用通道就是伪线 PW。

端到端的连通性功能，即隧道提供 PE 的 NNI 端口之间在隧道端点建立和维护 PW，用来封装和传输业务。用户的数据报文经封装为 PW PDU（协议数据单元）之后通过隧道 Tunnel 传输，对于客户设备而言，PW 表现为特定业务独占的一条链路，我们称之为虚电路 VC，不同的客户业务由不同的伪线承载，此仿真电路行为称作"业务仿真"。伪线在 PTN 内部网络不可见，网络的任何一端都不必去担心其所连接的另外一端是否是同类网络。

边缘设备 PE 执行端业务的封装/解封装，管理 PW 边界的信令、定时、顺序等与业务相关的信息，管理业务的告警及状态等，并尽可能真实地保持业务本身具有的属性和特征。客户设备 CE 感觉不到核心网络的存在，认为处理的业务都是本地业务。

3. 配置

PTN 的各种业务都是通过伪线承载的，而伪线是要装入隧道的，所以在配置各种 PTN 业务时，都需要先创建隧道，然后创建伪线所在的隧道，最后再创建各种 PTN 业务，并指定所对应的伪线。

E1 电路仿真分为结构化和非结构化两种方式。结构化是指把 E1 的 32 个时隙中，有业务的时隙挑出来并装入伪线，即压缩时隙，然后标识、复用，收方会根据标识，自动填充空闲时隙，恢复原业务，这个需要在配 E1 业务时在源、宿两点设置。而非结构化是指不管各个时隙有没有业务，把整个 E1 一起传输，不区分业务有无。而对于 ATM 电路仿真结构化和非结构化的理解，也类似于 E1 业务。以下给出 NNI 端口业务配置的主要步骤：

① 创建 TMP 隧道。

② 创建 PWE 伪线。如配置 PTN 以太网业务时，要先配置 UNI 端口；如配置 CES 业务时，为非结构化 E1 业务；如配置结构化端口时，绑定伪线，将 E1 设为 2Mbit/s 端口模式、PCM32/31 帧、支持复帧；如配置非结构化 ATM 业务时，要创建 IMA 端口和 ATM 端口。

③ 配置 ACL（Access Control List，访问控制列表），为了过滤数据，需要根据设置的匹配规则来配置 ACL，以识别需要过滤的对象，PTN 只有以太网业务需要配置该项。

④ 配置 QoS，要对客户业务分类和接入限速。

13.2.2 PWE3 业务仿真

PTN 通过搭建一个通道，并在这个通道上实现各种业务的传输，从而使网络的任何一端都不用去关心所连接的另一端是否是同类网络，这种仿真电路称为"业务仿真"。

1. PWE3 模型

基于 MPLS 的 PWE3 模型如图 13.10 所示，作为 MPLS-TP 的上层，完成隧道报文的上层封装后，逐层下移，最后通过网络侧物理接口发送。

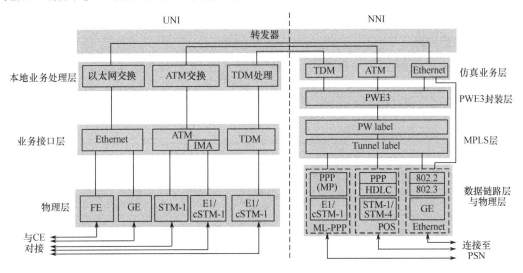

图 13.10 基于 MPLS 的 PWE3 模型

T-MPLS 的 LSP（标签交换路径）帧分为内外两层。内层（TMC 层）为 T-MPLS PW（伪线层），用于标识业务类型；外层（TMP 层）为 T-MPLS 隧道层，用于标识业务转发路径。因此，TMC 和 TMP 又分别称为伪线层和隧道层，每一层均定义了各自的 OAM 机制和 QoS 等级。

我们可以参考图中的 MPLS 层理解 T-MPLS 及其各层的适配过程，客户层业务由以太网电路层（EHC）或 TMC 适配到 T-MPLS 传送单元（TTM）。

在网络的两个 PE 节点之间，以 LDP（Label Distribution Protocal，标签分配协议）作为信令，通过隧道模拟 CE 端的各种二层业务，如各种二层数据报文、比特流等，使 CE 端的二层数据在网络中透明传递。PWE3 是一种端到端的二层业务承载技术，属于点到点方式的 L2 VPN，L2 连接可以在一个本地电路集中器上终止。

2．E1 电路仿真业务

图 13.11 给出了 E1 仿真传输，PTN 传输网所承载的设备是 2G 的 BSC、BTS，3G 的 RNC、Node B。每路 E1 接口的业务工作方式配置为 CES（Circuit Emulation Service，电路仿真业务）、IMA 或 ML-PPP。E1 支持自适应时钟恢复和 CES 输出时钟漂移控制。

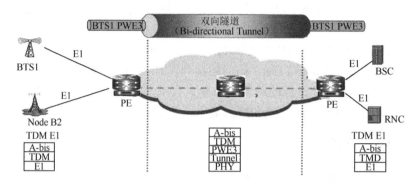

图 13.11 PTN E1 仿真传输

E1 接口工作在 ML-PPP 业务方式时，可实现基站语音和信令业务分离承载；支持线路提取同步时钟；支持 ML-PPP 链路状态检测；支持板内 ML-PPP 组中 E1 链路的保护；支持 E1 信号的性能分析和告警检测；完成 CES 业务和 IMA 业务到 PWE3 的封装和解封装。

对 PE-PE 的连接进行资源预留，仿真 E1 数据包在 PTN 传输过程中保证 QoS。

3．ATM 业务仿真

图 13.12 给出了 ATM 信元仿真业务，左边 CE 设备的 ATM 信元传输到左边的 PE 设备，并在该点加上 PW 封装后，再经过 PTN 网络的端到端传输到的右边的 PE 点，并移除 PW 封装，还原出 ATM 信元后，再传输到右边的 CE 设备，而反方向的传输过程也类似。

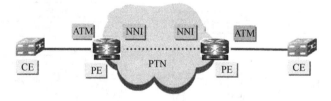

图 13.12 ATM 信元仿真业务

4．统一分组传输平台

统一分组传输平台是通过 PWE3 实现 TDM 业务感知和按需配置，支持 TDM 的结构化时隙压缩。图 13.13 给出了综合业务统一承载示意图，该图以移动网 2G/3G 基站为例，使基站的远端 RRU 至近端 BBU 通过 PTN 网络实现远距离连接。RRU 就是指 BTS/Node B，而 BBU 则是独立的设备，放置在移动机房，它与 BSC/RNC 直接相连。图中所示的 MSC/MGW，一方面要在本机房直接与 BTS/Node B 相连接，另一方面还要经过 PTN 与其他局的 MSC/MGW

相连接。PTN 支持 TDM/E1/IMA E1/POS STM-n/chSTM-n/FE/GE/10GE/等多种接口，有 3 种连接方式。

① 在 2G 的 BTS（RRU）与 BSC（BBU）相连 A-bis 接口，只有一种方式：TDM 的 E1 接口类型，通过传输介质为同轴电缆，以时隙的方式进/出 PTN。

② 在 3G 的 Node B（RRU）与 RNC（BBU）相连 Iub 接口，有 3 种方式：TDM 的 E1 接口类型，通过传输介质为同轴电缆，以时隙的方式进/出 PTN（图中未给出）；Ethernet 接口类型，通过传输介质为光纤或网线，以 IP 的方式进/出 PTN；IMA E1 接口类型，通过传输介质为光纤或网线，以 ATM 信元的方式进/出 PTN。

③ 在 4G 的 eNode B 与 EPC 相连 S1 接口，有一种方式：Ethernet 接口类型，通过传输介质为光纤或网线，以 IP 的方式进/出 PTN（图中未给出）。

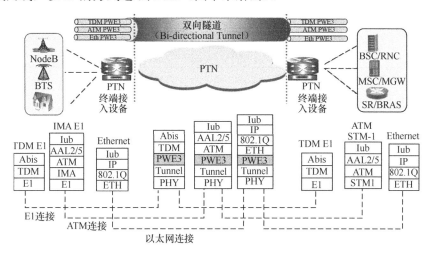

图 13.13　综合业务统一承载

PWE3 能够实现 TDM、ATM、Ethernet 业务的统一承载，通过 PWE3 实现 TDM/ATM/IMA 灵活的协议处理、业务感知和按需配置。PWE3 针对 TDM 业务，支持非结构化和结构化仿真，支持结构化的时隙压缩；PWE3 针对 ATM/IMA 业务，支持 VPI/VCI 交换和闲信元去除。

统一的分组传输平台可以节省 CapEx（Capital Expenditure，成本支出）和 OpEx（Operating Expense，运营支出）。

13.3　PTN 组网

13.3.1　PTN 组网方案

1. PTN 电信级 IP 承载网

这里给出了 PTN 系列产品的两种组网电信级 IP 承载网端到端方案。图 13.14 是采用分层的方法，PTN 完成带宽为 10GE 环网的汇聚层、带宽为 GE 支路环网的接入层传输，在汇聚层通过传统的光网 OTN，交给 MSTP，并和移动网络端设备相接。例如，经过 E1 接口连接 2G 的 BSC，经过 GE/FE/STM-1/E1 接口连接 3G 的 RNC，经过 GE/FE 接口连接 4G 的 EPC 网元设备 MME、S-GW 等。2G/3G/4G 当然也可以作为 PTN 的 CE 设备直接接入，这就是图 13.15 所示的方案 2。两种方案的接入层都是通过 PTN 的 PE 设备接入移动网络的远端设备，例如 2G 的 BTS、3G 的 Node B、4G 的 eNode B 等。

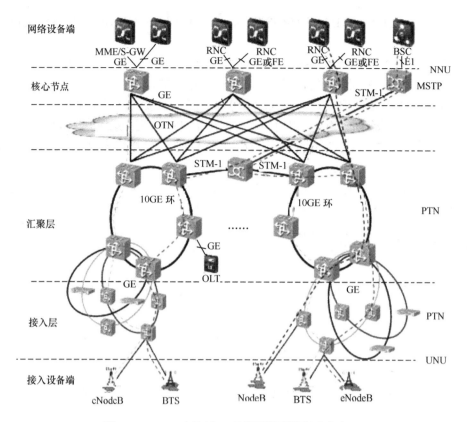

图 13.14　PTN 电信级 IP 承载网端到端解决方案 1

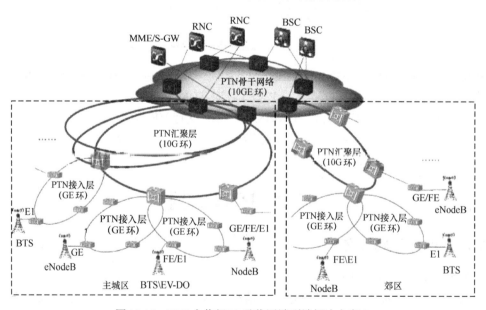

图 13.15　PTN 电信级 IP 承载网端到端解决方案 2

2．移动和固网需求的多种业务应用

PTN 系列产品在 FMC（Fixed Mobile Convergence，固定与移动融合）的综合应用如图 13.16 所示。FMC 是在固定和无线通信网络之间无缝融合的一种趋势，最终的目标是优化在终端使用者之间所有的数据、语音和视频通信的传输。当 PTN 作为接入层设备时，可适用于多种解决移动基站回程线路（backhaul）业务的接入和传输方案。

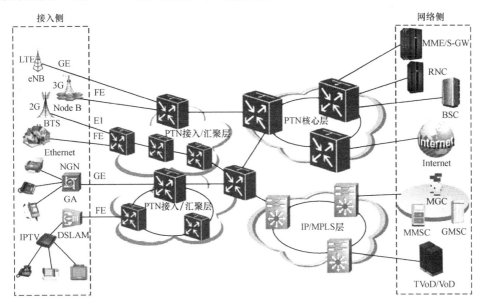

图 13.16　FMC 应用

FMC 具有以下应用：大客户专线业务的接入和传输；NGN（Next Generation Network，下一代网络）业务的接入和传输；IPTV（Internet Protocol Television，因特网协议网络电视）业务的接入和传输；VoD（Video on Demand，视频点播系统）/VoIP（Voice over IP，基于 IP 的语音，或网络电话）业务的接入和传输；公众客户 Internet 业务的接入和传输。

FMC 应用具有以下特点：融合了多业务的统一承载平台，支持多业务接口。提供基于语音的 FMC，实现固网、2G/3G/4G 的融合；提供基于全 IP 的 FMC 实施应用，实现全 IP 的 IMS（IP Multimedia Subsystem）多媒体网络；提供同 SDH 一样的网络可靠性，支持端到端的 OAM 和保护，高 QoS/SLA 支持，降低 OpEx（Operating Expense，运营成本）；支持同步以太网（G.8261）和 IEEE 1588V2 时钟同步技术。

3．LTE 网络应用

我们知道 PTN 提供分组业务的接入和传输，并兼容 TDM 业务的接入和传输。通常 PTN 系列产品都有以下特点：

- 业务传输层采用 MPLS-TP 网络技术；
- 服务层支持以太网和 ML-PPP E1；
- 系统具备 Ethernet、TDM 和 ATM 等多业务的传输功能；
- 系统支持 MPLS-TP OAM 和以太网 OAM 功能；
- 满足 MEF（Metro Ethernet Forum，城域以太网论坛）定义的 E-Line、E-LAN 和 E-Tree 业务模型；
- 支持多种 L2 VPN 业务类型；
- 传输满足移动通信基站要求的同步时钟和时间信息。

PTN 系列产品在 3G 网络中后期的综合应用，满足 HSDPA（High Speed Downlink Packet Access，高速下行分组接入技术）业务大量部署时对带宽的需求，支持平滑升级、加载动态信令控制平面。随着大量 LTE 网络的部署，移动网络逐渐趋向扁平化，移动业务的高带宽化将更加明显，移动基站下行业务流量将在 100Mbit/s 或者更高。PTN 在 LTE 网络阶段的综合应用如

图 13.17 所示。

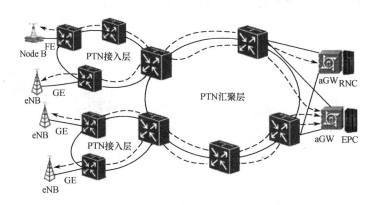

图 13.17　PTN 在 LTE 网络阶段的综合应用

LTE 网络除应具有 FMC 应用的主要特点外，还具有以下应用特点：满足 LTE 网络在逻辑上扁平化的特性，适应 LTE 业务的承载，同时完全兼容 3G 业务的承载；满足 LTE 业务网络功能下沉以及 P2P（Person-to-Person，点到点），支持 L3 功能和有效的 X2 和 S1 灵活调度；支持 L1/L2/L3 功能，满足全业务承载需求，实现 FMC 统一承载；具备专门的信令控制平面，使得网络的配置和 OAM 等更加灵活。

LTE 回程线路网络结构，采用汇聚/接入层采用 L2 VPN（二层 VPN 透传）、核心层采用 L3 VPN（三层 VPN 透传）的组网方案。汇聚/接入层采用 E-Line（以太专线）业务模型，将基站业务接入核心层；核心层部署的 L3 VPN，将所有 LTE 业务配置在一个 VRF（Virtual Routing and Forwarding，虚拟转发和路由）中，根据 VRF 路由配置实现 S1/X2 业务转发；同时在核心层节点实现 L2/L3 桥接功能，一个三层虚接口可以下挂多个基站，并在节点上可以接入 WDM/OUT 等传统的传输系统。PTN L3 方案承载 LTE 组网示意图如图 13.18 所示。

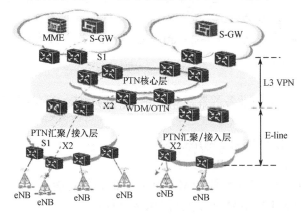

图 13.18　PTN L3 方案承载 LTE 组网方案示意图

PTN 核心层设备负责将 X2 接口信息按照 IP 地址转发相邻基站，将 S1 接口信息按照 IP 地址转发给 S-GW/MME，以实现多归属需求。核心层可根据业务需求情况建设 40GE 或叠加 10GE 系统进行业务分担。汇聚层的带宽需求在 10GE～40GE。接入层热点区域以 10GE 为主，非热点区域为 GE 接入环，单基站带宽需求根据基站的类型各不相同，如 60Mbit/s（均值）、110Mbit/s（峰值）；80Mbit/s（均值）、320Mbit/s（峰值）等，每个环有多个节点。

13.3.2 PTN 业务承载与流量规划

1. PTN 网络架构

图 13.19 给出了 PTN 网络架构，架构由业务层、PTN 电路层和传输介质构成。PTN 提供 3 种 Ethernet 接口类型：FE（Electrical，电接口）、FE（Optical，光接口）和 GE（Optical，光接口），具体接口及链路类型如下：

ATM 接口类型：IMA E1；

TDM 接口类型：E1。其中，E1-75 为 E1 非平衡 75Ω，E1-120 为 E1 平衡 120Ω；

PTN 设备的链路类型：E1、STM-1、FE、GE、10GE 链路；

无线基站的链路类型：E1、FE；

无线基站控制器的链路类型：STM-1、GE。

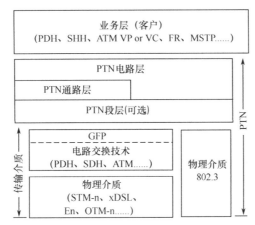

图 13.19 PTN 网络架构

2. 2G 业务承载与流量

（1）业务承载

2G 通信 PTN 业务承载如图 13.20 所示，在 BTS 与 BSC 的 A-bis 接口之间，采用 TDM E1 线路进行通信，在 PTN1 设备上采用 PWE3 中的 CES 技术承载。也就是在接入侧，通过 PTN1 的 E1 实现与 BTS 对接，然后进行 CES 仿真；在网络侧，PTN 间通过端到端的 CES PW 传输到汇聚点；在基站控制器接入侧，PTN2 设备作为汇聚用 SMT-1 与 BTS 对接，恢复对应于各自基站收发器 BTS 的 E1 信号；CES 业务转发等级一般默认为 FE，不需要用户进行配置 CES 业务带宽，网元会自动计算和保证带宽。

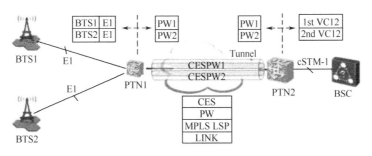

图 13.20 2G 业务承载示意

PTN 的业务配置：如果按照单站方式配置，首先需要规划标签（Tunnel 和 PW）、端口 IP

地址、VLAN 等，如果这些配置出现错误，就会出现业务不通的报警；如果采用路径进行配置，网管基本上都支持端到端的业务配置，所以只要提供源、宿端口，其他参数如 IP、标签、业务序号等，网管均自动生成，目前用这种方法进行配置的比较多。一般在网管用路径进行配置有以下几步：

① 首先配置端到端 Tunnel，并配置 Tunnel 保护 1+1、1：1（如需要）；
② 然后配置端到端 PW，并选择承载的 Tunnel；
③ 如果需要，配置电路仿真，选择承载 PW。

（2）流量计算

图 13.21 给出的是一个 2G 流量规范示例，每个 2G 基站通常按 2.5Mbit/s 计算。
接入环带宽=环上 2G 的基站数×基站峰值带宽×2（ASP 保护）
　　　　　=20×2.5×2=100Mbit/s
汇聚环带宽=所有接入环上 2G 的基站数×基站峰值带宽×2（ASP 保护）
　　　　　=100×2.5×2=500Mbit/s
汇聚节点带宽=所有接入节点上 2G 的基站数×基站峰值带宽×2（ASP 保护）
　　　　　　=200×2.5×2=1000Mbit/s

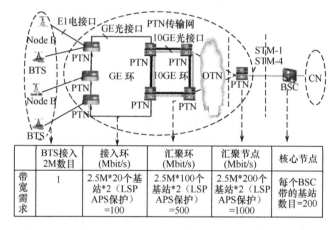

图 13.21　2G 流量规范示例

3．3C 业务承载与流量

（1）业务承载

Node B 把多个 E1 捆绑在一起，封装成 IMA（Inverse Multiplexing for ATM，ATM 反向复用技术）形成 ATM 信元，接入 PTN。语音业务、数据业务分别占用不同的 VPI/VCI，在图 13.22 中，可以发现语音（Voice）业务、数据（Data）业务各占一组 VPI/VCI。在接入侧，PTN1 进行 VPC 转换，两种业务在接入点的 PTN1 设备上转换为 RNC 上对应的 VPC，按照 PTN1 对 VPC 连接进行 PWE3 封装，映射到 PW 中，通过端到端的仿真透传到汇聚节点，在汇聚节点的 PTN2 设备将 PWE3 封装的 ATM 业务还原，再转换为非隧道化的 STM-1 送至 RNC。

人们利用 IMA 技术，可以根据实际需要的带宽，通过多条 E1 绑定，连接实现 ATM 接入，可以很方便地与网上较多的 E1 接口进行对接。

（2）流量计算

基站带宽要随机型及区域不同而具体设定，如 TD-SCDMA，密集区域基站峰值带宽为 14Mbit/s；密集城域基站峰值带宽为 14Mbit/s；普通城域基站峰值带宽为 10Mbit/s；郊区城域基站峰值带宽为 6Mbit/s；县市城域基站峰值带宽为 2Mbit/s。图 13.23 给出的是一个 3G 流量规范示例，在这里，每个 3G 基站的带宽按 20Mbit/s 计算。

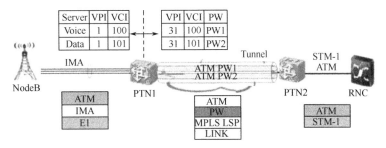

图 13.22　3G 业务承载（ATM）

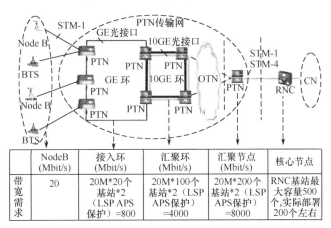

图 13.23　3G 流量规划示例

接入环带宽=接入环上 3G 的基站数*基站峰值带宽*2（APS 保护）
　　　　=20×20×2=800Mbit/s
汇聚环带宽=所有接入环上 3G 的基站数*基站峰值带宽*2（APS 保护）
　　　　=100×20×2=4000Mbit/s
汇聚节点带宽=所有接入节点上 3G 的基站数*基站峰值带宽*2（APS 保护）
　　　　=200×20×2=8000Mbit/s

当前，已进入宽带组网时代，实现从传统的电路交换型传输网向新一代分组化承载网络的全面演进，建设新一代分组传输 PTN 网络已成为全球运营商的主流选择。

习　题　13

1. 何为 PTN？PTN 与 SDH 有何区别？并说明 PTN 的主要功能。
2. 画出一个 PTN 系统结构图，说明 CE、PE、P 的位置。
3. 说明 PWE3 原理，为什么要进行伪线仿真？
4. 举例说明 PW、Tunnel 的关系。
5. PTN 为移动网络能提供了哪些接口类型？
6. 设计一种 PTN 组网方案，并对流量进行规划。

第14章 移动网络规划与优化

每当一个新的网络在建设之前,都要进行规划设计,以达到付出较少的成本、获得最高的效益。所谓网络优化,就是针对系统运行的实际表现进行测量、分析,并在此基础上,通过对设备的改造以及进行有关的信令、配置、参数等调设,使网络性能得到改善,以达到充分利用现有资源,提供最优的服务质量。本章首先介绍有关网络计算,然后重点通过3G、4G讲述移动网络的规划与优化。

14.1 通信网计算

在通信网络规划设计中,交换设备容量、局间中继数量、无线信道数量以及网络规模等,主要是根据用户业务量、服务质量指标以及用户的需求等因素而确定的。因此,相应的计算也是必不可少的。

14.1.1 基础计算

1. 话务量

话务量指在一特定时间内呼叫次数与每次呼叫平均占用时间的乘积。话务量又称话务负载或电话负载,它既用来表示电信设备承受的负载量,也用来表示用户对电信需求的程度。用户的电话呼叫完全是随机的,因此话务量是一种随机变量。它可定义为:在时间 T 内,终端 i 流入交换系统的话务量为

$$\sum_i n_i h_i$$

式中,n_i 为在时间 T 内由用户终端发出的呼叫数;h_i 是由用户终端 i 发出的呼叫的平均占用时间。若用户数为 N,则 $i=1\sim N$,单位时间流过的话务量称为话务强度。则话务量强度为

$$Y = \frac{\sum_i n_i h_i}{T} \tag{14.1}$$

通常将话务量强度 Y 简称为话务量,单位为爱尔兰(Erl)。假定所有终端在时间 T 内发出的呼叫次数及每次呼叫的平均占用时间都是相同的(为 n 和 h),则

$$Y = \frac{n}{T} hN \tag{14.2}$$

也就是说,话务量等于每个用户终端呼叫次数与平均占用时间及用户终端数三者的乘积。这里,为了计算方便,T 通常取值为 1h(hours,小时),Y 是平均 1h 内所有呼叫需占用信道或电路的总小时数。如某用户的话务量为 0.01Erl,则表示平均每小时内用户通话的时间为 0.01h。这样,话务量又称为"小时呼",统计的时间范围是 1h。

话务量反映了电话负荷的大小,与呼叫强度和呼叫保持时间有关。呼叫强度是单位时间内发生的呼叫次数,呼叫保持时间也就是占用时间。单位时间内每个用户的话务量强度等于使用相同时间单位的呼叫强度与呼叫保持时间之乘积。

例如,如对某 1000 个用户抽样调查,其平均呼叫强度为 6 次/小时,呼叫保持时间为(1/60)

小时/次，则

$$Y = \frac{n}{T} \times h \times N = 6 \times \frac{1}{60} \times 1000 = 100 \text{(Erl)}$$

如某局每个用户线的话务量为 0.05Erl，那么此时如果这个交换机有 10000 个用户，就说该交换机现有话务量为 500Erl。

2. BHCA

BHCA（Busy Hour Call Attempt，忙时试呼次数）是在 1h 内系统能建立通话连接的绝对数量值，它反映了设备的软件和硬件的综合性能。BHCA 值也可体现为 CAPS（Call Attempts Per Second，每秒建立呼叫数量），当然 CAPS 乘以 3600 就是 BHCA。

BHCA 通常是指当交换机的处理机占有率上限达到 75%～85%时所处理的每小时呼叫次数。一般交换机的 BHCA 值都在千位以上，如 AEX-2500 的 BHCA 值为 7.5 万。

要根据 BHCA 指标确定一个移动交换机能够接入多少个用户，还必须知道每个用户的忙时呼次。根据观察统计，每个用户平均每天呼叫次数为 t，则忙时呼次 b 可表示为

$$b = t \times k \tag{14.3}$$

式中，k 称为集中系数，其值为 0.1～0.15。由此可得，交换机的容量为

$$C = \frac{\text{BHCA}}{b} \tag{14.4}$$

【例 14.1】 某移动网络的话务统计数据为：MS→MS（移动到移动）呼叫占 60%，呼叫成功率为 50%；PSTN→MS（固定到移动）呼叫占 35%，呼叫成功率为 75%；MS→PSTN（移动到固定）呼叫占 5%，呼叫成功率为 75%。在移动台（MS）中，车载台占 10%，每用户每天平均成功呼叫次数为 4 次；手持机占 85%，每用户每天平均成功呼叫次数为 8 次；固定机占 5%，每用户每天平均成功呼叫次数为 18 次。求可接入的移动用户总数。

【解】 根据式（14.3），取 $k=0.15$，可得平均每用户忙时成功呼次为

$$b_s = (4 \times 10\% + 8 \times 85\% + 18 \times 5\%) \times 0.15 = 1.215 \text{(次/用户)}$$

由此可算出平均每用户忙时呼次为（包含不成功的呼叫次数）

$$b = 1.215 \times 60\% \times \frac{1}{0.5} + 1.215 \times 35\% \times \frac{1}{0.75} + 1.215 \times 5\% \times \frac{1}{0.75} + 2.106 \text{(次/用户)}$$

若采用 EMX-500 移动交换机，已知它的 BHCA 值为 2 万，根据式（14.4），可得接入的移动用户总数为

$$C = \frac{20\,000}{2.106} = 9497 \text{(台)}$$

3. 呼损

呼损率为呼叫失败的次数与总呼叫次数之百分比。例如，通常用户数总是大于信道数，当多个用户同时要求服务而信道数不够时，只能让一部分用户先通话，另一部分用户处于等待状态。后一部分用户因无空闲信道或其他原因而不能通话，即为呼叫失败，简称呼损。在一个通信系统中，造成呼叫失败的概率称为呼叫损失概率，简称呼损率。

（1）爱尔兰公式及爱尔兰公式呼损表

呼损率也称为系统的服务等级（GoS, Grade of Service）或业务等级，服务质量指标指的是交换设备未能完成接续的电话呼叫业务量与用户发出的电话呼叫业务量之比。呼损率越低，服务质量越高。式（14.5）为著名的爱尔兰公式，按时间计算呼损 $E(M, Y)$。

$$E(M,Y) = \frac{\dfrac{Y^M}{M!}}{\displaystyle\sum_{i=0}^{M}\dfrac{Y^i}{i!}} \tag{14.5}$$

$E(M,Y)$ 为同时有 M 个呼叫的概率，也即交换系统的 M 条话路全部被占用的概率。Y 为交换系统的话务量，当 M 条话路全部被占用时，到来的呼叫将被系统拒绝而损失掉。因此，系统全忙的概率即为呼叫损失的概率。

【**例 14.2**】 一部交换机接 1000 个用户终端，每个用户的忙时话务量为 0.1Erl。该交换机能提供 123 条话路同时接收 123 个呼叫（内部时隙数），求该交换机的呼损。

【**解**】 因 $Y=0.1\text{Erl}\times 1000=100\text{Erl}$，$M=123$。将 Y 和 M 的值代入式（14.5），得呼损率为

$$E(123,100)=0.3\%$$

因有 0.3%（即 0.3Erl）的话务量损失掉，99.7%（即 99.7Erl）的话务量通过了该交换机内的 123 条话路，则每一条话路负荷 99.7/123≈0.8Erl 话务量，即话路利用率为 80%。

【**例 14.3**】 有一个通信系统，电路数量为 10 条，流入的业务强度为 6Erl，求该系统的呼损。

【**解**】 流入系统的业务流量强度（话务量）$Y=6\text{Erl}$，系统容量（电路数量）$M=10$。从话务量就可以看出系统服务的用户数很多，可代入式（14.5），计算出这个系统的呼损率为

$$E=0.043142\,(4.3\%)$$

表 14.1 是依据式（14.5）给出的一个简单爱尔兰呼损表，也称为爱尔兰-B（Erlang-B）表。也就是只要知道 3 个参数 Y、E 和 M 中的任何两个，就可以从表中查到第 3 个参数。

表 14.1 爱尔兰呼损简表

E	1%	2%	5%	10%	20%
M	Y	Y	Y	Y	Y
1	0.010 1	0.020	0.053	0.111	0.25
5	1.360	1.657	2.219	2.881	4.010
10	4.460	5.092	6.216	7.511	9.685
20	12.031	13.181	15.249	17.163	21.635

（2）移动系统话务量和呼损率计算

在移动电话系统中，话务量可分为流入话务量和完成话务量。流入话务量取决于单位时间内发生的平均呼叫次数与每次呼叫平均占用无线波道的时间，A 称为系统流入话务量，在系统流入的话务量中，完成接续的那部分话务量称为完成话务量，记作 A_0；未完成接续的那部分话务量称为损失话务量，损失话务量与流入话务量之比为呼损率。当有多于 n 个用户同时试图呼叫时，由于信道争用冲突必将造成呼叫损失。因此

$$B=(A-A_0)/A \tag{14.6}$$

式中，B 是系统服务等级的度量，相当于爱尔兰公式中的 E。显然要提高服务等级，必须减小系统的流入话务量 A，也就是减小系统容纳的用户数，但这不利于提高系统资源利用率。因此，应确定一个合理的服务等级。由无线信道数决定的系统容量都是相对某一服务等级而言的。

例如，设移动通信系统的服务等级为 $B=5\%$，每个基站区的信道数为 $n=20$，则由爱尔兰-B 表可查得 $A=15.249\text{Erl}$，即每个信道的流入话务量可为

$$A/n = 0.76\text{Erl}$$

在前面所述话务条件（$b=2.106$）下，设呼叫平均时长为 100s，则每用户忙时平均话务量为

$$2.106 \times 100 \times \frac{1}{3600} = 0.0585\text{Erl}$$

如采用 EMX-500 移动交换机，查其性能规范知，其最大端口数为 1920，其中分配给中继线和公共设备的端口数为 1070 个，分配给无线信道的最大端口数为 850 个，由此算得它可接入的移动用户总数为

$$C = \frac{850 \times 0.76}{0.0585} = 11042$$

以下给出的式（14.7），广泛用于移动通信小区容量的规划中，适合于低阻塞概率。

$$E(A,N) = \frac{E(A,N-1)}{N/A + E(A,N-1)} \approx \frac{A^N}{N!}\exp(-A) \tag{14.7}$$

式中，$A = \lambda/\mu$，其中 λ 为用户平均到达率，μ 为用户平均离去率，A 为用爱尔兰表示的业务负荷；N 为提供服务的信道数目；N 个信道忙时受阻情况的概率为 $E(A,N)$。

在通信系统中，呼损率代表系统的服务等级（GoS），GoS 与信道利用率是矛盾的。在不同呼损率 E 的条件下，信道的利用率也是不同的，即

$$\eta = \frac{A}{N} = \frac{1-E}{N} \tag{14.8}$$

【例 14.4】 需设计一移动通信系统，每天每个用户平均呼叫 5 次，每次平均占用信道时间为 60s，呼损率要求为 10%，忙时接通率为 0.15，问配置多少信道才能满足 600 个用户的需要？

【解】 已知 $E=10\%$，$A=5\times60\times0.15\times600/3600=7.5\text{Erl}$

查爱尔兰-B 表可得：$N=10$，即有 10 个信道就可以满足要求。

【例 14.5】 已知每个用户为 0.02Erl，如果呼损率为 10%，现有 70 个用户，需共用的频道数为多少？如果 920 个用户共用 18 个频道，则呼损率是多少？

【解】 每个用户通话的概率与正在通话的用户数无关，每次呼叫在时间上都有相同的概率。
$A=70\times0.02=1.4$，$E=10\%$，查爱尔兰-B 表，得信道数为 $n=4$
$A=920\times0.02=18.4$，$n=18$，查爱尔兰-B 表，得呼损率为 $E=20\%$

4. 移动网的 VLR 与最大用户文件数

一般容量上所说的 VLR（拜访位置寄存器）是指交换机能支持的最大用户数。对于一定的交换设备，能支持的用户数取决于本地话务量、信息量等各种因素。一般厂商给出的是交换机在缺省话务模型下能支持多少 BHCA，而运营商需要的是折算后的 VLR 用户数。

移动交换机中，移动用户的用户数据量比一般市话用户要大得多，因此必须考虑移动用户对交换机内存量的要求。最大用户文件数就是在给定的内存容量下，能够存储多少个用户的数据，它直接决定了系统的最大容量。例如，EMX-500 交换机的最大用户文件数为 1.5 万，考虑到还要存储一部分漫游用户的数据，实际系统容量小于这个数字。

综合以上因素，就可以确定交换机的实际容量，如 EMX-500 的容量约为 1 万个用户。

也可进行粗略的容量估算：通常运营商提供信息量模型的各项指标，设备商再给出该指标下的 BHCA 值。如交换机的 BHCA 为 20 万，而当地平均每用户的 BHCA 如果为 2，则可得交换机能支持 10 万个用户的信息量处理能力。然后再看话务量，如果设备的话务交换能力是 1.2

万 Erl，而当地话务量是 0.1Erl/用户，则在话务交换能力上可支持 12 万个用户。这样，就认为此交换机可支持 10 万 VLR 用户数，然后根据该容量再配置相应的端口。

5．增益相对值和绝对值

增益（dB）主要应用于放大电路中，通常为一个系统的信号输出与输入的比率。电子学上常使用对数单位量度增益，并以贝（bel）作为单位，由于通信系统增益的数值都很大，因此通常都使用分贝（dB，等于 bel/10）来表示。以下将给出 dB 相对值和绝对值表示式。

（1）dB

dB 是一个无量纲的单位，一般表示两个数据的差距。可以用输入为基准值表示输出的大小，是一种相对值。例如，G_p 为功率放大率，P_o 为输出功率，P_i 为输入功率，可以表示为

$$G_p = 10\lg(P_o/P_i) \text{（dB）}$$

例如，某系统输出功率比输入功率大一倍，那么 $G_p=10\lg 2=3$dB。也就是说，输出功率比输入功率大 3dB。

例如，7/8 英寸 GSM900 馈线的 100m 传输损耗约为 3.9dB。

例如，"3dB 法则"是指每增加或降低 3dB，意味着增加一倍或降低一半的功率：-3dB=1/2×功率；-6dB=1/4×功率；3dB=2×功率；6dB=4×功率。

（2）dBm（或 dBW）

指系统的输出功率或接收功率。一般单位为 W、mW、dBm，是绝对值。以 1mW 为基准的表示方法，即是以 $P_m=1$mW 为基准值，可以表示为

$$G_m = 10\lg(P_o/P_m) \text{（dBm）}$$

例如，$P_o=100$mW 时，$G_m=10\lg(P_o/P_m)=10\lg 100=20$dBm

例如，某基站发射功率为 $P_o=40$W 时，有

$$G_m = 10\lg(40W/1mW) = 10\lg(40000) = 10\lg 4 + 10\lg 10 + 10\lg 1000 = 46\text{dBm}$$

例如，0dBW=10lg1W=10lg1000mW=30dBm

例如，5W 相当于 10lg5000（37dBm）；10W 相当于 10lg10000（40dBm）；20W 相当于 10lg20000（43dBm）。

例如，用一个 dBm 减另外一个 dBm 时，得到的结果是 dB。如 40dBm-0dBm=40dB

例如，发射设备的功率为 1000mW（或 30dBm），天线的增益为 10dBi，则：

发射总能量=发射功率(dBm)+天线增益(dBi)=30dBm+10dBi=40dBm

发射总能量或者为 10 000mW（或 10W）。

例如，100mW 的无线发射功率为 20dBm；50mW 的无线发射功率为 17dBm；200mW 的发射功率为 23dBm。

（3）dBμ（或 dBμV）

以 1μV 为基准的表示方法，也是以 $V_p=1$μV 为基准值。可以表示为

$$G_v = 20\lg(V_o/1\mu V)$$

例如，当 $V_o=1$mV 时，$G_v=20\lg 10^3 \mu V=60$dBμ

例如，0dBV=20lg1V=20lg10^6μV=120dBμ

（4）dBi 和 dBd

dBi 和 dBd 是相对增益值，dBi 的参考基准为全方向性天线，dBd 的参考基准为偶极子，一般认为，表示同一个增益，用 dBi 表示比用 dBd 表示要大 2.15，即

$$G(\text{dBi}) = G(\text{dBd}) + 2.15$$

例如，0dBd=2.15dBi。

例如，对于一面增益为 16dBd 的天线，其增益折算成单位为 dBi 时，则为 18.15dBi。

例如，GSM900 天线增益可以为 13dBd（15dBi），GSM1800 天线增益可以为 15dBd（17dBi）。

例如，常见天线的增益：鞭状天线 6～9dBi，GSM 基站用八木天线 15～17dBi，抛物面定向天线则很容易做到 24dBi。

例如，某单载频基站发射功率为 20W，使用增益 10dBi 的全向天线或增益为 15.5dBi 的定向（65°半功率角）天线。用户接收端的固定台发射功率为 250mW，它使用两种增益天线：室外型固定台使用 11dBi 定向天线；室内型固定台使用 2.15dBi 全向天线。

例如，如果甲的功率为 46dBm，乙的功率为 30dBm，则可以说甲比乙大 16dB；如果甲天线为 8dBd，乙天线为 10dBd，可以说甲比乙小 2dB。

（5）dBc

dBc 也是一个表示功率相对值的单位，与 dB 的计算方法完全一样。一般来说，dBc 是相对于载波（Carrier）功率而言的，如用来度量同频干扰、互调干扰、交调干扰、带外干扰等的相对量值。在采用 dBc 的地方，原则上也可以使用 dB 替代。

（6）dBA

dBA 是电流单位，计算方法同 dBμ。

14.1.2 工程计算

下面通过工程计算，确定 IS-95、CDMA2000 1x 语音和数据用户的话务量。

1. 各类用户数的确定

假设某局在 IS-95 和 CDMA2000 1x 用户共存的系统中，用户总数用 N_{sys} 表示，语音用户总数用 N_{voice} 表示，数据用户总数用 N_{data} 表示，则各类用户所占的比例和数量如表 14.2 所示。

表 14.2 系统中各类用户所占比例和用户数量

用户类型	所占比例	用户数量
IS-95 语音用户数	$P_{EVRC}=70\%$	$N_{EVRC}=N_{sys} \times P_{EVRC}$
CDMA2000 1x 用户数	$P_{1x}=30\%$	$N_{1x}=N_{sys} \times P_{1x}$
CDMA2000 1x 语音用户数	$P_{1x,V}=10\%$	$N_{1x,V}=N_{sys} \times P_{1x,V}$
CDMA2000 1x 数据用户数	$P_{1x,D}=0$	$N_{1x,D}=N_{sys} \times P_{1x,D}$
CDMA2000 1x 语音、数据混合用户数	$P_{1x,VD}=20\%$	$N_{1x,VD}=N_{sys} \times P_{1x,VD}$
系统中语音用户总数		$N_{voice}=N_{sys} \times (P_{EVRC}+P_{1x,V}+P_{1x,VD})$
系统中数据用户总数		$N_{data}=N_{sys} \times (P_{1x,D}+P_{1x,VD})$

2. 语音业务话务量计算

根据式（14.2），平均每个语音用户的话务量为

$$E_{V,sub} = \frac{BHCA_{sub} \times CHT_{sub}}{3600}$$

其中，$E_{V,sub}$ 表示每个用户的平均话务量（对于每类语音用户来说），$BHCA_{sub}$ 表示各类语音用户的忙时呼叫次数，CHT_{sub} 对应各类语音用户的平均呼叫保持时间。表 14.3 就是通过给定典型参数，根据上式计算的平均每个语音用户的话务量为 0.02Erl。

表 14.3 语音用户的忙时试呼次数、平均呼叫保持时间和相应的话务量

用户类型	BHCA$_{sub}$（次数）	CHT$_{sub}$（s）	$E_{V,sub}$（Erl）
IS-95 语音用户	BHCA$_{8k,V}$(1.2)	CHT$_{8k,V}$(60)	$E_{8k,V}$(0.02)
CDMA2000 1x 语音用户数	BHCA$_{1x,V}$(1.2)	CHT$_{1x,V}$(60)	$E_{1x,V}$(0.02)
CDMA2000 1x 语音和数据混合用户数	BHCA$_{1x,DV}$(1.2)	CHT$_{1x,DV}$(60)	$E_{1x,DV}$(0.02)

3．数据速率计算

通过工程中传统业务模型计算平均每个数据用户的话务量（Erl）。数据用户的数据速率分布如表 14.4 所示，由下式可得到用户的平均数据速率为

$$R_{ADR}=\sum_i R_i \times D_{dr,i} = 26.208 \text{（kbit/s）}$$

表 14.4 数据用户数据速率分布

数据速率 R_i（kbit/s）类型	用户数据速率百分比 $D_{dr,i}$	$D_{dr,i}$（典型值）
9.6	$D_{dr,1}$	25%
19.2	$D_{dr,2}$	40%
38.4	$D_{dr,3}$	30%
76.8	$D_{dr,4}$	4%
153.6	$D_{dr,5}$	1%

4．信道数量计算

下面通过一个例题介绍如何根据已知用户的话务量来计算所需要的信道。

【例 14.6】 已知系统中需要支持的语音用户总数 $N_{voice}=2\times 10^5$，需要支持的数据用户总数 $N_{data}=2\times 10^4$，如果数据用户的忙时附着概率为 $P_{attach}=40\%$，系统的业务等级 GoS=0.1%，分别求出相应的语音和数据用户的信道数量。

【解】 通过查表 14.3 知，每个语音用户的平均话务量为 $E_{V,sub}=0.02$Erl，所以系统总的语音用户话务量为

$$E_V = E_{V,sub}\times N_{voice}=0.02\times 2\times 10^5 = 4000 \text{ Erl}$$

根据爱尔兰-B 表，可以得到语音用户所需的信道数量为

$$V_{channel}=\text{Erl-B}(E_V,\text{GoS})=\text{Erl-B}(4000,0.1\%)=4123\text{（条）}$$

假设每个数据用户的平均话务量为 $E_{D,sub}=0.0118$Erl，则系统总的数据用户的话务量为

$$E_D = E_{D,sub}\times N_{data}\times P_{attach}=0.0118\times 2\times 10^4\times 40\% = 94.4 \text{ Erl}$$

根据爱尔兰-B 表表，可以得到数据用户所需的信道数量为

$$D_{channel}=\text{Erl-B}(E_D,\text{GoS})=\text{Erl-B}(94.4,0.1\%)=122\text{（条）}$$

14.2 3G 网络规划

14.2.1 接口带宽规划

1．切换成功率和比例计算

在 3G 系统中，软切换的成功率由式（14.9）得出，式中的切换次数是通过统计 RNC 下发的 ActiveSet Update Command（激活集更新命令）消息个数得到的，成功次数是通过统计

收到的 ActiveSet Update Complete（激活集更新完成）消息得到的。因此，可得

$$\text{软切换成功率} = \frac{\text{切换成功次数}}{\text{切换次数}} \times 100\% \quad (14.9)$$

由于软切换比例主要对系统容量产生影响，因此应从话务量出发定义软切换比例。软切换比例公式定义如式（14.10），它反映的是软切换对系统带宽资源的实际消耗程度。

$$\text{软切换比例} = \frac{E - E_1}{E} \times 100\% \quad (14.10)$$

式中，E 为业务信道承载含软切换的话务量（Erl），E_1 为业务信道承载不含软切换的话务量（Erl）。对于硬切换的统计方法也和软切换类似。

2．接口带宽测算

占据流量的主要是媒体流及信令需求，下面以 WCDMA、TD-SCDMA 为例重点介绍 Iub 和 Iur 接口流量，以及 R4 网络中新增 Nc、Mc 及 Nb 接口的测算方法。

（1）Iub 接口

Iub 接口总带宽为

W_{total}＝Node B 支持的小区（cell）数目×每小区平均用户×（1＋软切换余量）×（语音忙时吞吐率×α＋数据忙时吞吐率×β＋信令开销）

式中，α、β 分别为语音、数据效率折算系数，通常 $\alpha=2.59$，$\beta=1.45$；软切换余量应结合式（14.10）的切换比例给出，一般取 30%；信令开销为 31.56bit/s。

单条 E1 链路的有效带宽为

$W_{\text{link}} = a \times 2.048 \text{Mbit/s}$（$a$ 为 E1 传输负荷因子，一般取为 0.7）

根据上述公式，可以得到电接口 E1 配置为

E1 的数量＝总带宽/单条链路带宽＝$W_{\text{total}} / W_{\text{link}}$

说明：在 Iub 接口配置成光接口时，如 SDH，就是一个基站的最大容量配置时，也远小于 155Mbit/s（STM-1）的容量，此时利用光接口主要出于组网方面的考虑。

（2）Iur 接口

Iur 接口的容量配置取决于两个 RNC 之间的邻近小区所配置的 Iub 接口的容量。

$$W_{\text{linkIur}} = \sum W_{\text{linkIub}} \times \alpha$$

式中，W_{linkIur} 为某两个 RNC 之间 Iur 接口需要的传输容量；W_{linkIub} 为两个 RNC 邻近小区的 Iub 接口容量；α 为针对相邻小区 Iur 接口流量与 Iub 接口流量的比例。

如 Iur 接口配置为 STM-1，则需要的 STM-1 数目为

$$N_{\text{STM-1}} = W_{\text{linkIur}} / 155$$

一般直接利用现有的 SDH 或 MSTP 传输网络进行传送。在实际组网中，Iur 接口的流量难以给出精确的计算，与 RNC 间相邻小区的流量有关，α 的取值可考虑在 10% 以下，再根据实际情况进行调整。

（3）Nc 接口和 Mc 接口

Nc 接口上主要承载 MSC Server 间的 BICC 信令量；Mc 接口上承载信令量分为 3 部分：MSC Server 对 RNC 控制的 RANAP（Radio Access Network Application Part，无线接入网络应用部分）信令量；对 MGW 控制的 H.248 信令量；与外网互通时的 ISUP 信令量。

Nc 或 Mc 的信令开销可按以下公式测算

两点间信令信息量(bit/s)＝$\sum$ 移动用户数×每用户分类信令消息忙时发生次数
×平均每次信令交互字节开销×8/3600

式中，分类信令消息发生次数与网络组织情况、用户的分布，以及相互间的话务流量流向等因素相关；平均交互字节开销与承载方式、特定的信令交互流程相关。

（4）Nb 接口

Nb 接口主要承载 MGW 之间的媒体流。Nb 接口承载开销可按以下公式测算

$$Nb 接口总带宽需求（bit/s）= 用户数 \times 忙时话务量 \times 每路带宽$$

式中，用户数和话务量与具体的业务类型相关，如语音或电路域数据业务；每路带宽与业务类型、承载方式（ATM/TDM、IP）、编码形式、传输技术等相关，具体计算中需要详细分析。

（5）Iu 接口

PS 域数据流量要考虑中继负荷和峰值因子；CS 域数据流量要考虑中继负荷；Iu-PS 数据流量等于 PS 域数据加上信令数据经过 AAL5 层封装后的流量；Iu-CS 数据流量等于 CS 域数据加上信令数据经过 AAL2 封装后的流量。因此，有

$$Iu 接口流量 = Iu\text{-}PS 接口流量 + Iu\text{-}CS 接口流量$$

14.2.2 接口数量配置

下面以 CDMA2000 1x 为例介绍 A-bis 接口 E1 和 CE（Channel Elemen，信道单元）配置。

1. A-bis 接口 E1 配置

语音：在考虑 20%的富裕处理能力的情况下，一条 E1 按照支持 180 个 CE 计算。

数据：总体效率按照 80%计算，则每条 E1 承载净荷能力为 1.6Mbit/s。

根据每个 BTS 的语音 CE 配置和数据业务的总吞吐量，可以计算出每个 BTS 所需配置的 E1 数量，即

$$E1 数量 = Roundup(语音 CE/180，0) + Roundup(数据业务流量/1.6M，0)$$

A-bis 接口的语音、数据是共享传输带宽的，对计算出的 E1 数量可以根据传输资源情况做适当的调整。Roundup 函数表示向上舍入，且小数位为 0。

2. CDMA2000 1x 增强系统配置

CDMA2000 1x 增强系统扇区前向信道，是按时隙调度给各用户使用的，即时分多址，无前向 CE 的概念，所以不需要考虑前向 CE 的配置。而 CDMA2000 1x 增强系统扇区反向业务信道，仍然是码分多址，所以需要考虑反向 CE 配置。CE 配置总数为

$$业务信道数 *(1 + 软切换比例) + 控制信道数$$

在信道单元高配置的情况下，表 14.5 给出了 4 种电信配置模型。下面以模型 A 定向覆盖站 S111 为例，根据所需的数据业务信道、语音业务信道、软切换信道、控制信道的 CE 数，得到总信道数，然后就可以确定配置信道板的数量。S111 表示一个基站分 3 个小区，每小区含有一个载频。

表 14.5 高配置无线容量表

业务类型/区域分类	呼损	无线容量（定向载扇）		无线容量（全向）	
		语音(Erl)	前向数据(kbit/s)	语音(Erl)	前向数据(kbit/s)
模型 A	2%	≥15.66	≥87.52	≥17.96	≥93.50
模型 B	2%	≥17.00	≥52.24	≥20.00	≥57.84
模型 C	5%	≥20.28	≥28.33	≥24.07	≥32.14
模型 D	5%	≥21.21	≥3.97	≥25.00	≥4.65

软切换比例：密集城区取 40%。

控制信道：每扇区反向一条接入信道。

语音业务信道：已知 15.66Erl，呼损为 2%，查爱尔兰-B 表后，需要 23 个反向 CE。

数据业务信道：考虑前/反向数据比为 4:1，则反向数据为 87.52/4=21.88kbit/s。综合考虑，每用户平均反向速率为 4kbit/s，则本扇区内支持的数据用户数为

$$\text{Roundup}(21.88/4,0)=6$$

所以可以认为反向数据 CE 数为 6。

每扇区所需总的反向 CE 资源配置数为

(语音业务信道+数据业务信道)*(1+软切换比例)+配置的控制信道数

=(23+6)×(1+40%)+1=42

故 S111 所需反向 CE 总数为：42×3=126。

14.2.3 链路预算

这里要介绍的是 WCDMA 上行链路预算。假设系统采用 AMR（Adaptive Multiple Rate，自适应多速率）声码器的 12.2kbit/s 语音业务，144kbit/s 实时数据业务和 384kbit/s 非实时数据业务。表 14.6 中的链路预算是针对车内用户的，如 12.2kbit/s 语音业务的计算，包括 8.0dB 的车内损耗。车速在 120km/h 时，假定要求的 E_b/N_0 为 5.0dB。

表 14.6 各种业务的链路预算参考

发射机（移动台）参数	12.2kbit/s	144kbit/s	384kbit/s	计算表示式
最大的移动台发射功率（W）	0.125	0.25	0.25	
最大的移动台发射功率（dBm）	21.0	24.0	24.0	a
移动台天线增益（dBi）	0.0	2.0	2.0	b
人体损耗（dB）	3.0	0.0	0.0	c
等效全向辐射功率（EIRP）（dBm）	18.0	26.0	26.0	$d=a+b-c$
热噪声密度（dBm/Hz）	−174.0	−174.0	−174.0	e
基站接收机噪声系数（dB）	5.0	5.0	5.0	f
接收机噪声密度（dBm/Hz）	−169.0	−169.0	−169.0	$g=e+f$
接收机噪声功率（dBm）	−103.2	−103.2	−103.2	$h=g+10\lg(3840000)$
干扰余量（dB）	3.0	3.0	3.0	i
总有效噪声+干扰（dBm）	−100.2	−100.2	−100.2	$j=h+i$
处理增益（dB）	25.0			$k=10\lg(3840/12.2)$
处理增益（dB）		14.3		$k=10\lg(3840/144)$
处理增益（dB）			10.0	$k=10\lg(3840/384)$
所需 E_b/N_0（dB）	5.0	1.5	1.0	l
接收机灵敏度（dBm）	−120.2	−113.0	−109.2	$m=l-k+j$
基站天线增益（dBi）	18.0	18.0	18.0	n
基站中的电缆损耗（dB）	2.0	2.0	2.0	o
快衰落余量（dB）	0.0	4.0	4.0	p
最大路径损耗（dB）	154.2	151.0	147.2	$q=d-m+n-o-p$
对数正态衰落余量（dB）	7.3	4.2	7.3	r
软切换增益（dB），多小区	3.0	2.0	0.0	s
车内损耗（dB）	8.0	15.0	0.0	t
在小区范围内允许的传播损耗（dB）	141.9	133.8	139.9	$u=q-r+s-t$

表中，q 值给出在移动台和基站天线之间的最大路径损耗，需要 r 值和 t 值附加余量，以确保在出现阴影情况下的室内覆盖。这个阴影是由建筑物、山体等引起的，模拟成对数正态衰落。u 值则是用于计算小区尺寸的。

表中，一些参数是假设的。其中，对发射机（移动台），最大发射功率语音终端为 21dBm，数据终端为 24dBm；天线增益语音终端为 0dBi，数据终端为 2dB；人体损耗语音终端为 3dB，数据终端为 0dB。对接收机（基站）的噪声系数 5dB；天线增益（三扇区基站）18dBi；E_b/N_0 要求：语音为 5.0dB、144 kbit/s 实时数据为 1.5dB、384 kbit/s 非实时数据为 1.0dB；电缆损耗 2dB。

对于以上链路预算，可以利用一个已知传播模型，如 Okumura-Hata 或 Walfish-Ikegami 模型，计算出小区距离 R。传播模型描述了在指定环境中的平均信号传播，它可以把表中某一行以 dB 为单位的最大允许传播损耗转换为以千米为单位的最大小区距离。

【例 14.7】 城市宏小区采用 Okumura-Hata 传播模型，基站天线高为 30m，移动台天线高为 1.5m，载波频率为 1950MHz，则

$$L=137.4+35.2\lg R \tag{14.11}$$

式中，L 是路径损耗（dB）；R 是距离（km）。对城郊地区假设附加地区校正因子为 8dB，得到路径损耗为

$$L=129.4+35.2\lg R \tag{14.12}$$

表 14.6 中，12.2kbit/s 语音业务的路径损耗 141.9dB，根据式（14.12）可计算出在城郊地区的小区距离是 2.3km；而 144kbit/s 的在室内路径损耗 133.8dB，则小区距离大约为 1.4km。一旦决定了小区距离 R，就能推导出基站扇区配置的函数的站点面积。对于由全向天线覆盖的六边形小区，覆盖面积近似为 $2.6R^2$。

14.2.4 组网规划

1. 承载方式

图 14.1 为 R4 版本核心网体系结构，用来说明核心网电路域的网络规划过程，MSC Server、MGW、HLR、VLR、EIR、AUC 等的主要作用是完成整个呼叫信令控制和承载建立。R4 版本核心网电路域引入了软交换的技术体制，可支持分布式的组网模式，即 MSC Server 集中设置，MGW（媒体网关）就近接入。

在 R4 核心网中，大部分核心网设备都支持基于 TDM/ATM/IP 的 3 种承载方式。话路基于 TDM 承载，组建大网时需要设置 T-MGW 来汇聚 MGW 的话务量，不能完全扁平化组网；话路基于 IP 方式承载，MGW 直接基于 IP 寻址，可实现扁平化组网。信令网基于 TDM 承载时可充分利用 No.7 信令网的稳定可靠性，缺点是不利于网络向全 IP 方式演进；信令网基于 IP 承载，规模较小时可扁平化组网，组建大网时为避免节点间 SCTP 链路配置的复杂性，需要引入基于 IP 的 STP 设备实现分级汇接。基于 ATM 的话路或信令承载方式理论上可以实现扁平化组网，但组建大网时 MGW 间需要大量的 PVC 连接，对设备要求高。

2. 网元设置

网元主要包括 MSC Server、MGW、HLR、SGSN 和 GGSN 等。各网元的设置原则如下。

① MSC Server：R4 中 MSC Server 与 HLR 的设置方式应该是大容量、少局所，同省内可以集中设置于一两个地方。当一个 MSC Server 服务于多个移动业务本地网时，需支持虚拟 MSC Server 功能。一个城市有多个 MSC Server 时，MSC Server 尽量不要集中在同一局址。

② MGW：一个移动本地网可以设置一个或若干个 MGW（容量一般以 20 万～40 万个用户为宜），一个 MGW 可以服务于一个或若干个移动本地网。MGW 尽量与 RNC 共站址，以减少对

传输资源的占用。与其他网络（如 PSTN）之间的互通，直接从 MGW 出局，包括话路和信令链路。

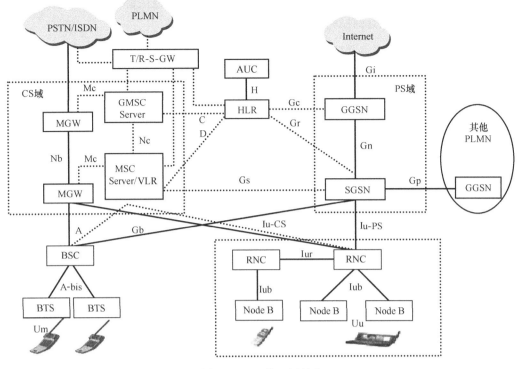

图 14.1　R4 核心网结构

③ GMSC MGW：当服务于同一本地网的 MGW 个数少于 3 个时，GMSC 的 MGW 由 MSC 的 MGW 兼作；当服务于同一本地网的 MGW 个数为 3 个以上时，考虑独立 GMSC MGW 的设置，以避免多个本地 MGW 之间的话路迂回，浪费中继配置。

④ GMSC Server：当未出现独立的 GMSC MGW 时，不应设置独立的 GMSC Server，GMSC Server 应由 MSC Server 兼作。当一个城市出现多个 GMSC Server 时，不同 GMSC Server 应分局址设置。

⑤ SGSN：一个移动业务本地网中可以设一个或若干个 SGSN。一个 SGSN 可以服务于一个或若干个移动业务本地网。初期设置在中心城市，一个省中超过 2 套以上的 SGSN 可以设置在中心城市和重要地区。

⑥ GGSN：GGSN 原则上以省为单位设置，在靠近数据网网关和 ISP 设置。建设 GGSN 时，可在每省成对配置，采用负荷分担的方式工作。

MSC Server 在组网中通常采用 MGW 的双归属备份方案。

HLR 的备份方案主要有 $N+1$（$N \geqslant 1$）冗余备份和 $1+1$ 互为主备用两种方式。HLR 容量按照对应 MSC Server 容量的 1.2 倍配置。

3．网络互通

移动网络与 PSTN 网络的话路及信令互通，通过 GMGW 与所在地长途局、汇接局（含汇接 TG（中继网关））直连的方式实现，如图 14.2 所示。其中与软交换的互通方式，规划期内建议采用 TDM 方式实现，

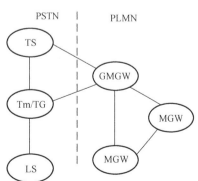

图 14.2　与本运营商 PSTN 网的互通

信令基于 ISDN 用户规程（ISUP）方式。

移动网络与其他运营商网络互连互通，原则上移动网络与其他运营网络的话路及信令互通，通过 PSTN 关口局与其他运营商网络直连实现。

14.3 4G 网络规划

14.3.1 无线网络规划

1. 无线网络规划的流程

LTE 无线网络规划的流程图如图 14.3 所示。LTE 无线网络规划首先经过需求分析，包括建网策略、网络指标、地理环境、业务需求和现网数据等；再进行预规划，包括覆盖估算、时隙配置、站型配置和容量估计等；然后进行站址规划和网络仿真，包括站点的布局和站点的筛选、传播模型校正、覆盖分析、容量分析和性能指标分析等；最后进行的是无线资源及参数规划，包括小区基本参数、邻区规划等。以下针对流程进行简单说明。

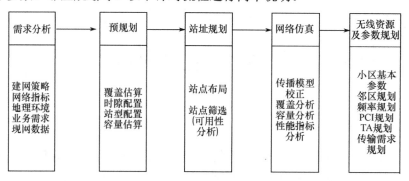

图 14.3 LTE 无线网络规划的流程

网络规划需求分析：LTE 从通过双模双待手机终端提供宽带移动互联网业务、移动多媒体数据业务、基于 2G/3G CS 域语音业务，以及 IMS 多媒体业务和物联网业务，到后来引入 LTE 承载 VoIP 语音业务，引入 PS 域承载的 VoIMS 方案，采用多模单待手机终端，全 IP 化。

预规划：根据现场调研取得的数据，结合电测结果，确定预规划站点。

站址规划：根据预规划方案进行基站选点，根据基站选点的结果验证、调整预规划方案，如相邻的多个站点出现大的偏离时，必须要对预规划方案进行调整。

仿真分析：仿真举例输入如表 14.7 所示，设置参数进行仿真输出，输出仿真效果图和仿真的网络指标。然后再进行仿真优化，分析仿真结果中的网络问题，再进行规划调整。

表 14.7 仿真分析

配置项	参数
网络拓扑	网络拓扑图
站型	室外宏基站
频段	1427～1447MHz
带宽配置	20MHz
频率规划	1×3×1 同频组网
UL：DL	3：1

续表

配置项	参数
导频功率	18.2dBm
天线模型	65deg，15dBi，4Tilt
阴影衰落标准差	不同地物有不同值
边缘覆盖概率	75%
基站噪声系数	3.5dB
传播模型	密集市区：Cost231-Hata 一般市区：Cost231-Hata

2. 无线链路传播模型与参数设置

室外宏基站采用 2.6GHz 频段（2575～2615MHz），因此其传播模型较传统模型会有一定变化，可采用以下的 Cost231-Hata 模型。

$$Lu(dB) = 46.3 + 33.9\lg f - 13.82\lg H_b - \alpha(H_m) + (44.9 - 6.55\lg H_b)\lg(d) + C_m$$

式中，H_m 移动台天线的有效高度，$\alpha(H_m)$ 为移动台天线高度修正因子；H_b 基站天线的有效高度；f 为工作频率，取值 2600MHz；C_m 为地形修正因子。

在无线链路的有关计算及规划中，还需要收发信机的有关参数及设置：

热噪声密度：取-117dBm/Hz；

接收机噪声系数：基站侧通常取 2～3dB，终端侧通常取 7～9dB；

干扰余量：可分为上行干扰余量和下行干扰余量，要借助干扰公式和系统仿真平台得到；

人体损耗（dB）：对于数据业务移动台，可以不考虑人体损耗影响，即 0dB；

目标 SINR：根据边缘速率，可以推导出数据块数量，然后找到承载的 RB 数量，就可以查找出对应的 MCS（Modulation and Coding Scheme，调制与编码策略），并根据具体 MCS 和 SINR（Signal to Interference plus Noise Ratio，信号与干扰加噪声比）对应表格得到 SINR，MCS 和 SINR 对应关系需根据链路仿真得到；

发射功率：下行方向，在系统带宽为 20MHz 情况下，取 46dBm；上行方向，终端功率可取 23dBm；

天线增益：8 天线 D 频段产品，其增益通常为 15～17dBi；

接头及馈线损耗：对于 BBU+RRU 产品，通常损耗在 0.5～1dB 之间；

多天线分集增益、波束赋形增益：选择不同的发射模式，如发射分集或波束赋形，其增益有一些差异：接收侧，基站为 8 天线取 7dB，终端为 2 天线取 3dB。发送侧，终端为单天线发送，因此无发送分集增益；

基站业务信道：8 天线，为波束赋形方式，增益取 7dB；

基站控制信道：8 天线和 2 天线相同，为发送分集方式，增益取 3dB；

天线使用方式：天线主要采用 8 阵元双极化天线，边缘用户主要使用波束赋形方式。

3. 天线空间隔离及站址规划

图 14.4 是一个天线空间隔离示意图，列举了在一个铁塔上同时放置有 GSM 和 LTE，也就是二者共站，而它们在水平隔离和垂直隔离距离应该是多少比较合适呢？下面就此给出天线空间隔离计算（独立组网）公式为

$$DH[dB] = 22 + 20\log(d_h/\lambda) - (GT(\psi) + GR(\psi))$$
$$DV[dB] = 28 + 40\log(d_v/\lambda)$$

式中，DH 为水平隔离度；DV 为垂直隔离度；d_h 为水平隔离距离；d_v 为垂直隔离距离；$GT(\psi)$

为发射天线针对ψ方向接收天线的增益；$GR(\psi)$为接收天线针对ψ方向发射天线的增益。

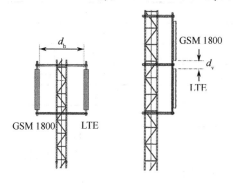

图 14.4　天线空间隔离

站址规划一般经验是：密集市区，平均站距 500m 左右，站址密度不小于每平方公里 5 个；一般市区，平均站距 650m 左右，站址密度不小于每平方公里 3 个。

4．覆盖规划

传输方式及天线类型选择影响覆盖规划。多天线技术是 LTE 最重要的关键技术之一，引入多天线技术后，LTE 网络存在多种传输模式、多种天线类型，选择哪种传输模式和天线类型对覆盖性能影响较大。TD-LTE 覆盖规划流程如图 14.5 所示。

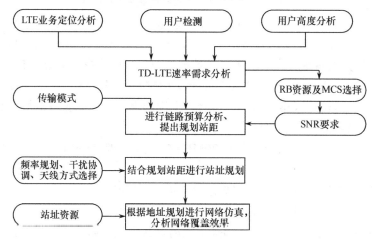

图 14.5　TD-LTE 覆盖规划

链路预算考虑的主要因素是确定系统资源配置，包括载波带宽时隙配比、天线类型等，再通过链路仿真得出各种信道接收机的解调门限。

频率复用系数越大，小区间干扰越小，则 CIR（Carrier to Interference Ratio，载干比）可达到的极限也越大，对应覆盖半径应该越大。典型的情况就是频率复用系数为 1，即同频组网时的情况，CIR 极限最小。

小区间干扰影响 LTE 覆盖性能，由于 OFDMA 技术的不同用户间子载波频率正交，使得同一小区内不同用户间的干扰几乎可以忽略，但 LTE 系统小区间的同频干扰依然存在，随着网络负荷增加，小区间干扰水平也会增加，使得用户 SINR 值下降，传输速率也会相应降低，呈现一定的呼吸效应。对于速率的要求：小区边缘用户可达到 1Mbit/s/250kbit/s（下行/上行）。

TD-LTE 系统的组网特性主要是由覆盖、容量、系统内同频干扰和系统间干扰决定的。表 14.8 中的链路预算，没有考虑室外穿透覆盖室内，在密集市区 TD-LET 的下行发射功率远大于

TD-SCDMA，并且传输模式优于 TD-SCDMA，工作频段比 TD-SCDMA 要宽，最主要的一点就是室外最大覆盖半径比 TD-SCDMA 要大。

表 14.8 TD-LTE 与 TD-SCDMA 覆盖比较

	TD-LTE			TD-SCDMA	
覆盖环境	密集市区			密集市区	
链路方向	下行	上行	上行	下行	上行
边缘用户速率(kbit/s)	64	64	64	64	64
发射功率(dBm)	46	23	23	34	24
基站天线数目	2	2	8	8	8
传输模式	TxD	MRC	MRC	BF	BF
工作频段(MHz)	2300～2400			2010～2025	
区域覆盖率	90%			90%	
基站高度(m)	35			35	
室外最大覆盖半径(m)	3510	540	1140	1220	1190

表 14.8 中的传输模式：TxD（Transmit Data，发送数据）对应于 RxD（Received Data，接收数据）；MRC（Max Ratio Transmission，最大比传输）是 MIMO 系统中的一种预编码方式，通常配合接收端的 MRC 最大比合并进行通信；BF（Beamforming，波束赋形）是一种下行多天线技术，包含两种模式：单流 BF 和双流 BF。

表 14.9 给出的是下行总功率需求。如果下行按照 20MHz 带宽，最大 46dBm 发射功率，且按照每个 RB 均分，而上行是按照终端最大 23dBm 发射功率来考察覆盖性能的。

表 14.9 下行总功率需求

带宽	室内总功率需求	室外总功率需求
20MHz	20W	40W
10MHz	10W	20W
5MHz	5W	10W

14.3.2 承载能力规划

1. LTE 帧结构及计算

在 LTE 中，无论是 FDD 还是 TDD，时间基本单位都是采样周期 T_s，其固定值为

$$T_s = \frac{1}{15000 \times 2048} = 32.55\text{ns}$$

式中，15000 表示子载波的间隔，即 15kHz；2048 表示单位 Hz 的采样点数，因此采样率为 15000×2048=30720000，即每个无线帧的时长为

$$T_f = 30720000 \times T_s = 10\text{ms}$$

针对 TDD，无线帧、时隙和符号的关系如图 14.6 所示，每个无线帧的长度为 10ms，每个子帧长度等于 1ms。

除了特殊子帧，每个子帧由 2 个连续的时隙组成。特殊子帧固定在 1、6 号子帧，由 DwPTS（下行导频时隙）、GP（保护间隔的特殊时隙）和 UpPTS（上行导频时隙）组成。

若系统是 Normal CP 类型（常规循环前缀），则每个时隙包括 7 个 OFDM 符号，每个时隙第一个 OFDM 符号前部的 CP 长度是 $160*T_s$，其他 CP 长度是 $144*T_s$，第一个符号长度不同的原因，是为了填满一个 0.5ms 的时隙。

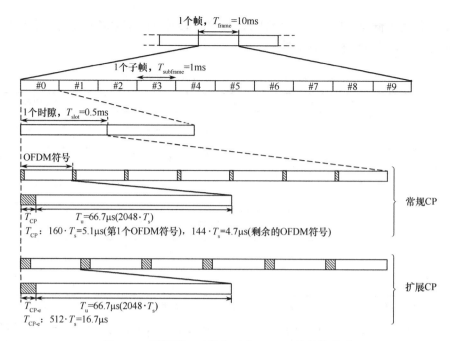

图 14.6 无线帧、时隙和对应 OFDM 符号的关系

若是 Extended CP 类型（扩展循环前缀），则每个时隙包括 6 个 OFDM 符号。每个 CP 的长度是 512* T_s。

LTE 的每个时隙由包括 CP（循环前缀）在内的一定数量的 OFDM 符号组成。除了 CP 之外的 OFDM 符号时间，称为有用的 OFDM 符号时间，时长为

$$T_u = 2048 \times T_s = 66.7\mu s$$

若上、下行都是 Normal CP，因为 UpPTS 肯定不在时隙的第一个符号，因此对于 UpPTS 来说，每个 OFDM 符号占用的时长是 2048+144=2192T_s。所以，对于时长是 2192T_s 的 UpPTS，只需要 1 个 OFDM 符号即可传输；对于时长是 4384T_s 的 UpPTS，则需要 2 个 OFDM 符号即可传输。同样地，对于上、下行都是 Extended CP 来说，时长是 2048+512=2560T_s 的 UpPTS，也只需要 1 个 OFDM 符号即可传输；对于时长是 5120T_s 的 UpPTS，需要 2 个 OFDM 符号即可传输。传输速率的计算公式为

传输速率= 1s 内的帧数*每帧传输的比特数*流数

= 1s 内的帧数*（每帧传输的 RE*调制阶次*编码率）*流数

式中，1s 内的帧数：100；调制阶次：64QAM 为 6，16QAM 为 4，QPSK 为 2；流数：单流为 1，双流为 2；每帧传输的 RE 数：以 20MHz 带宽为 100 个 RB 计算。

每帧含 2 个特殊子帧，如果选配置为 7(10：2：2)，即下行有 10 个 OFDM 符号，减去 PDCCH 和参考信号后，一个 OFDM 符号对应一个 RE，因此每个 RB 里包含 RE 的个数为

子载波数* OFDM 符号数-PDCCH-参考信号=12×10-12-6=102

其中，选取 PDCCH 和参考信号分别占用 12、6 个 RE。

常规 CP 子帧含有 14 个 OFDM 符号，减去 PDCCH 和参考信号后，每个 RB 含有 RE 的个数为

子载波数* OFDM 符号数-PDCCH-参考信号=12×14-12-8=148

其中，选取 PDCCH 和参考信号分别占用 12、8 个 RE。

如果上、下行按 2：6 配置，即为：DSUDDDSUDD，那么 10ms 内的下行 RE 个数为

$$100×(148×6+102×2)=109200$$

如果选用 64QAM,阶次为 6,则每个 RE 内含有 6bit,那么速率等于

$$109200×6 \text{ bit}/10\text{ms} = 65.52 \text{ Mbit/s}$$

如果考虑信道编码为 CQI=15,信道质量较好,采用 Turbo 编码,码率最高可达 948/1024=0.925783(参考表 12.1),则相应的下行速率为

$$65.52\text{Mbit/s}×0.92=60.27\text{Mbit/s}$$

这是在数据链路层(MAC 子层)的速率,如果再往高层分析,减去约 8%左右速率作为协议栈各层包头的开销,净荷速率大约为 55Mbit/s。如果按双流,则为 110Mbit/s。

采用 3 种特殊子帧配比模式,TD-LTE 的峰值速率对比如表 14.10 所示。

表 14.10 不同特殊子帧配比模式下 TD-LTE 峰值速率对比表

条件	TD-LTE 理论峰值速率(20MHz 带宽,CAT4 终端)		
子帧配比(UL:DL)	1:3	1:3	1:3
CP 配置	常规 CP	常规 CP	常规 CP
特殊子帧配置	3:9:2	9:3:2	6:6:2
下行峰值速率(Mbit/s)	90.45	109.21	102.68
上行峰值速率(Mbit/s)	10	10	10

可以看出,由于特殊子帧配置模式 6(9:3:2)承载 DwPTS 的符号数为 9 个,可以增加下行信令或数据的发送数量,能使 TD-LTE 的系统容量提高 13%~20%。

2. GP 配置对覆盖的影响

TD-LTE 中,循环前缀 CP(长度为 T_{CP})、前导序列 Sequence(长度为 T_{SEQ})和保护间隔的特殊时隙(GT)之间的关系如图 14.7 所示。物理随机接入信道(PRACH)时隙长度与随机接入前导(Preamble)的差为 GT,Preamble 时长为 $T_{CP}+T_{SEQ}$,因为在进行前导传输时,由于没有建立上行同步,需要在 Preamble 之后,预留 GT 来避免对其他用户的干扰,GT 为最大传输时延的 2 倍。上、下行转换点保护间隔的 GP,将影响系统的最大覆盖距离,覆盖距离=$c×$GP/2,c 为光速。GT 需要支持的传输半径为小区半径的 2 倍。前导序列不同格式下所支持小区的最大半径如表 14.11 所示。

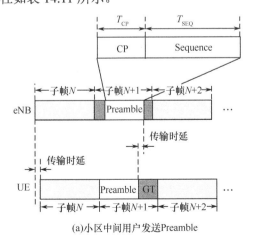
(a)小区中间用户发送Preamble

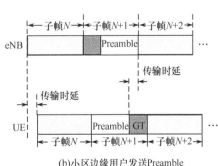
(b)小区边缘用户发送Preamble

图 14.7 GT 为 2 倍传输时延示意图

表 14.11 前导序列不同格式下所支持小区的最大半径

前导格式	时间长度	T_{CP}	T_{SEQ}	GT	可支持半径
0	1ms	$3168 \times T_s$	$24576 \times T_s$	96.875μs	14.53125km
1	2ms	$21024 \times T_s$	$24576 \times T_s$	515.625μs	77.34375 km
2	2ms	$6240 \times T_s$	$2 \times 24576 \times T_s$	196.875μs	29.53125 km

格式 0：持续 1ms，适用于小、中型的小区，最大小区半径 14.53km；

格式 1：持续 2ms，适用于大型的小区，最大小区半径为 77.34km；

格式 2：持续 2ms，适用于中型小区，最大小区半径为 29.53km。

TD-LTE 的 GP 典型长度为 2 个 OFDM 符号，对应约 142μs，理论上可以隔绝 42km 外的干扰，如将干扰小区的 GP 配置为 9 个 OFDM 符号长度，则可以隔绝 192km 以外的干扰。

另外，RB 配置对下行覆盖影响，主要表现在 EIRP（Effective Isotropic Radiated Power，有效全向发射功率）的变化与 RB 数量成正比：RB 配置增多，EIRP 增大，增加覆盖半径；下行信道底噪声与 RB 数量成正比：RB 配置增多，下行信道底噪声抬升。终端最大发射功率是有限的，如果已到达终端最大发射功率，再增加 RB 数只会减少上行覆盖半径。

3．容量分析

根据 LTE 小区的容量与 TD-SCDMA（R4）不同，LTE 小区的容量与信道配置和参数配置、调度算法、小区间干扰协调算法、多天线技术选取等的关系要综合考虑。

VoIP 容量定义为：某用户在使用 VoIP 进行语音通信过程中，若 98%的 VoIP 数据包的 L2 时延在 50ms 以内，则认为该用户是满意的。如果小区内 95%的用户是满意的，则此时该小区中容纳的 VoIP 用户总数就是该小区的 VoIP 容量。假设 VoIP 用户采用半静态调度，不考虑控制信道限制，综合分析上、下行信道，得到 20MHz 带宽下 VoIP 用户最大容量为 600 个左右。

TD-LTE 容量评价指标包括同时调度用户数、小区平均吞吐量、小区边缘吞吐量、VoIP 用户数、同时在线（激活）用户数。其中，TD-LTE 调度用户数主要取决于上、下行控制信道的容量。上行调度用户数主要受限于 PRACH（物理随机接入信道）、PUCCH（物理上行控制信道）、SRS（探测用参考信号），下行调度用户数主要受限于 PCFICH 信道、PHICH 信道和 PDCCH 信道容量。综合各个控制信道容量分析结果，TD-LTE 在 20MHz 带宽下最大可支持的调度用户数约为 80 个。

由表 14.12 可以看出，对于干扰随机化，TD-LTE 比 TD-SCDMA 规划模式好，并且 TD-LTE 的 ID 资源充足；在抗干扰技术方面，TD-LTE 不管是调制方式，还是编码都采用自适应的方式，使调制和编码的效率更好；在功率控制上，TD-LTE 使用上行功率控制，下行功率分配，对于功率的控制更加的严格、有效。

表 14.12 TD-LTE 与 TD-SCDMA 干扰解决措施的差异

干扰措施	TD-SCDMA（R4）	TD-LTE
干扰随机化	扰码规划、码资源少	小区 ID 规划、ID 资源充足
抗干扰技术	扩频编码	自适应调制、自适应编码率
功率控制	上、下行使用开环、闭环	上行功率控制，下行功率分配，开环
天线传输	上、下行波束赋形	上行 IRC，下行波束赋形，发送分集
频率规划	多载波同频	同频，异频
邻区干扰消除	联合检测，同频优化	小区间干扰协调 ICIC

由表 14.13 可以看出，对于室外频率的规划，异频组网的优势远高于同频组网，比如：小

区间干扰弱。边缘性能优良，抑制干扰容易等。

表 14.13 TD-LTE 室内外频率的规划

同频组网	规划影响	异频组网
高	频率利用率	低
强	小区间干扰	弱
差	边缘性能	良
困难	干扰抑制	容易

14.4 网 络 优 化

14.4.1 网络优化内容

移动网络优化包含的内容大体可分为无线、交换和有线 3 部分工作。

1. 无线部分的优化

① 基站参数的检查与核对：无线部分的优化工作首先是基站硬件标准调整；校对天线方向角、下倾角；正确调谐各信道及耦合器；核对各小区的频率安排；天馈线驻波比的检查；确保参考频率单元和信道测试器的正常运行；及时更换损坏的信道等。

② 频率规划：频率规划是无线网络优化最重要的部分之一，在实际复杂的无线环境中不可能采用理想化的复用模式，必须根据情况灵活处理。

③ 位置区的划分：位置区的划分需要从全网的角度加以考虑。如果位置区划分得过大，则在市区平均每信道的话务量过高，基站寻呼手机的延迟将增大，寻呼的负荷增加。如果设置过小，则会造成过多的位置更新，导致信令信道负荷加重。因此，必须要合理设置位置区。

④ 调整话务负荷，降低阻塞率：在规划建设和工程设计中，由于用户密度分布难以准确预测，以致有的基站平均信道话务量太高，信道阻塞率相当高，而有的基站平均每信道话务量又太低，没有充分发挥频道和信道设备的利用率。

⑤ 提高基站设备完好率和降低传输线的故障率：设备和线路不能正常运行或出现故障后修复时间过长，也是造成阻塞率高的一个重要原因。在网络优化中，必须对设备和线路进行检查、修理，并规定维护应达到的指标。

⑥ 基站的天线角度、发射功率等参数的优化：基站天线的方向角和下倾角、高度、发射功率等都应根据实际需要进行灵活调整优化。例如，天线很高的基站就应加大下倾角，否则会造成过大的覆盖而导致话务量较高，并可能对其他基站产生干扰。功率参数也是如此。

⑦ 与交换机配合的参数：网络优化还包括一些与交换机的参数配合的无线网参数的优化调整，并保证协调一致。例如，位置区、小区号的位置和优化；寻呼参数设置；位置更新参数的优化等。

⑧ 新增基站后的调整：每新增基站，都要对频率规划进行改动，并重新定义相邻小区和越区切换参数等。如果工作做细的话，应当重新进行覆盖与干扰的预测，重复网络规划的步骤。

⑨ 降低同频和非同频干扰：正确调谐信道分离器与合路器，调整功率控制参数，减少由于中频放大器饱和区的非线性带来的互调产物，以降低串话现象。进行同频干扰区域的勘察和测量，调整天线倾角，减小同频干扰。

例如，在 RF（Radio Frequency）优化过程中，包括测试准备、数据采集、问题分析、调整实施 4 个部分，如图 14.8 所示给出了 RF 优化流程。其中，数据采集、问题分析、优化调整需要根据优化目标要求和实际优化现状反复进行，直至网络情况满足优化目标 KPI（Key Performance Indicator，关键绩效指标法）要求为止。

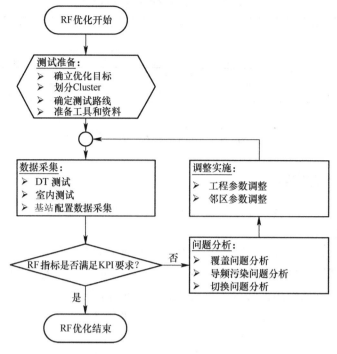

图 14.8 RF 优化流程图

测试准备阶段首先应依据合同确立优化 KPI 目标，其次合理划分 Cluster（簇，把很多基站作为一个整体），确定测试路线，尤其是 KPI 测试验收路线，准备好 RF 优化所需的工具和资料，保证 RF 优化工作顺利进行。

数据采集阶段的任务是通过 DT（Drive Test，路测）、室内测试、信令跟踪等手段，采集 UE 和扫频仪（Scanner）数据，以及配合问题定位的基站，测呼叫跟踪数据和配置数据，为随后的问题分析阶段做准备。

通过数据分析，发现网络中存在的问题，重点分析覆盖问题、导频污染问题和切换问题，并提出相应的调整措施。调整完毕后，随即针对实施测试数据采集，如果测试结果不能满足目标 KPI 要求，进行新一轮问题分析、调整，直至满足所有 KPI 需求为止。

2．交换部分的优化

① 基站频率的核实与校正。
② 检查小区参数和越局切换参数是否与设计相符等。
③ 交换数据采集、分析和调整，适当修改参数并增加设备。
④ 交换局数据和路由表的个别调整。

3．网络优化调整重点

① 覆盖调整：确定小区覆盖范围是进行网络优化的重点。
② 切换带调整：通过切换带的查找，结合小区覆盖范围确定。
③ 话务均衡：除了以上两种方法外，通过改变各小区载频数配置等方法得到均衡效果。
④ 功率调整与干扰抑制：在移动网设计中，应尽量避免同频和邻频干扰。
⑤ 具体事件改善：通过对通话中具体事件（如切换、掉话等）的分析与定位。

14.4.2 网络优化步骤

移动网络优化步骤如图 14.9 所示,网络优化大体上可分为 4 个阶段进行,即调查分析阶段、设计优化方案阶段、调整测试阶段以及总结验收阶段。

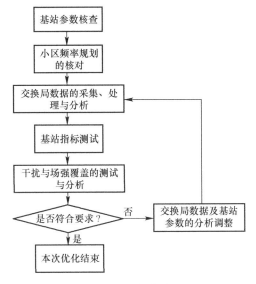

图 14.9 移动网络优化步骤

习 题 14

1. 简单说明何为话务量、BHCA 和呼损。
2. dB 和 dBm 都有哪些区别?举例说明。
3. 无线信道数量是如何计算的?
4. 为什么要进行网络规划和网络优化?
5. 概述 LTE 无线网络规划流程。
6. 移动网络优化有哪些主要内容?
7. 简述无线帧、时隙和对应 OFDM 符号的关系。
8. 根据本书所讲的内容,参考有关规划设计资料,写出一篇有关移动网规划的小论文。

第 15 章 软件定义网络（SDN）

我们通常认为软件和网络是指两个不同的范畴，软件开发主要针对单机环境，而网络则是指系统之间的通信平台。随着互联网的兴起，使得这两个范畴逐步融合，人们开始考虑如何开发在互联网环境中使用的软件，把软件和网络捆扎在一起，形成一个更加开放、快捷、方便的新型网络，于是就出现了 SDN。目前，在针对互联网设计技术的推动下，未来互联网研究将在增加网络可控性的基础上展开，基于 OpenFlow 的 SDN 技术，可能成为面向未来互联网的新型设计标准。本章主要概述 SDN 架构及基于 OpenFlow 的 SDN。

15.1 SDN 概述

SDN（Software Defined Network，软件定义网络），最初提出的是一种理念，不是一种具体的技术，而 SDN 的核心理念就是让软件应用参与到网络控制中，去改变以各种固定模式协议控制的网络，因此要实现 SDN 理念，就需要设计一种新的网络架构。

SDN 是一种新型网络架构，它倡导业务、控制与转发三层分离，实现网络智能控制、业务灵活调度，实现网络开放，是运营商向"互联网+"时代转型的重要支持技术。

SDN 通过设计流表、开发软件，在控制器中增加软件定义能力，开放接口，生成新型网络，分离了网络的控制平面和数据平面，为未来互联网技术提供了一种新的解决方案。

早期与 SDN 相关有两个工作组：ForCES（Forwarding and Control Element Separation，转发与控制分离组）和 ALTO（Application-Layer Traffic Optimization，应用层流量优化工作组）。

15.1.1 IETF 定义 SDN

1. 基于 XML 的 SDN

基于 XML（Extensible Markup Language，可扩展标记语言）的 SDN 如图 15.1 所示，大多采用 XML 等现有的设备接口，不需要改变原来的网络设备，以下对其结构进行说明。

① 在 APP 下面的虚线,对应的是应用程序可编程接口（Application API），与 Application API 对应的有 XML Schema（XML 文档架构）、RESTful（表现层状态转化）API。

XML Schema 对数据类型支持是它的能力之一。XML 提供统一的方法，用于描述和交换独立于应用程序或供应商的结构化数据。XML 用于标记电子文件，使其具有结构性的标记语言，可以用来标记数据、定义数据类型，是一种允许用户对自己的标记语言进行定义的源语言。XML 使用 DTD（Document Type Definition，文档类型定义）来组织数据；XML 是标准通用标记语言（SGML）的子集，适合 Web 传输。

REST（Representational State Transfer，表现层状态转化）指的是一组架构约束条件和原则。满足这些约束条件和原则的应用程序或设计就是 RESTful，可以理解为某种表现层为客户端和服务器之间传递资源，并对服务器端资源进行操作，实现"表现层状态转化"。REST 专门针对网络应用设计和开发方式，以降低开发的复杂性，提高系统的可伸缩性。

② 另一条虚线对应的是网络可编程接口（Network API），包含 XML Schema（XML 模式）、Existing Interface（现有的接口）。

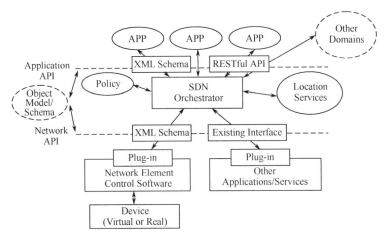

图 15.1 基于 XML 的 SDN

③ Application API、Network API 都与 Object Schema（对象模式）相关。

④ SDN 协同编排器 SDN-O（SDN Orchestrator）是实现自动部署和运营的关键技术，可支持跨域、跨层以及跨厂家的资源自动整合，有助于提升网络的开放性，以及服务的端到端自动化水平。SDN-O 通过 Policy Services（策略服务器）、Location Services（位置服务器）协同工作，其中位置服务能提供地址信息，进行终端定位、实时监测和跟踪。

⑤ Plug-in（插件程序）是一种计算机应用程序，它和网元控制软件（Network Element Control Software）一起为网络提供特定的功能，并通过 XML Schema 与 SDN-O 互相交互。网元控制软件对应于虚拟或真实的（Virtual or Real）网络设备（Device）。

⑥ Plug-in 和网络环境中的其他应用程序/服务集成（Other Applications/Services）相连，并通过现有接口（Existing Interface）与 SDN-O 互相交互，为客户提供所需的业务解决方案。

⑦ 图中的 Other Domains 表示其他领域的应用；APP（Application）是指第三方开发的应用程序。

2．路由系统和其他现有的设备接口

图 15.2 给出了路由系统和其他现有的设备接口，以实现 SDN 架构功能，以下分别介绍。

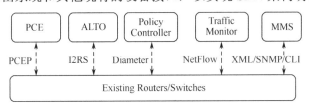

图 15.2 路由系统和其他现有的设备接口

① PCEP（Path Computation Element Protocol，路径计算元协议），业务系统直接通过网络系统提供 API 接口，实现自动申请网络资源、分配/使用/释放网络资源，利用集中式的调度系统，无须人工管理。PCEP 提供给了控制器和路由器一个交互接口集中控制系统，好比一个交通枢纽中心，它知道每一条道路的容量、当前流量以及每一辆汽车将要到达的目的地，并通过算法为每一个业务流（Flow）算出最合适的路径，所以集中控制器就成为了在 PCEP 协议中的 Server 端。但在整个控制系统中，核心部分是控制系统的逻辑算法，PCEP 协议只是为传统网络设备提供了北向接口，为控制器提供了南向接口。其中，南向接口是管理其他厂商或设备的接口，即向下提供接口；北向接口是提供给其他厂商或运营商进行接入和管理的接口，即向上提

供接口。

② I2RS（Interface to Routing System，路由系统接口），基于传统设备开放新的接口与控制层通信，控制层通过设备反馈的事件、拓扑变化、流量统计等信息，动态地下发路由状态、策略等到各个设备上。它沿用了传统设备中的路由、转发等结构与功能，并在此基础上进行功能的扩展与丰富。ALTO 是指应用层流量优化工作组相关系统。

③ Diameter，是计算机网络中使用的一个认证、授权和审计协议，是新一代 AAA（Authentication、Authorization、Accounting，鉴别、授权、计费）协议，可以承载于 TCP 或者 SCTP 协议之上的应用，被广泛应用于 IMS、LTE 等网络中。Policy Controller 是策略控制器。

④ NetFlow，提供网络流量的会话级视图，记录每个 TCP/IP 事务的信息，能对 IP/MPLS 网络的通信流量进行计量，并提供网络运行的详细统计数据。传统上的网络管理者通常是通过 SNMP（Simple Network Management Protocol，简单网管协议）等搜集网络流量数据，这些信息只能发现问题，却无法解决问题，NetFlow 便是在这种情况下应运而生并成为网管热门工具的。在这里，NetFlow 作为 Traffic Monitor（数据报监视器）系统的南向接口。

⑤ XML/SNMP/CLI，XML 可以表达复杂的、具有内在逻辑关系的模型化的管理对象；在数据库方面，可以加入 XML 数据库，便于存储 XML 数据，设备底层接口和原有的 SNMP、CLI 接口基本保持不变，因为目前大部分设备支持的是 SNMP 协议、CLI（Command-Line Interface，命令行接口）方式，同时设计一个转换网关，将其进行报文转换，作为传统网络管理下与 NGN 网络代理的过渡方式。在这里，XML/SNMP/CLI 作为 NMS（Network Management System，网络管理系统）的南向接口。

15.1.2 SDN 架构与解决方案

1．SDN 架构

ONF（the Open Networking Foundation，开放网络基金会）提供的 SDN 架构如图 15.3 所示。

应用层包括各种不同的业务和应用，可以管理和控制网络对应用转发/处理的策略，也支持对网络属性的配置，实现提升网络利用率、保障特定应用的安全和服务质量。

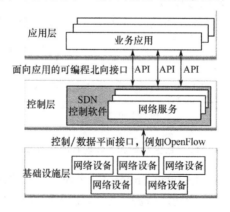

图 15.3 ONF 提供的 SDN 架构

控制层主要负责处理数据转发平面资源的抽象信息，可支持网络拓扑、状态信息的汇总和维护，并基于应用的控制来调用不同的转发平面资源。

基础设施层（数据转发层）负责基于业务流表的数据处理、转发和状态收集。

ONF 和 OpenFlow 的关系：OpenFlow 是支撑 ONF 的重要组成部分，OpenFlow 协议的制定

是目前 ONF 最高优先级的任务之一。OpenFlow 是一个用于控制器和交换机之间的控制协议，也就是一个让控制器通知交换机往哪里发送数据包的协议。OpenFlow 将控制功能从网络设备中分离出来，在网络设备上维护流表（Flowtable）结构，数据分组按照流表进行转发，而流表的生成、维护、配置，则由中央控制器来管理。OpenFlow 的流表结构将网络处理层次扁平化。

2. 基于 PTN 的 SDN 解决方案

基于 PTN 的 SDN 解决方案如图 15.4 所示。SPTN（SDN-based PTN）架构共分 4 个层：应用层、协同层、控制层和转发层，传统 PTN 或混合组网 DSH+PTN 放在了转发层，传统 PTN 主要对应于传输网的接入层，混合组网放在传输网的核心层，而传输网的汇聚层则两种情况都存在。针对 SPTN 结构，概括以下几点。

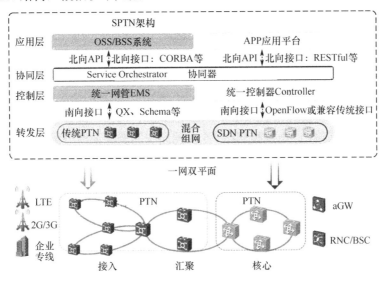

图 15.4 SDN-based PTN 解决方案

① MPLS-TP 承载网：基于 MPLS-TP，实现分组网络对 2G/ 3G/ LTE 等多业务统一承载。

② 半开放 Soft 网络：基于统一网管演进，全网集中式控制和控制转发分离，协同层的协同器打通传统网络和 SDN 网络，支持平滑演进。

③ SDN-Soft 网络：基于云计算的理念和 SDN 架构，实现设备及接口的标准化、虚拟化和资源共享。

在实际 SDN 组网中，还会遇到 NV（Network Virtualization，网络虚拟化），就是通过虚拟的手段实现与物理网络完全一样的功能，并做到不同的虚拟网络之间互相隔离；NFV（Network Function Virtualization，网络功能虚拟化），是将具体的物理网络设备用软件的方式实现。NFV 与 NV 相比，NFV 强调的是单一的网元，NV 强调的是整个网络。现实中，NV 通常要以辅助 SDN 的手段来实现，NFV 化的网元如果被 SDN 控制器来管理将会更灵活。

15.2 基于 OpenFlow 实现 SDN

15.2.1 SDN 交换机及应用领域

1. SDN 交换机

① OpenFlow 交换机，基于传统芯片的 ACL；针对不同应用，实现数据包的不同转发模式；

提供特定 OpenFlow 接口等。OpenFlow 交换机负责数据转发功能，主要技术细节由 3 部分组成：流表、安全信道和 OpenFlow 协议。每个 OpenFlow 交换机的处理单元由流表构成，每个流表由许多流表项组成，流表项则代表转发规则。进入交换机的数据包通过查询流表来取得对应的操作。

在企业网和数据中心，OpenFlow 交换机一般都放在本地，传播时延的影响可以忽略不计。如果让 OpenFlow 和传统协议共同参与网络构建，在转发决策中，OpenFlow 优先于传统协议，可以很方便地与传统网络互通。

② HyperFlow 交换机，是为广域网设计的。由于通过减小控制器的处理开销，无法从根源上解决单点性能瓶颈问题。多控制器管控的设计思想是未来基于 OpenFlow 的 SDN 面向较大规模网络部署的必经之路。HyperFlow 通过部署多台控制器来管理 OpenFlow 交换机，在每台控制器能够同步全网络视图的同时，只需要管理特定区域中的 OpenFlow 交换机即可。

③ 私有开放 API，在传统交换机基础上，提供开放 API，强调应用而非标准。

2．SDN 应用领域

当前 SDN 的杀手级应用（SDN Killer Application）：云计算网络虚拟化、WAN 网络中的流量调度、运营商的 NFV（Network Function Virtualization，网络功能虚拟化）网络、安全资源池引流、数据中心 Fabric 网络、广电播控网络、企业网络中的资源灵活分配调度等。下面针对 SDN 以后的发展及应用领域做简要概述。

（1）基于 OpenFlow 实现 SDN

OpenFlow 并不是支撑 SDN 技术的唯一标准，但其相关规范已经得到普遍承认。基于 OpenFlow 的 SDN 技术，在解决当前存在的实际问题和开拓网络新应用等方面取得了不少成果，通过开发不同的应用程序来实现对网络的管控，将成为实现可编程网络的关键步骤。

（2）面向校园网的部署

在校园网中部署 OpenFlow 网络，是 OpenFlow 设计之初应用较多的场所。它为科研人员构建了一个可以部署网络新协议和新算法的创新平台。

（3）面向数据中心的部署

随着云计算模式和数据中心的发展，将基于 OpenFlow 的 SDN 应用于数据中心网络已经成为研究热点。数据中心的数据流量大，交换机层次管理结构复杂，服务器需要快速配置和数据迁移，若将 OpenFlow 交换机部署到数据中心网络，可以实现高效寻址、优化传输路径、负载均衡等功能，从而增加数据中心的可控性。例如，Google 在其数据中心全面采用基于 OpenFlow 的 SDN 技术，提高其数据中心之间的链路利用率，起到了示范作用。

（4）面向网络管理的应用

OpenFlow 网络的数据流由控制器作出转发决定，使得网络管理技术在 OpenFlow 网络中易于实现，它可以实现系统的功能模块，并通过 OpenFlow 技术实现功能模块在网络运行时的动态划分。例如，通过 OpenFlow 控制移动用户和虚拟机之间的连接，并根据用户的位置进行路由和管理，使得它们始终通过最短路径，改变了传统移动路由策略。

（5）网络管理和安全控制

随着 OpenFlow 在网络管理方面的应用日益丰富，当前基于 OpenFlow 实现的网管和安全功能主要集中在接入控制、流量转发和负载均衡等方面，流管理功能也很容易进行扩展，从而实现数据流的安全控制机制。

（6）面向大规模网络的部署

目前来看，基于 OpenFlow 的 SDN 部署环境缺乏针对大规模网络部署的相关经验。真实网络面临的异构环境、性能需求、可扩展性、大数据和域间路由等，都可能成为制约其发展的因素，实现面向大规模网络的部署，还需要有关方面长时间的深入研究和实验。

（7）面向未来互联网研究的部署

目前，基于 OpenFlow 未来互联网测试平台已经在世界各国逐渐建立起来，通过基于 OpenFlow 的 SDN 控制转发分离架构，将有利于实现新型网络控制协议和相关的网络测量机制。基于 OpenFlow 的 SDN 技术有可能发展成为面向未来互联网的新型设计标准。

15.2.2 SDN 应用举例

【例 15.1】 通过 SDN，实现多租户资源的灵活分配。如大型机场内的登机口会经常变更，用于不同航空公司的不同航班。每次变更，都通过认证的方式认证用户身份。而所有航空公司都又在同一个局域网（LAN）内，相互不隔离，也有一定的安全隐患，如果要变更安全管理策略，每次都要通过机场人员手动配置交换机，是很不方便的。

如果将网络边缘全部换成 OpenFlow 交换机，如图 15.5 所示，控制器控制所有 OpenFlow 交换机，并跟随业务系统联动；每次要变更登机口，管理人员直接通过业务系统切换，所有配置策略自动下发；整个网络通过虚拟局域网（VLAN）来进行隔离，每个航空公司都是一个租户，彼此之间无法通信，而核心汇聚设备保持传统设备不变，投资也不会很大。

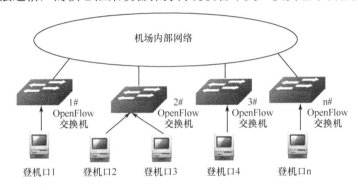

图 15.5 机场登机口 SDN 组网

纯物理网络的企业网，与虚拟化无关，SDN 在这里主要针对配置、策略需要经常动态变化，多个租户混合在同一个物理网络里的情况，所有的策略都是在网络边缘。例如，大型实验室动态认证管理，管理员管理了一个大型实验室，每天都有不同人使用不同资源做不同实验，每次实验人员都需要向管理员申请，管理员去进行端口开通、VLAN 配置，而通过 SDN 可做成申请审核后自动开通；某大型电视台网络，网络经常需要变更以便满足不同的现场直播需求，每次变更都要将原来的网络拆掉重建，而通过 SDN，不需要变动物理网络，完全依靠重新下发策略便可以做到。

【例 15.2】 某大型的互联网运营商的客户在全球有几百个数据中心，大量客户租用了数据中心机柜，数据中心通过光纤成网状互连，链路带宽利用率极低，业务开通速度慢，无法让用户按需变更带宽配置，无法对用户提供不同质量的差异化服务。

基于 SDN 的数据中心互连如图 15.6 所示，使用 OpenFlow 交换机，放置在每个数据中心出口，一个集中的控制器控制所有数据中心的 OpenFlow 交换机，控制器自动生成全局拓扑信息，实时采集链路负载情况和路径延时，根据客户等级和对服务质量的需求，利用数学算法，动态计算、选择最优路径，并允许用户自动选择带宽、延时等质量参数。

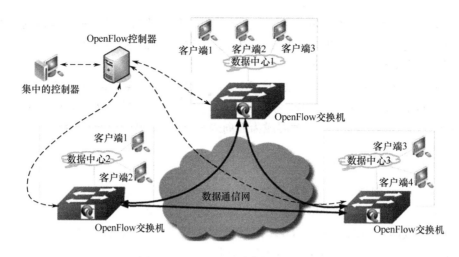

图 15.6 基于 SDN 的数据中心互连

【**例 15.3**】 某网络视频会议提供商，在两个数据中心之间要传送的是语音和视频业务，就租了两条运行专线，其中一条专线是主用，另一条是备用，同时还有一条 Internet 线路。通常 Internet 线路只能走一些不重要的数据业务，而专用主线路却经常是在满负荷运行，结果是备用专线处于闲置状态，Internet 线路也存在浪费现象。如果通过 SDN，把主、备线路都用起来，实现负载分担策略，将优先保证的业务走在主线路上，再根据负载情况动态切换，必要的时候一些业务也会切换到 Internet 线路。实现了按需分配带宽，以及流量在不同路径上的有效调度，以尽可能最大化带宽利用率。

【**例 15.4**】 某省广电网，各个地市电视台负责当地的视频点播服务。由于地区发展的不平衡，可能 A 市服务器已经不堪重负，而 B 市还很空，所以需要 B 市服务器能在必要的时候去支援 A 市，但是由于传统路由的局限性，B 到 A 的数据需要经过省会 C。传统广电网络用的是同轴电缆，设备接口是 SDI（Serial Digital Interface，数字分量串行接口），会有来自不同地方的很多个节目源，接入电视台之后，需要输出到不同地方，这中间需要用到 SDI 交换矩阵。

在广电网络 IP 化之后，也需要类似于 SDI 交换矩阵的基于 IP 的交换矩阵。输入的视频节目，其组播 IP 并不是统一规划好的，在电视台内部，需要统一转换成内部规划的组播 IP，通常这个工作在编解码器上完成，比较复杂。使用 SDN 交换机代替 SDI 交换矩阵，就可以任意修改目的 IP，甚至源 IP。广电网 IP 流媒体矩阵如图 15.7 所示，A 在流量较大的时候，就会让送往演播厅 B 的流量直接转移到 A，减轻对应 A 主播源的压力。

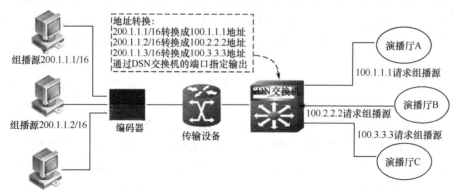

图 15.7 广电网 IP 流媒体矩阵

习 题 15

1. 为什么说 SDN 最初提出的是一种理念，而不是一种具体的技术？
2. 简述基于 XML 的 SDN 的架构。
3. 结合现代通信网，说明基于 PTN 的 SDN 解决方案。
4. OpenFlow 交换机主要用在网络的什么地方？
5. 翻阅有关资料，结合目前的应用，说明 SDN 将来都会在哪些领域中发挥重要作用。

参 考 文 献

［1］ 穆维新. 现代通信网. 北京：人民邮电出版社，2010.
［2］ 李建东，郭祥云，邬国扬. 移动通信（第四版）. 西安：西安电子科技大学出版社，2016.

反侵权盗版声明

电子工业出版社依法对本作品享有专有出版权。任何未经权利人书面许可,复制、销售或通过信息网络传播本作品的行为,歪曲、篡改、剽窃本作品的行为,均违反《中华人民共和国著作权法》,其行为人应承担相应的民事责任和行政责任,构成犯罪的,将被依法追究刑事责任。

为了维护市场秩序,保护权利人的合法权益,我社将依法查处和打击侵权盗版的单位和个人。欢迎社会各界人士积极举报侵权盗版行为,本社将奖励举报有功人员,并保证举报人的信息不被泄露。

举报电话:(010)88254396;(010)88258888
传　　真:(010)88254397
E-mail:　dbqq@phei.com.cn
通信地址:北京市海淀区万寿路173信箱
　　　　　电子工业出版社总编办公室
邮　　编:100036